KB180786

사랑의 기술, 감정코칭으로
커하의 가정에 더 큰 행복이 깃들고
자녀가 글로벌 인재로 성장할 것을 믿습니다.

_____ 님께

최성애·존 가트맨 박사의

내 아이를 위한
감정코칭

Emotional Coaching for My Kids

Copyright © 2020 by Sungaie Choi, Peck Cho, John Mordechai Gottman
Korean translation coryright © 2020 by Hainaim Publishing Co. ltd,
All rights reserved.
Korean translation rights are by arranged with John Mordechai Gottman
through The Gottman Institute, Inc.
www.gottman.com

이 책의 저작권은 저자와의 독점계약으로 (주)해냄출판사에 있습니다.
저작권법에 의하여 한국 내에서 보호를 받는 저작물이므로 무단전재와 무단복제를 금합니다.

최성애·존 가트맨 박사의

내 아이를 위한
감정코칭

최성애·조벽·존 가트맨 지음

해냄

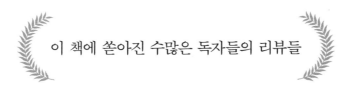

전쟁 같던 육아를 행복한 육아로 만들어준 책! – 예스24 sjk940님

수많은 육아 서적을 읽어 보았지만, 추천할 단 한 권의 책을 꼽으라면 망설임 없이 권할 수 있는 책이다. – 예스24 책벌레님

아이에게 자상하고 친절한 아빠가 되기 위해 나름 열심히 노력한다고 자부해왔다. 그러나 이 책을 보면서 나의 방법이 잘못되었다는 것을 깨달았다. 이제는 아이의 행동 속에 숨어 있는 감정을 주의 깊게 인식하고, 그것이 부정적이든 긍정적이든 그 자체에 깊이 공감해 주고, 아이와 같이 해결책을 모색해 나갈 것이다. – 예스24 arch1105님

이 책을 왜 이렇게 늦게 만났을까? 좀더 일찍 만났더라면 실수를 좀더 줄일 수 있었을 텐데…. 순한 우리 아이가 본인의 속상한 마음을 숨기고 스트레스를 받지 않아도 되었을 텐데…. 하지만 지금이라도 이 책을 만나서 다행이다. 소장해 두고 다짐을 잊을 때마다 꺼내보고 싶은 책이다. – 예스24 kkakdugi0님

'우리 부부는 어떤 부모인가?' '우리 부모님은 어땠는가?' 이 책을 읽으며 아이뿐 아니라 나의 어린 시절도 생각하고 나의 메타감정까지 생각해 보며 아이와 함께 성장할 수 있었다. 추천받아 읽기 시작했지만 '인생책'이라고 꼽고 싶다. – 예스24 dd212님

양육보다 중요하지 않은 일을 할 때도 관련 교육을 받고, 매뉴얼을 파악하지만, 아이의 양육에 관해서는 그렇지 못하다. 그러다 보니 아이의 양육은 늘 부모 개개

인의 기질이나 본능에 의존하고, 아이와의 대화에서 틀어질 때면 무엇이 잘못되었을까 하는 자책에서 벗어나기 힘들다. 아이와의 관계를 회복하거나 또는 초보 부모로서 아이와 어떤 대화법으로 소통해야 할까를 고민하는 부모에게 이 책을 권한다.
– 예스24 파랑이님

부모가 되는 것에 대한 막연한 두려움에서 처음으로 해방된 기분을 느낄 수 있었다. 무엇보다 사춘기 아이를 감당하지 못할 것 같아서 아이를 기피했던 내가 왜 그런 두려움을 가질 수밖에 없었는지에 대한 해답을 찾은 것 같다. 적어도 아이를 내 소유물이 아니라 한 인격체로 대할 수 있을 듯하다. – 예스24 행복한재벌님

이 책은 버릴 것이 없다. 읽으면서 어찌나 뜨끔하던지 제대로 반성하게 되었다. 공감한다고 했지만 사실 내 행동 중에는 잘못된 것들이 많았다. 이 책에 있는 사례들을 읽으면서 우리 집 이야기와 똑같은 부분도 있어 어떤 점을 잘하고 잘못하고 있었는지 판단할 수 있었다. 감정코칭 대화법은 아이와의 관계뿐만 아니라 기본적인 인간관계에서도 필요할 듯하다. – 교보문고 mjeou님

어렸을 때부터 나는 다른 사람의 감정을 잘 이해할 수 없었고 공감하기 힘들었다. 이 책을 읽으면서 그 이유와 고칠 수 있는 방법을 알게 되었다. 아빠가 되려는 지금, 우리 아이도 나처럼 살아가지 않을까 하는 두려움이 있었는데 그런 점이 말끔히 해소되었다. 아이를 키울 때 한 권의 책만 읽을 수 있다면 이 책을 선택할 것이다. – 교보문고 kanghs7님

이 책은 술술 읽히진 않았다. 어찌나 아픈지 반성도 많이 되고, 정독하느라 페이지를 빨리 넘길 수도 없었다. 하지만 다 읽은 지금, 다시 한 번 정독을 해보려고 한다. 우리 아이를 처음 만나기 전에 읽었다면 더욱 좋았을 책이다. 부모님, 선생님 모두에게 강추한다. – 교보문고 sjkim0830님

이 책을 읽다 보면 내가 단지 아이의 미래를 위해 경제적 준비만 하고 있던 모습을 반성하게 된다. - 교보문고 impryu님

책을 읽으면서 내가 딸들과 어떻게 대화를 했는지, 어떤 행동을 보여주었는지를 되돌아보게 되었다. 지금 감정 그대로 글을 쓰게 된다면, 서평이 아니라 참회록이 되어버릴까 봐 걱정된다. - 교보문고 꾸러기님

뻔하지 않은 책이다. 제목은 '내 아이를 위한 감정코칭'이지만 사실 '나를 위한 감정코칭'으로도 읽을 수 있다. 육아서를 읽다 보면 설명할 수도 설명되지도 않는 격정적인 감정을 거슬러 올라가 '내가 아이였던 시간'들과 맞닥뜨리게 된다. 유난히 참기 힘든 내 아이의 행동은 내가 아이였을 때 부모가 과도하게 반응했던 '나의 반복되던 실수'였던 경우도 많다. - 알라딘 blanca님

육아를 하면서 순수하게 행복만을 느끼는 엄마가 있을까? 나는 매일 '내가 잘 하고 있는 걸까?' 혹은 '그러지 말걸' 등 좋은 감정 못지않게 불편한 감정도 많이 느낀다. 엄마 스스로가 자신의 감정을 이해하지 못하면서 아이의 감정을 이해할 수 있을까? 이 책은 '그래, 나를 먼저 이해하자'라는 숙제를 나에게 주었다. - 알라딘 민서맘님

부모라면 반드시 읽어야 하는 교과서. 미리 알았더라면 우리 아이가 태어날 때부터 행할 수 있었을 텐데…. 이제라도 읽게 되어 너무 감사하다. - 알라딘 lmh1030님

모든 부모가 읽어야 할 교양서! 아이뿐 아니라 부모부터 감정코칭을 받아야 한다. 잊고 살았던 어린 시절의 기억에서부터 우리 아이의 마음까지 이해할 수 있도록 도와주는 최고의 책! - 알라딘 오즈의마법사님

많은 보육 지침서 중에서 이 책은 공감하고 따라 하기 쉽고, 그 변화를 바로 느낄 수 있다. 내겐 정말 고마운 책! - 알라딘 narcoss님

아이의 심리뿐 아니라 엄마인 내 안의 나를 알게 하고, 아이의 아빠를 알게 하고, 온 가족의 심리를 알 수 있도록 도와주는 책이다. - 알라딘 다올님

읽는 내내 뭔지 모를 흥분과 설렘으로 가슴이 두근거렸다. 아이와의 감정대립으로 너무나 힘든 시간을 보내고 있는 터라 절실한 마음에 책을 손에 들었고, 한 줄 한 줄 가슴에 새기듯이 꼼꼼히 읽었다. 한 장 한 장 넘길수록 내 마음속에 어두운 기운이 물러가고, 한 줄기 희망의 기운을 느꼈다. 나와 같이 아이와 갈등이 있는 부모는 물론, 올바른 양육 방법으로 정서지능이 높은 아이를 둔 부모까지 이 책만큼은 읽어보라고 권하고 싶다. - 인터파크 deer0***님

지금껏 나는 아이와 친구처럼 지내는 엄마가 되고자 무던히도 애써왔다. 그런데 이 책을 읽다 보니 '아! 이게 아니었구나' 뒤통수 맞은 기분이었다. 그리고 아이에게 한없이 미안했다. 단지 엄마라는 이유만으로 아이에게 함부로 한 것은 아닌지 반성했다. 이 책을 몰랐더라면, 평생 아이의 마음을 살펴볼 생각조차 못했을 것이다. 이제부터라도 사랑하는 아이의 마음을 먼저 들여다보려고 한다. - 인터파크 xowll***님

아이만큼은 정서적으로 건강하게 키우고자 했는데, 이론으로 알고 있어도 실천하기가 쉽지 않았다. 그러던 중 이 책을 만나게 되었다. 엄마도 감정을 숨기고 살아왔기 때문에 일단 엄마부터 솔직해져야 한다는 점도 마음에 와 닿았다. 이 책은 부모뿐 아니라 관계에 어려움을 겪는 모든 사람들이 읽어보면 좋을 것 같다. - 인터파크 iaes***님

보석 같은 육아서! 읽자마자 바로 실천하고 싶고, 이야기를 나누고 싶었다. 주변에 행복해 보였던 아이의 엄마들이 하는 말과 행동이 바로 이 책에서 이야기하고 있는 내용이다. - 인터파크 dnrgm***님

*이 글은 예스24, 교보문고, 알라딘, 인터파크에서 발췌하였습니다.

감정코칭과 함께한 10년
그리고 함께할 10년

감정코칭은 행복씨앗입니다

얼마 전 지하철에서 유치원 딸아이의 손을 잡고 돌쯤 된 아기를 안은 한 여성이 저를 알아보고 반가워했습니다.

"최성애 박사님이시죠? 첫째 키울 때 너무 지치고 힘들어서 찾았던 책이 『최성애·존 가트맨 박사의 내 아이를 위한 감정코칭』이었어요. 감정코칭을 하니까 아이와 관계가 너무 좋아져서 둘째를 낳을 용기가 생겼어요. 둘째는 처음부터 감정코칭으로 키우니까 힘이 안 들어요. 우리 가족 모두 행복하답니다."

정말 아이 엄마의 얼굴은 기쁨으로 환했고 아이들도 편안한 얼굴에 눈이 반짝반짝 빛났습니다. 소위 '정서적 금수저'의 모습이었습니다. 전국에서 열리는 특강에 사인을 받으러 오시는 많은 부모님과 선생님들도 이런 모습을 보였습니다. 초등학교 4학년을 맡고 있는 박선민 교사는 다음과 같이 말했습니다.

"올해 학부모님들이 하신 교원 평가에서 5.0 만점에서 5.0 만점을 받았어요. 사실 전체 학부모님들께 만점을 받는 일은 아주 드문데 저도 깜짝 놀랐어요. 다 감정코칭 덕분이에요. '선생님 만나고 아이가 공감능력이 상상할 수 없을 정도로 좋아졌다'는 평가가 많았어요. 작년까지 사회성, 관계성이 부족해서 왕따처럼 지내왔던 아이도 지금은 아파도 학교에 가겠다고 우긴다고 합니다. 그 아이 부모님께서 제게 아이의 놀라운 변화에 고개 숙여 감사하다고 하셨어요. 학부모님들이 인성 교육에 갈증을 느끼시는데 제가 교사로서 아이들을 더 많이 이해하고 건강하게 도움을 줄 수 있는 방법을 감정코칭을 통해 배웠습니다. 정말 고맙습니다."

이러한 경험 때문에 저희는 지금 매우 뿌듯한 마음으로 글을 씁니다. 저희가 방송과 책으로 감정코칭을 소개한 지 10년이 넘었고, 그동안 많은 독자들이 억압형, 방임형, 축소전환형에서 감정코칭형 부모로 달라졌다고 합니다. '감정코칭을 했더니 자녀와 관계가 너무 좋아졌다, 자녀가 학교생활을 즐거워하고 친구들과도 잘 지낸다, 억지로 시키지 않아도 스스로 알아서 잘한다, 심지어 배우자와 더 화목해지고 온 가족이 행복해졌다' 등 반가운 소식을 종종 듣습니다. 그야말로 감정코칭은 행복씨앗입니다.

그런데 한 가지, 좀 염려되는 부분도 있습니다. 감정코칭의 유명세에 '짝퉁' 감정코칭 강사들도 생겼기 때문입니다. 이들은 저희로부터 체계화된 이론이 바탕이 된 실습과 검증을 받지 않고 '감정코칭' 관련 책을 자의로 해석하여 비슷한 명칭으로 부모들에게 가르칩니다. 이로 인해 부모들은

'감정코칭'이 아니라 '감정코팅'을 하는 잘못된 방법을 배울 수도 있습니다. 아이가 느끼는 부정적 감정은 그대로 놔두고 그럴싸한 기분 좋은 감정으로 덧칠하는 말투입니다. 언뜻 흡사해 보이지만 감정이 만나는 심장에서는 전혀 다른 정서적 파장과 기류가 흐릅니다.

이런 일화가 있습니다. 공부에 지쳐서 책상에 엎드린 학생에게 선생님이 어딘가에서 배운 대로 "힘들구나~"했답니다. 그랬더니 학생이 고개를 치켜들고는 "선생님, 감정코칭 연수받으셨구나" 하며 선생님의 말투를 흉내내더랍니다. 아이들은 직감적으로 압니다. 선생님이 말로만 '기술'을 사용하는지, 아니면 진심으로 다가오는지요.

좋은 관계와 행복은 진정성과 성실함 없이 가볍게 얻을 수 있는 게 아닙니다. 감정코칭은 아이를 '말 잘 듣는 착한 아이'로 길들이도록 조종하는 수단이나 요령이 아닙니다. 먼저 아이와 정서적으로 조율하고 지지하여 신뢰가 형성된 후에 보다 바람직한 길을 찾아가도록 이끌어주는 멘토링 방법입니다. 조금 시간이 걸리더라도 제대로 배우면 좋겠습니다.

이렇듯 아쉬운 부분이 조금 있지만 지난 10여 년은 참으로 뜻깊습니다. 그래서 앞으로 10년이 더 기대됩니다.

AI 시대의 생존능력은 공감과 소통, 회복탄력성

저희가 이 책을 처음 썼을 때와 지금 가장 크게 달라진 점은 무엇일까요? 많은 아이들이 애착 형성이 매우 중요한 영유아기에 부모와 안정적 애착을 형성하지 못하고 자라는 게 아닌가 합니다. 이는 불안정 애착의 장기적 후유증을 너무나 잘 알고 있는 인간발달학자로서 심각하게 우려되는 부분입니다. 하지만 애착 손상의 예방과 치료에 감정코칭이 효과적이라는 가트맨 박사님의 장기 추적 연구가 있어 희망을 품어봅니다.

또한 암기와 산술 등의 전통적 교육으로 얻어지던 능력이 인공지능(AI)으로 대체되고 있습니다. 이러한 시대에 부모와 교사의 중요한 역할은 더이상 '공부 잘하라'고 채찍질하는 일은 아닐 것입니다. 하지만 기성세대 또한 새로운 시대를 겪어보지 못해서 아이들에게 어떻게 대비하라고 할지 난감합니다.

4차 산업혁명 시대에 가장 요구되는 생존 능력이 '감정적 공감과 소통 능력' '회복탄력성'이라는 세계적 석학 유발 하라리 교수의 주장과 감정코칭은 맥을 같이 하고 있습니다. 이미 선진국의 교육은 집단지성과 집단지혜, 정서 기반 교육을 중시해 오고 있습니다.

그래서 몇 년 전 "아동심리학과 교육학 분야에서 감정코칭이 유행이다"라는 뉴스가 실린 적이 있습니다. 하지만 감정코칭은 갑자기 나타나서 일시적으로 확산된 후에 사라지는 현상이 아닙니다. 감정코칭은 이제 시작에 불과합니다. 앞으로 더 널리 확산될 것입니다. 새롭고 거대한 시대적 변화는 아동 양육법 및 인재상과 맞물려 일어나기 때문입니다.

많은 교사와 부모들이 아주 오랫동안 아이들에게 '이래라, 저래라' 하며 행동을 지시해 왔습니다. 지시에 따르면 상을 주고, 따르지 않으면 벌을 줬습니다. '사랑의 매'와 '참 잘했어요' 도장을 남발하였습니다. 아직 말귀를 못 알아듣는 아기에게도 빈번히 '맴매한다'며 겁을 주기도 했습니다.

1900년에 시작된 행동주의가 심리학과 교육학을 지배한 시대를 살았던 어른들은 그게 전부인 줄 알았습니다. 사실 상과 벌은 위력적이어서 효과가 단박에 나타납니다. 하지만 상벌로 행동을 다스리려고 하면 내성이 생겨서 점점 더 크고 강한 자극이 필요하게 됩니다. 그 사이에 아이의 내적

동기는 위축되고 그저 외적 자극에 반응하는 동물이나 노예처럼 됩니다. 이는 장기적으로 창의성과 인성이 망가지는 부작용을 초래한다는 수많은 종단 연구가 발표되었습니다.

다행스럽게 2000년 전후로 행동주의가 빠르게 저물고 그 대신 정서 기반 긍정심리학이 급부상했습니다. 그 선두에 감정코칭을 비롯하여 뇌과학, 심장과학 등이 새로운 시대를 이끌고 있는 것입니다. 아마도 창의력, 집단지능, 회복탄력성 등 이러한 개념들이 AI 시대에 인류가 더 성숙한 차원으로 생존할 수 있는 근간이 되지 않을까 합니다. 감정코칭을 배우고 실천하는 분들은 선구자인 셈입니다.

계속 진화하고 널리 전파되고 있는 감정코칭

가트맨 박사님의 연구는 현재도 지속되기에 계속 '진화'한다는 표현을 쓰는데, 최근에 가트맨 박사님은 감정코칭 교육 자료를 만드시면서 3단계와 4단계를 바꾸셨다고 합니다. 임상에 적용해 보니 이 흐름이 더욱 자연스럽고 효과적이라고 합니다. 2019년 제가 가트맨 박사님을 직접 만나 뵙고 이 사실을 알게 되었습니다. 다행히 개정판이 나오기 직전이라 3단계와 4단계가 바뀐 내용을 반영할 수 있게 되었습니다. (원래 감정코칭 5단계는 꼭 순차적으로 진행되는 단계라기보다는 포함되어야 하는 요소입니다. 특히 3, 4단계는 동시다발로 진행됩니다.)

가트맨 박사는 과학적 연구를 통해 감정코칭의 우수성과 효력을 전했고 소수의 제자들에게만 감정코칭을 직접 전수하셨습니다. 하지만 저희는 보다 많은 사람들이 감정코칭을 배워서 더 많은 아이들에게 사랑의 혜택이 도달할 수 있도록 전문강사를 양성하고 있습니다. 감정코칭 연수를 들은 교사들은 20만 명이 넘고, 전국의 초·중·고 교장 선생님들도 특강을 들었습니다. 그러니 가트맨 박사님은 무척 기쁘셨을 것입니다. 2014년에는 저희가 창립한 사단법인 감정코칭협회에 직접 오셔서 축사와 특강도 해주시고, 명예회장직도 맡아주셨습니다.

감정코칭은 아이들만이 아니라 성인 사이에도 필요한 사랑과 관계의 기술이라는 인식이 확대되면서 대학과 기업, 관공서와 군대에서도 배우고 있습니다. 예를 들어 해군사관학교는 6년 전부터 모든 생도들이, 삼성병원에서는 의사와 간호사들이 감정코칭을 배우고 있습니다. 국내 최초 유니세프 아동친화도시로 선정된 군산시에서는 부모뿐 아니라 예비부모에게도 감정코칭 교육을 실시하고 있습니다.

저희 HD행복연구소의 감정코칭은 외국으로도 전파되고 있습니다. 저희가 직접 미국, 멕시코, 브라질, 과테말라, 필리핀 등에 가서 가르쳤고, 저희가 쓴 『최성애·조벽 교수의 청소년 감정코칭』이 중국어와 베트남어로 번역되었습니다. 2019년 말부터 베트남 국영방송에서 저희 부부가 자문하고 출연했던 감정코칭 다큐멘터리 5부작이 방영되고 있습니다. 시청자의 반응이 매우 좋다니 베트남 가정에 행복씨앗과 사랑의 기술이 전달되는 것 같아 기쁩니다.

이렇게 많은 국내외 활동이 가능했던 것은 수백 명의 감정코칭 전문강사들이 양성되었기 때문입니다. 지난 10년 동안 저희에게 감정코칭을 배운 분들이 더 많은 아이들이 행복하게 자라날 수 있도록 행복씨앗을 뿌리는 비전을 공유하며 사단법인 감정코칭협회를 만들어 활동하고 있습니다. 활동 중에서 가장 자랑스럽고 고마운 것은 감정코칭 강사들이 열악한 지역의 어린이집, 유치원, 초·중·고교에서 교사들에게 무료로 감정코칭 교육을 제공해 드리는 것입니다. 어린이집과 학교 교사들의 스트레스를 덜어드림으로써 그분들이 자신과 아이들을 좀더 사랑으로 대할 수 있도록 바라는 마음에서입니다. 현재 감정코칭협회에 등록된 500여 명의 전문강사들이 전국에서 활동하고 있습니다.

어른이 먼저 감정코칭을 하게 되면 자녀와 학생도 자연스럽게 정서지능이 높아집니다. 어느 교장 선생님은 은퇴 전에 감정코칭을 배운 뒤 효력을 보시고, 연애 중이던 작은 아들에게 결혼 전에 감정코칭을 예비 신부와 함께 배워보라 하셨답니다. 값비싼 혼수도 장만하지 말라 하고, 오히려 감정코칭 수강비를 지급해 주었답니다. 지금 그 부부는 태어난 아이에게 감정코칭을 하면서 너무나 행복하게 잘 살고 있다고 합니다. 교장 선생님은 세상에서 가장 좋은 선물을 아들 내외와 손주에게 준 것 같다면서 매우 자랑스러워하셨습니다.

이제 여러분도 감정코칭을 충분히 배워서 실천할 수 있습니다. 여러분 모두 감정코칭으로 더 큰 행복을 나누면 좋겠습니다.

2020년 1월
최성애, 조벽 드림

아이와 마음을 나누는
마법의 기술, 감정코칭

아이들이 부모와 어떻게 관계를 맺고, 부모가 아이들에게 어떠한 영향을 주는지에 관한 연구는 지금으로부터 40여 년 전의 '관계' 연구에서 비롯합니다. 이 연구 결과로 나온 모든 방법은 나의 생각이나 종교적인 경험, 철학에서 가져온 것이 아니라 여러 가족으로부터 직접 얻은 것입니다.

당시 미국 인디애나 대학의 조교수였던 나는 가장 친한 친구이자 UC버클리(캘리포니아 대학교 버클리 캠퍼스) 교수인 로버트 레빈슨과 함께 사람들 사이의 관계를 개선시킬 수 있는 방법을 찾아보고자 새로운 연구를 시도했습니다.

상호작용 속에 보이는 '관계'의 패턴

우리의 연구는 정말 간단했습니다. 커플들을 8시간 동안 서로 떨어져 있게 한 뒤, 실험실로 불러 어떻게 지냈는지 상대에게 이야기하도록 한 것입니다. 우리는 커플들이 대화하는 모습을 비디오로 촬영했을 뿐 아니라, 이들 몸에 센서를 붙여 심장이 뛰는 속도, 피가 신체의 여러 부분에서 흐르는 속도, 손바닥에 나는 땀의 양을 측정했습니다. 심지어 의자에 판을 대어 만든 요동감지계로 이들의 움직임과 꿈틀거리는 정도까지 측정했습니다.

그날 하루를 어떻게 보냈는지 커플끼리 이야기하도록 한 뒤, 서로의 관계에 어떤 문제가 있었는지 질문을 받았습니다. 서로의 관계에서 주요한 문제 한 가지만 선택해 15분 동안 이야기하라고 요청했고, 이를 다시 비디오로 촬영했습니다. 각 커플마다 이야기를 마치면 촬영한 비디오테이프를 보여주고, 비디오에서 보이는 상호작용에 대해 매 초마다 어떤 기분이 드는지 '아주 부정적'부터 '아주 긍정적'까지 눈금이 새겨진 다이얼을 돌려 표시하라고 했습니다.

이후 우리는 아무것도 하지 않았습니다. 이들을 전혀 도와주지 않았고, 그저 시간이 흐르면서 이들이 무엇을 하는지를 기록했습니다. 그런 뒤 레빈슨과 나는 이 부부들을 3년, 4년 혹은 6년마다 지켜보면서 20년에 걸쳐 관계에 관하여 기록했습니다.

20년에 걸쳐 진행한 이 연구를 샌프란시스코에서 마무리 지었습니다. 20년 전에 40대, 60대였던 부부들은 20년이 지나자 60대와 80대 후반이 되어 있었습니다. 우리는 이들의 관계가 오랜 시간 동안 어떻게 변하는지 쭉 지켜보았습니다. 그러니까 아주 젊은 시절부터 나이가 들 때까지 삶의 궤적을 따라가며 관찰한 것입니다. 아기를 낳고 양육할 때와 같이 중요한 인생의 전환점을 부부가 어떻게 거쳐가는지를 관찰하면서 말입니다.

부부가 아이와 어떻게 놀아주고 상호작용하는지 등을 지켜보면서, 아이가 정서적으로나 지적으로 어떻게 성장할지 예측하는 데 집중했습니다. 특히 부모가 아이들과 어떻게 상호작용을 하는지, 그러한 관계가 아이의 성장에 어떠한 영향을 미치는지 연구했습니다.

우리는 여러 부부를 지켜보면서, 어떤 부부와 가족은 관계를 유지하고 부모 노릇을 하는 데 매우 뛰어나다는 점을 알았습니다. 이들은 가히 '관계의 달인'이라 부를 만했습니다. 반면에 어떤 부부와 가족은 정말 형편없었습니다. 이들은 함께 있기는 하지만 관계가 불행하기만 했습니다. 서로 심하게 싸우거나, 바람을 피우거나, 서로에게 폭력을 행사하는 등 함께하는 것 자체를 매우 괴로워했습니다.

연구를 통해 우리는 '관계의 달인'들과 '관계의 폭탄'들 사이에 분명하고 강력한 차이가 있음을 알았습니다. 예를 들면 부부의 심장이 뛰는 속도, 피가 흐르는 속도, 손바닥에 나는 땀의 양, 서로 쳐다보는 시선 정도만으로도 이후 3년의 기간 동안 그들의 결혼 생활이 어떻게 변할지 예측할 수 있었습니다. 부부가 감정적으로 흥분해 있고 더 예민할수록 같은 기간 동안 결혼 생활이 파국으로 치닫기 쉽다는 결론을 얻었습니다.

가족 내에 규칙성과 예측 가능성, 즉 어떤 패턴이 있다는 점도 알 수 있었습니다. 이 패턴들을 통해 우리는 어떤 부부의 관계를 아주 잠깐 살펴보더라도 이후 어떻게 될지 상당히 정확하게 예측할 수 있게 되었습니다.

그렇다면 관계의 폭탄들과 달리 관계의 달인들이 가지고 있는 비법은 무엇일까요? 우리가 답하고자 했던 것들 중 하나는 아이들을 이해하는 것이었습니다. 우리는 부부들을 연구하는 내내 아이들도 연구했습니다. 아이들이 어떻게 친해지는지, 친구를 어떻게 사귀는지, 친구가 없거나 외로운 아이들은 그 이유가 무엇인지, 다른 아이들에게 거부당하는 아이들의 문제는 무엇인지 등에 관심이 많았습니다.

부모의 관계가 아이들에게 어떤 영향을 끼치는가 하는 질문에 대한 답은 노트르담 대학 마크 커밍스의 연구를 보면 명확히 알 수 있습니다. 마크 커밍스는 부모가 아이 앞에서 싸우면 심지어 아주 어린아이조차도 혈압이 올라간다는 사실을 발견했습니다.

부모가 아이 앞에서 싸웠을 때, 특히 아이가 열 살 이하인 경우라면 부부가 아이 앞에서 신체적인 몸동작을 통하여 화해했음을 보여줄 필요가 있다는 점도 알아냈습니다. 아이가 볼 수 있게 부부가 서로 안아주어 갈등이 끝났음을 알릴 필요가 있다는 의미입니다. 아이의 혈압을 낮추는 데는 말만으로는 역부족입니다. 열 살 이상인 아이들의 경우, 부모가 갈등을 겪다가 화해하는 과정을 보는 것이 실제 갈등을 해결하는 법을 배우는 데 도움이 됩니다.

확실히 부모의 갈등은 아이에게 전이됩니다. 저의 제자이자 애리조나 주립대학의 교수인 엘리슨 샤피로에 따르면, 임신 후반기 석 달 동안 부부들을 관찰하고 서로 어떻게 다투는지를 보면 그들이 싸우는 방식을 근거로 3개월 된 아기가 얼마나 웃고 울지 예측할 수 있다고 합니다. 보다 침착하고 애정 어린 방식으로 갈등을 해결하는 부부의 아기는 더 잘 웃고 덜 운다는 것이지요. 이들의 아기는 화가 나더라도 스스로 진정을 하며, 더 빨리 침착해 집니다.

에드워드 트로닉은 '굳은 표정 패러다임'이라는 연구법을 개발했습니다.

이는 어린아이나 아기의 얼굴을 들여다볼 때 미소를 짓거나 갖가지 얼굴 표정을 지어 보이는 대신, 굳은 표정을 보여주는 방법을 말합니다. 이 실험의 핵심은 연구원들이 어떤 표정도 짓지 않고 완전히 굳은 표정으로 아기를 바라본다는 데 있습니다.

아무 표정도 없는 얼굴을 대했을 때 아기는 당황스러워하면서 눈길을 돌립니다. 그러고는 어른이 다른 표정을 짓도록 애씁니다. 아기는 어른을 쳐다보았다가 다른 데를 보았다가 다시 쳐다봅니다. 그래도 여전히 어른의 얼굴이 굳어 있으면, 다시 눈길을 돌렸다가 마주보며 새로운 시도를 해봅니다. 서너 번 시도하다가 마침내는 울면서 짜증을 냅니다.

이는 3개월밖에 안 된 아기조차도 레퍼토리, 즉 상호작용으로 어른을 끌어들이는 방법을 가지고 있음을 보여줍니다. 아기에게는 어른들의 얼굴만큼 흥미로운 것도 없기 때문입니다. 아빠의 목소리, 엄마의 목소리, 돌봐주는 사람의 사랑이 담긴 목소리보다 아기에게 흥미로운 것은 없습니다.

하지만 우울증을 앓는 부모들의 아기들을 대상으로 굳은 표정을 지어 보이면, 아기들은 전혀 짜증을 내지 않고 굳은 표정을 한 어른들에게 반응을 이끌어내려고 하지도 않습니다. 무반응인 어른에게 익숙해져 있기 때문입니다. 이는 아기의 정서적인 환경에 아주 작은 변화만 생겨도 정서적·사회적·지적 발달에 엄청난 영향을 미친다는 것을 의미합니다.

부모의 불행한 관계는 아이의 생명까지도 단축시킨다

아이가 잘 성장하리라고 예측할 수 있는 지표는 무엇일까요? 아이가 학교를 다닌다면 IQ나 성적표라고 생각할 수 있고, 고등학생이라면 수능 성적이라고 생각할 수도 있습니다. 하지만 IQ도 아니고, 성적도 아닙니다. 아이가 어떤 성인이 될지, 아이가 얼마나 성공적으로 살아갈지를 가장 잘 보여주는 지표는 바로 다른 아이들과 어울리는 방식입니다.

우리는 이혼이 아이들에게 어떤 영향을 미치는지 잘 알고 있습니다. 이혼은 특히 아이의 주의력과 집중력에 영향을 끼칩니다. 주의력은 감정과 인지 사이, 감성과 지성 사이를 넘나드는 체계입니다.

아무리 IQ가 상당 부분 유전이라고 하지만, 그 타고난 IQ를 아이가 얼마나 잘 발달시킬 수 있는지에 따라 이후 결과는 달라질 수밖에 없습니다. 주의력은 이를 확인할 수 있는 가장 민감한 지표입니다. IQ가 높더라도 주의를 집중하고 필요할 경우 주의를 전환하거나 유지하지 못한다면, 아이들의 학습은 일어나지 않습니다. 지적으로나 정서적으로 발달하지 못하는 것입니다.

이혼이 아이들에게 어떠한 영향을 주는지에 관한 연구를 보면 이를 확인할 수 있습니다. 1930년대에 스탠퍼드 대학의 루이스 터먼 교수는 영재 아들을 연구하기 시작했습니다. 이 아이들을 '흰개미들(연구자 '터먼Terman' 교수의 이름이 '흰개미'를 뜻하는 '터마이트termite'와 흡사하여 연구 대상자 아동들에게 이런 애칭을 붙였다)'이라 불렀고, 이후 1995년에 프리드먼이라는 심리학자가 당시 흰개미라 불리던 사람들을 다시 연구했습니다.

프리드먼은 사람들의 수명에 영향을 끼치는 요인이 무엇인지 알아보고자 했으며, 터먼이 정리한 데이터는 아이들이 얼마 동안 살 수 있을지를 예측한 심리적 자료들이었습니다. 연구 결과에 따르면, 부모가 이혼을 한 경우 평균보다 수명이 4년 줄어들고, 자신이 이혼한 경우 수명이 평균 8년 줄어듭니다. 사람의 수명조차도 가장 가까운 사람들과의 사회적 관계에 따라 결정된다는 것입니다. 이러한 결과는 '사회역학'이라 불리는 방대한 분야로 발전하게 되었습니다.

이혼은 수명뿐 아니라 전염성 질병에 저항하는 면역력 등 육체적 건강에도 영향을 미치며, 아이들의 사교성에도 영향을 줍니다. 아이들은 부모가 이혼을 하면 더욱 공격적이 되어 또래에게 거절당하기 쉬울뿐더러, 우울증과 다른 내적 장애를 일으킬 확률도 높습니다.

우리는 부모들의 결혼 만족도를 알아보기 위해 아이들에게 간단한 실험을 해보았습니다. 24시간 동안 아이의 소변을 채취하여 스트레스 호르몬을 측정하는 실험입니다. 이를 통해 부모의 결혼 생활이 얼마나 행복한지 알아낼 수 있었습니다. 이는 부모들에게 결혼 생활의 만족도에 대해 직접 물어보는 것만큼이나 확실한 방법입니다.

이 연구를 통해 알 수 있는 사실은 아이들이 만족스럽지 못한 부모 관계에서 받는 스트레스를 몸에 지니고 있다는 점입니다. 그렇다고 해서 아이들을 위해 부모가 꼭 함께 살아야 한다는 의미는 아닙니다. 여러 심리학자들에 따르면 부모의 이혼으로 아이가 상처를 받는 주된 요인은 부모 한쪽이 상대에게 앙갚음을 하기 위해 아이를 이용하는 것입니다. 상대에게 못되게 구는 방법으로 아이를 이용하는 경우 말입니다.

부모가 극도로 적대적인 관계일 때라면 차라리 이혼이 아이들에게 살아갈 수 있는 생존력을 강화시켜 줄 수 있습니다. 그렇다면 아이들이 부모의 고통스러운 결혼 생활에서 상처를 받지 않도록 어떻게 지켜줄 수 있을까요?

부모와 아이의 상호작용에 관한 연구의 초석은 '메타meta감정'이라고 불리는 개념이었습니다. 이는 우리가 감정에 대한 감정, 감정적 표현에 대한 내면을 살펴본다는 뜻입니다. 인간에게는 7가지 기본 감정이 있습니다. 분노, 슬픔, 혐오, 경멸, 두려움, 놀라움, 행복이 바로 그것입니다. 지구 어느 곳에서도 인간의 이 기본 감정들은 동일합니다. 겉보기에만 동일한 게 아니라, 생리적으로도 인간은 특정 상황에 대해 동일한 감정을 경험합니다. 하지만 그렇다고 해서 '감정에 대한 감정'('메타 감정' 또는 '초감정')이 동일한 것은 아닙니다. 감정에 대한 감정은 참으로 다양합니다.

예를 들면 면담 연구 중 한 남자가 "누군가 나한테 화를 내는 건 내 면전에서 오줌을 내갈기는 거나 마찬가집니다" 하고 말한다면 그에게 있어 분노란 무례와 혐오와 연관되어 있는 것입니다. 그는 누군가 자신에게 화를 내면 자신이 무시당하고 모욕당한다는 느낌이 들었던 것입니다.

또다른 남자는 우리가 분노에 대해 묻자, "그건 마치 목청을 가다듬고 한껏 소리 지르는 것 같은 거지요. 별로 대수로운 일이 아닙니다. 분노를 분출시키는 겁니다. 거기에 별다른 의미가 있나요?" 하고 답했습니다.

분노에 대해 어떻게 느끼는지에 관해서는 문화마다 매우 다릅니다. 예를 들면 이스라엘 사람들은 미국인, 심지어는 유대계 미국인보다 분노를 편안하게 받아들입니다. 이탈리아 사람들은 영국인보다 분노를 편안하게 받아들입니다. 영국인들은 직접적으로 분노를 표현하는 데 어려움을 겪는데, 이들에게는 분노보다 경멸이 표현하기가 더 쉬운 것입니다.

감정코칭형 부모와 감정묵살형 부모

감정 표현에 대한 연구를 하면서 기본적으로 두 가지 유형의 부모가 있다는 것을 알았습니다. 하나는 '감정묵살형'이라고 부르는 유형입니다. 이 부모들은 자기 내면이나 자녀의 내면에 있는 별로 강렬하지 않은 감정은 알아차리지 못합니다.

감정을 묵살하는 부모는 부정적인 감정들을 독극물이라도 되는 것처럼 생각합니다. 아이가 그저 명랑하고 행복하기를 원하는 것입니다. 아이가 부정적인 감정 상태에 더 오래 빠져 있으면 있을수록 그 감정들은 독성이 더 강해진다고 생각합니다. 그래서 아이의 감정적인 상태를 행복한 상태로 바꾸기 위해 어떤 일이라도 하려고 합니다. 이런 부모들은 아이의 부정적인 감정을 참아내지 못하기 때문입니다. 심지어는 아이가 잘못된 행동을 하지 않았는데도 그저 화를 냈다는 이유만으로 아이에게 벌을 줄 수도 있습니다. 이런 부모들은 삶 속에 긍정적인 것들을 강화시켜야 한다고 생각하는 경향이 있습니다.

하지만 우리가 '감정코칭형 부모'라고 부르는 또다른 유형의 부모들은 이와 굉장히 다른 모습을 보였습니다. 예를 들면 친구가 뭔가 못된 짓을 해서 아들이 우울해할 경우 어떻게 하는지 질문을 던지자 한 아버지가 이렇게 말했습니다.

"어떤 아이가 내 아들에게 못되게 군다면 난 아이의 기분이 어떤지, 왜 그런지 이해하려고 합니다. 어떤 아이들이 아들을 때리거나 놀릴 수도 있지요. 그런 경우 난 하던 일을 모두 멈춥니다. 내 마음은 온통 아들 생각뿐입니다. 내 속의 아버지가 튀어나와서 아들이 느끼는 것을 함께 느낍니다."

감정코칭형 부모들은 감정이 격해지지 않아도 자신이나 자녀들이 겪는 소소한 감정들을 쉽게 알아차립니다. 감정코칭형 부모들은 아이의 부정적인 감정도 정상적인 감정의 한 부분으로 봅니다. 화가 나거나 슬프거나 두려움에 빠졌을 때라도 아이의 부정적인 감정을 참아줍니다. 이런 부모들은 아이가 느끼는 감정이 무엇인지 모든 감정에 대해 이야기하고, 어떤 감정인지 아이 스스로 알 수 있도록 돕습니다.

부모의 이러한 태도는 매우 중요하며, 아이의 행동에 큰 영향을 미칩니다. 언어는 주로 왼쪽 전두엽에서 나오기 때문입니다. 여러 감정들, 특히 사람을 위축되게 만드는 감정들은 전두엽 오른쪽 부위에 편중되어 있습니다. 부모가 아이의 감정을 이야기하며 공감하는 것은 아이에게 특별한 위로가 되고, 벼랑 끝에 내몰린다고 생각할 때조차도 편안함을 느끼게 해줍니다. 공감의 언어를 통해서 아이는 감정을 통제받기보다는 감정이 있는 존재로서 자신을 바라보게 됩니다. 그만큼 언어는 강력한 힘을 지닙니다.

감정코칭형 부모들은 아이의 감정 표현에 공감을 잘하는 것은 물론, 잘못된 행동 기저에 깔린 감정에도 공감을 잘합니다. 이런 부모들은 아이의 잘못된 행동에 관해 잘했다고 말하지는 않겠지만, 행동의 한계는 분명히 정해놓습니다.

행동에 한계를 정해주는 것은 물론, 부정적인 '행동'에 반대한다는 뜻을 명확히 전달합니다. 하지만 동시에 모든 '감정'과 '소망'(욕구)이 수용 가능하다는 것 또한 전합니다. 부정적인 감정이 잘못된 행동과는 아무런 관련이 없음을 알게 하고, 아이가 어떤 일로 슬퍼하거나 두려워한다면 아이와 함께 그 문제를 풀어나갑니다.

이 두 가지 유형의 부모들은 또 어떤 점에서 다를까요? 이들은 아이를 가르치는 방법에서도 차이가 있습니다.

감정을 묵살하는 부모들의 경우 아이에게 처음 과제를 가르칠 때 많은 정보를 주고는 마치 아이가 실수하기만을 기다리는 사람 같습니다. 그리고 마침내 아이가 실수를 하면 직접 나서서 고쳐줍니다. "아니, 틀렸어. 이런 식으로 하면 안 돼. 이렇게 해"라고 말하곤 합니다. 이 유형의 부모는 아이의 실수에 상당히 집착합니다. 그러면서 자신은 건설적인 비판을 하고 있다고 생각합니다. 하지만 처음으로 무언가를 배우다가 실수를 할 때 그걸 누군가로부터 지적당한다면 어떨까요? 아마도 실수를 더 하게 될 것입니다.

감정코칭형 부모들은 아이를 다른 방식으로 가르칩니다. 아이에게 정보는 아주 적게 주고, 아이가 알아서 시작하고 실험해 볼 수 있을 만큼만 주고는 물러납니다. 하지만 아이의 실수는 무시합니다. 아이가 한 실수에 즉각 반응하여 이런저런 잔소리를 늘어놓거나 간섭하지 않습니다. 아이가 뭔가 제대로 할 때까지 기다렸다가 개입합니다. 그러고는 "잘했어. 멋지구나. 잘 배우고 있어" 하고 말한 뒤 아이에게 정보를 좀더 줍니다.

아이가 처음으로 무언가를 배울 때 잘한 부분에 대해 말해 주면 성공할 가능성이 훨씬 큽니다. 감정코칭형 부모들은 아주 구체적으로 칭찬을 한 뒤 도움이 될 만한 정보를 조금 더 줍니다. 이는 러시아의 발달심리학자 비고츠키가 말한 '디딤돌 놓아주기scaffolding' 이론과 흡사합니다. 이 이론의 기본은, 최고의 교사와 부모는 아이의 수준에 적절한 교수 방법을 사용하며, 아이가 이해할 수 있는 범위에 맞는 도구를 주어 아이 스스로 문제를 재빨리 터득하고 해결 방법을 찾아 자기 것으로 만들게 해준다는 것입니다.

이런 식의 교육이 실행된다면 아이는 학습을 기억을 떠올리는 것처럼 느낍니다. 밖에서 안으로 들어오는 게 아니라, 안에서 위로 끌어올리는 학습이 가능해집니다. 이렇게 가르치려면 교사나 부모가 현명해야 합니다.

이러한 환경에서 아이는 교사 혹은 부모에 이끌려서가 아니라 스스로 성취의 기쁨을 맛보기 위해 학습합니다. 또한 자신의 성공을 노력의 결과로 받아들입니다. 이게 바로 감정을 지도하는 부모가 하는 일입니다.

아이에게 주는 평생 선물, 감정코칭

부모들이 감정코칭을 잘하기 위해서는 다섯 가지가 중요합니다. 첫 번째는 아이의 소소한 감정들을 인식하는 것입니다. 아이가 그런 감정들을 크게 키울 필요가 없도록 말입니다. 두 번째는 아이의 감정적인 표현들을 친밀감과 감정코칭을 위한 기회로 보는 것입니다.

세 번째는 이해심을 가지고 귀 기울이며 아이의 감정을 이해한다는 점을 전달하는 것입니다. 네 번째는 아이가 감정을 말로 표현하도록 돕는 것입니다. 이는 감정에 이름표를 붙여서 아이 스스로 자신의 감정이 어떤 상태인지 이해할 수 있게 하는 것을 말합니다. (최근에 가트맨 박사는 감정코칭의 세 번째와 네 번째 단계의 순서를 바꿨습니다.)

다섯 번째는 화가 나는 상황에서 아이가 문제를 적절한 방식으로 해결할 수 있게 도와주는 것입니다. 이를 가능하게 하기 위해서는 부분적으로 아이의 행동에 제한을 두어 가족의 가치를 전달해야 합니다.

그렇다면 감정코칭은 어떤 결과를 아이에게 만들어줄까요? 네 살 때 감정코칭을 받은 아이는 여덟 살에 이르러 더 높은 읽기 및 수학 점수를 보여주었고, 심지어는 IQ도 더 높았다는 연구 결과가 있습니다.

어떻게 이런 일이 가능할까요? 물론 답은 감정코칭에 있습니다. IQ가 같은 두 아이 중 감정코칭을 받은 아이는 다른 아이보다 읽기와 수학 점수가 더 높았습니다. 감정코칭을 받은 아이는 자기 조절이 가능하고 자기감정을 이해할 수 있기 때문에 학교에서 주의 집중과 학습을 더 잘합니다. 감정코칭을 받은 아이는 화가 났을 때조차도 스스로를 컨트롤하는 능력이 뛰어 납니다. 어떤 자극에도 더 민감하지만 금세 안정을 되찾을 수 있습니다.

감정코칭을 받은 아이의 경우, 생리학자들이 '미주신경 조절력'이라 부르는 '스스로를 달래는 신경학적인 능력'을 갖추고 있습니다. 그뿐 아니라 만족을 지연시킬 수 있는 인내심을 갖고 있고, 충동 조절을 더 잘하며, 불평도 덜하며, 행동상의 문제가 거의 없고, 다른 아이들과 더 나은 관계를 맺으며, 전염성 질병에도 덜 걸립니다.

아주 어렸을 때 감정코칭을 받으면 아동 중기에 접어들었을 때, 그룹 내에서 리더이든 팀원이든 더 유능하게 활동합니다. 이 아이들이 감정코칭을 통해 배우는 것은 사소한 능력들이 아닙니다.

감정코칭이 할 수 있는 가장 중요한 일은 부모와 자녀 간에 커뮤니케이션 통로를 늘 열어준다는 점입니다. 아이의 감정을 묵살한다고 감정들이 사라지게 할 수는 없습니다. 사실 그렇게 하면 아이는 부모가 자신이 슬퍼한다는 것을 알고 싶어 하지 않는다고 생각합니다. 좌절감을 느끼거나 분노해도, 절망적이라고 느끼거나 두려워해도, 부모는 알고 싶어 하지 않는다고 생각하는 것입니다. 결국 아이는 이 모든 감정을 혼자 감당하게 됩니다.

아이가 감정코칭으로 얻은 효과는 평생을 갑니다. 아이는 슬플 때 슬픈 감정을 알려주고, 무언가 결여되면 그게 무엇인지 알려주고, 화가 나면 화가 났다는 것을 알려주는 GPS를 지니고 사는 것과 같습니다. 화가 나거나 목표가 좌절되면 무엇이 목표이고 무엇 때문에 좌절하게 되었는지를 알려주는 GPS 말입니다. 이는 인생의 방향을 알려주는 등대 역할을 합니다.

내면의 GPS는 인생을 살아가는 동안 여러 선택의 순간에 자신의 생각을 분명히 알고 일관된 선택을 하도록 돕습니다. 이는 내면의 GPS가 올바른 선택을 하도록 도덕적으로 이끌어주며, 재능과 가능성, 창의성과 잠재성을 발휘하여 자신의 모습들과 일치하는 선택을 하도록 해주기 때문입니다. 그렇기에 아이들에게 감정코칭은 평생에 걸친 선물이 되어주는 것입니다.

감사함을 담아
존 가트맨 드림

아주 작은 노력으로 출발할 수 있는
감정코칭

"아기가 밤에 깨서 울면 달래주지 않고 울다 지칠 때까지 내버려둬요. 이렇게 길들이면 밤중에 일어나서 울지 않겠지요?"

"15개월 된 아이가 낯가림이 심해요. 아침에 출근할 때마다 어린이집에 가지 않겠다고 떼를 써서 진땀을 뺍니다. 직장을 그만둬야 될까 고민입니다."

"저희 아이를 좀 봐주세요. 왜 이렇게 말을 안 듣는지 모르겠어요."

"우리 애가 아무래도 ADHD(주의력결핍 과잉행동장애)인 것 같아요. 산만하고 충동적이에요."

"애 키우기 너무 힘들어요. 아이를 크게 혼내고 나면 후회되고 엄마 자격이 없는 것 같아서 죄책감이 들어요."

"아이가 무기력증에 빠져서 아무것도 하지 않으려고 해요. 어릴 땐 제법

똑똑하더니 학년이 올라갈수록 만사가 귀찮다고 짜증만 부립니다. 제대로 클지 걱정이에요."

"애가 게임 중독이에요. 컴퓨터를 부숴버리고 싶을 정도로 화가 나서 참을 수가 없어요. 도대체 제가 어떻게 해야 하나요?"

부모님들이 아이를 키우면서 주로 호소하는 내용들입니다. 아이들의 성별도 다르고 나이도 다르고 부모님의 학력, 직업, 거주지, 행동 증상도 다 다르게 나타납니다. 하지만 공통점이 있습니다. 아이의 감정에 대해 오랫동안 간과했거나 억압했거나 방임해 왔다는 사실입니다. 물론 특수 상황이나 개별적 원인도 있지만 처방을 하는 중에 기본으로 꼭 들어가는 것이 감정코칭 교육입니다.

초기 상담에서 제가 아동에게 직접 감정코칭을 해주기도 하지만 더욱 중요한 것은 부모님이나 선생님들께 감정코칭하는 방법을 가르쳐 드리는 것입니다. 그러면 아이들과의 관계도 좋아질 뿐 아니라 아이의 변화와 발전이 지속될 수 있기 때문에 제게 의존할 필요가 없게 되는 것이지요. 제가 없어도 관계가 좋아지도록 하는 것이 저의 치료 목표인데 대개 이틀 정도의 교육이면 충분히 가능합니다.

2005년 MBC 스페셜다큐 〈내 아이를 위한 사랑의 기술〉을 통해 제가 한국에 가트맨식 감정코칭을 소개했습니다. 그 후 많은 부모님들과 선생님들이 방송을 통해 감정코칭이 무엇인지 알게 되었고 중요하다는 것은 알았는데 구체적으로 어떻게 하는 것인지 더 가르쳐 달라는 요청이 많았습니다. 그래서 수많은 부모님, 교사, 유치원 원장님, 보육 교사, 상담사들에게 감정코칭을 가르쳐 드렸고 많은 분들이 체험담과 소감을 적어 보내주셨습니다. 너무 많아서 일일이 다 열거하기도 어렵지만 그중 몇 가지만 요약해 보겠습니다.

"아이들과의 관계가 정말 좋아졌어요." – 39세 3남매 엄마

"진작 알았더라면… 아이에게 상처를 많이 준 것이 후회가 됩니다. 시간을 되돌릴 수 있다면 아이가 어렸을 때로 돌아가 다시 키우고 싶어요." – 42세 아빠

"정년만 기다리며 억지로 출근할 때는 두통이 심했는데 이제는 학교 가는 게 즐겁고 기대가 돼요. 교사 생활 30년 만에 처음으로 아이들이 예쁘고 사랑스럽게 보입니다. 교사로서 자부심과 보람을 느껴요." – 56세 교사

"첫째 아이 때 아무것도 모르고 키워서 많이 힘들었는데 둘째는 감정코칭으로 키우니 아이가 정말 행복해 하고 영특해요. 며칠 전에는 세 살밖에 안 된 아이가 손가락을 다친 엄마를 위로해 주더라고요." – 39세 아빠

"감정코칭은 부부 사이뿐만 아니라 동료 교사, 심지어 시부모님과의 관계까지도 좋게 해주는 기적의 관계 소통법이라는 것을 느꼈어요." – 37세 맞벌이 부부

『최성애·존 가트맨 박사의 내 아이를 위한 감정코칭』은 이런 많은 분들의 경험담에 바탕을 두고 좀더 많은 부모님들과 선생님들이 '감정코칭'을 배워서 실천하실 수 있도록 구체적인 노하우를 정리하고 사례들을 모은 것입니다. 이 책에 실린 사례들은 제게 감정코칭을 훈련받은 부모님이나 보육 교사, 교사들이 직접 실천해 보고 적어주신 실제 사례들입니다. 사는 지역은 서울, 경기, 충청, 강원, 경상, 전라, 제주, 심지어 해외 거주지 등 다양해도 감정코칭을 통해 아이와 어른이 다 행복해졌다는 성공담은 대동소이하며, 이러한 희망적인 이야기는 끊임없이 들려오고 있습니다.

감정코칭은 아주 작은 노력으로부터 출발합니다. 그것은 바로 아이의 감정을 알아차리는 것입니다. 처음에는 약간의 의도적인 노력이 필요한데 아이의 감정을 알아차리다 보면 내 자신의 감정에도 주의를 기울이게 됩니다.

습관을 바꾸려면 뇌에 새로운 회로가 생겨야 하는데 그러려면 평균 21일 정도가 소요된다고 합니다. 그리고 생각이나 의도하지 않아도 자동화되려면 약 두 달에서 백일 정도가 걸린다고 합니다. 뇌과학 연구자들의 연구 결과이지만 우리가 예전부터 삼칠일(21일)이니 백일기도니 하던 것과 일치하는 부분이기도 합니다. 이렇게 작은 노력을 통해 감정코칭이 일단 습관화가 되면 우리 아이들의 인생행로 자체가 달라지게 됩니다.

저는 이 책에서 가트맨 박사님의 감정코칭 기본 5단계를 한국적 상황에 적용하여 여러분들이 책을 보고 따라 하실 수 있도록 단계별 설명과 다양한 사례를 첨가했습니다.

가트맨 박사님은 한국에서 감정코칭이 부모교육, 교사교육, EBS 등 방송매체를 통해 다른 어느 나라보다, 심지어 미국에서보다 더 빠르게 확산되는 것에 매우 놀라워하셨습니다. 또한 저와 조벽 교수가 필리핀, 멕시코, 과테말라, 브라질 등 11개 도시 19개 학교에서 총 2만여 명의 극빈 아동들과 그들을 가르치는 무료 학교와 기숙사의 교사와 보육 교사들에게 감정코칭을 가르쳐 드렸고 고무적인 반응을 얻고 있다는 사실도 아셨습니다.

가트맨 박사님은 연구자로서 감정코칭의 효과 등을 연구실에서 밝혀냈지만 저와 조벽 교수는 국내외 가정, 학교, 상담실에서 직접 이를 실천함으로써 사랑과 보호가 가장 절실한 아이들에게 감정코칭을 전파하고, 여러 나라에서 그 효과를 입증하고 있습니다. 이에 대해 가트맨 박사님은 깊이 감동하고 고마워하셨습니다. 감정코칭은 자녀를 키우는 부모님뿐 아니라 아동을 대하는 보육 교사, 유치원 교사, 교사, 상담사, 소아과 의사, 간호사 등에게 도움이 됩니다.

이 책에는 감정코칭 외에 제가 지난 30여 년 동안 공부하고 가르쳐온 아동발달학, 심리학, 생물학, 인간발달학, 뇌과학 등의 지식과 독일에서 6년 동안 훈련받은 아동 청소년 심리치료법, 시카고에서 훈련받은 관계치료놀이, 캘리포니아 하트매스 연구소의 엠웨이브 방식, 뇌과학에 기반을 둔 연령별 놀이법, 개인상담, 강연, 전문가 양성 등에서 축적된 다양한 경험과 통찰이 어우러져 있습니다.

이제까지 저와 저의 제자들에게 감정코칭을 배우신 부모님들은 대개 이틀 과정의 프로그램을 통해 거의 90퍼센트 감정코칭형 양육 방식으로 바뀔 수 있었습니다. 이제는 여러분의 차례입니다. 여러분도 배우고 실천하시면 원하시는 만큼 자녀와의 관계가 좋아질 것입니다.

『정서지능』의 저자 대니얼 골먼 박사는 학생 때 성적이나 지능보다 감정 공감 능력이 뛰어난 정서지능이 높은 사람들이 행복하고 성공한 사람들이라고 합니다. 이들은 자신을 존중하고 타인을 배려함으로써 삶을 가치 있고 의미 있게 살 줄 아는 사람들이라고 합니다. 감정코칭은 정서지능을 키워주는 확실하고도 구체적인 방법입니다.

부족함이 많지만 아이와 함께 찾아가는 행복과 성공의 길에 조금이나마 이 책이 도움이 되기를 진심으로 바랍니다. 세상의 가장 큰 축복인 아이들과 함께 계시는 곳에 사랑과 평화가 가득하기를 빕니다.

사랑과 희망을 담아
최성애 드림

감정코칭을
선택해야 하는 이유

- 짜증난 초등학생이 담임선생님의 얼굴을 구타하다.
- 선생님이 중학생을 체벌하다 전치 2주의 상처를 입히다.
- 조기유학 중퇴자가 절망 끝에 묻지마 살인을 저지르다.
- 야단맞은 아들이 홧김에 방에 불을 질러 다 태워버리다.

어떻게 된 일인가요. 이런 황당하고 끔찍한 뉴스가 너무 흔합니다. 왜 이들은 그 지경이 되도록 감정을 자제하지 못했을까요. 비록 신문에 기사화될 정도는 아니지만 우리는 모두 자신의 감정을 걷잡을 수 없이 쏟아낸 적이 있습니다. 주체할 수 없는 감정을 엉뚱한 대상에게 퍼붓고는 후회한 적도 있지요. 그래서 감정 조절의 실패는 특별한 소수의 문제가 아니라 우리 모두에게 적용됩니다. 아마 몇 년 후에는 위에 나열된 뉴스는 나오지 않을지도 모릅니다. 사라져서가 아니라 너무 흔해져서 더 이상 뉴스거리가 되지 않기 때문일 것입니다.

정말 왜 그럴까요. 그러면 안 되는 걸 뻔히 알면서도 감정이 폭발하고 이성을 잃고 미숙하거나 심지어 흉측한 행동을 저지르는 이유는 뭘까요. 이 문제는 학생을 성숙한 인간으로 키워내야 하는 교육 현장(집과 학교)에서 더 심각합니다.

인간이 성숙해진다는 뜻은 매 순간 오감이 활짝 깨어 있어 희로애락을 폭넓고 풍요롭게 느끼며 인생의 극과 극을 경험하는 것이겠지요. 이와 동시에 아무리 감정이 그렇다 해도 자신의 생각과 행동은 이성적 판단에 의해 다스려나가는 지혜를 터득하는 일입니다. 성숙함이란 감성과 이성이 슬기로운 조화를 이루어 올바른 행동을 하는 능력이라고 할 수 있겠지요. 이러한 능력은 타고나는 것이 아니라 가르치고 배워야 하는 것입니다.

그러나 우리 한국의 교육 현장에서는 아직도 아이들의 감정은 무시하거나 억압하고 그저 아이들이 이성만 발휘하길 요구하고 있는 것 같습니다. 어린아이가 울면 "뚝!" 한마디로 감정을 단호하게 차단해 버리거나 "저기 경찰 아저씨가 이놈 한다!" 하고 위협합니다. "그치면 아이스크림 사줄게" 하고 감정을 유괴하기도 합니다. 협박이나 뇌물로 다스려지지 않는 아이에게는 매를 들거나 체벌을 가합니다.

대한민국은 체벌 대국입니다. 세계 197개국 중에서 학교에서 체벌을 허용하는 89개국 중의 하나이며, OECD 국가 중에서 학교와 집에서 체벌을 허용하는 7개 국가 중 하나입니다. 사회 전면에 체벌을 금지하는 국가가 선진국 중심으로 급속히 확산되고 있지만 아직도 우리나라는 체벌을 폭넓게 허용하고 있습니다. 체벌을 모니터하는 어느 국제기관에서는 한국의 체벌 수준은 이슬람 국가와 싱가포르를 비롯한 체벌 허용 국가와 비교해도 특별히 심하다고 평했습니다.

우리는 체벌을 미화하기도 합니다. 매를 '사랑의 매'라고 표현하지요. 그러나 매를 맞아 본 사람들은 매를 맞으면서 사랑을 느낀 적이 없을 것입니다. 오히려 매를 든 사람이 자신을 미워한다고 믿거나 자신이 나쁜 애라고 생각할 것입니다. 매를 사랑이라고 하는 발상은 착각이며 더 좋은 방법을 알려고 하지 않는 어른들의 자기합리화일 뿐입니다.

개인의 의견이 아니라 객관적인 연구 결과를 함께 보겠습니다.

- 체벌은 아이의 인성교육에 효과가 없다.
- 체벌은 교사와 학생들 사이의 신뢰를 허물고, 체벌을 받은 학생들은 분노심을 키우고, 불안감을 느끼거나, 폭력적으로 변한다.
- 훗날 불안장애, 알코올 중독, 의존성 등 심적 문제를 유발할 경향이 두드러진다.
- 벌은 대체로 단기 효과만 있을 뿐 장기적으로 지속가능하지 않으며 부작용이 발생하기 때문에 역효과가 있다.
- 체벌의 유일한 효과는 즉각적인 순응인 반면 오히려 장기적으로는 반항심을 증가시킨다.
- 체벌은 폭력을 부추긴다. 체벌을 받은 학생이 나중에 폭력적으로 될 확률이 높아진다.

체벌을 하는 이유는 체벌의 교육적 효과성보다는 유용성(쉽게 아무 때나 할 수 있다)과 경제성(돈이 들지 않는다)이라는 것입니다. 하지만 그 대가를 훗날 혹독하게 치르게 됩니다. 이와 동시에 다른 부류의 연구 결과가 있습니다. 두뇌에 대한 첨단 연구가 이루어지면서 인성을 철학(도덕적) 차원만이 아니라 과학적(뇌과학과 인간발달학) 차원에서 이해할 수 있게 되었습니다.

- 인성은 주로 전두엽의 기능이며, 전두엽은 20대 후반에 완성된다.
- 심각한 인성 문제를 가장 많이 일으키는 사춘기 시기에 접어든 학생들은 분석력과 계획성, 판단력 등이 미숙하고, 자신의 감정을 잘 조절하지 못하는 특성을 지녔다.
- 먼저 학생들과 감정적 차원에서 소통하고 순차적으로 이성적 행동으로 선도하는 첨단 방법인 '감정코칭'이 인성교육에 효과가 있다.
- '감정코칭'은 미국 워싱턴 주정부, 빌게이츠재단, (미)국방부, PBS 교육방송, 탈라리스 연구소 등에서 최고의 아동 양육 방법으로 추천되고 있다.

학생과 아이의 인성문제는 어른(부모, 교사)의 부적절하거나 부족한 개입의 결과인 것입니다. 이제 우리는 선택해야 합니다. 첨단 지식과 정보를 무시한 채 여태껏 해오던 대로 아이들을 상과 벌로 다스릴 것인가, 아니면 과학적으로 검증된 첨단 방법을 동원할 것인가.

이 선택은 단지 개입하는 방법의 선택이 아닙니다. 부모와 자녀, 선생님과 학생이 서로 적이 될 것인가 아니면 한편이 될 것인가에 대한 선택이기도 합니다. 또한 한국이 선진국 대열에 들어갈 것인가에 대한 선택이 될 것입니다.

예전에는 아이 한 명에 여러 명의 어른들이 주변에 존재했습니다. 부모님 외에 언니, 오빠, 할머니, 할아버지, 이모, 고모, 삼촌도 한집에 거주하는 경우가 많았고 이웃, 친인척들과의 교류도 빈번했습니다. 인성교육이 상대적으로 잘 이루어질 수 있는 환경이었습니다.

하지만 요즘에는 대가족의 붕괴에 이어 핵가족마저 붕괴되고 있습니다. 아버지 부재만 아니라 맞벌이의 경우 어머니마저 부재하는 경우가 많습니다. 어머니가 계셔도 아이는 텔레비전을 보고 컴퓨터를 하며 혼자 시간을 보내며 어른과 함께 할 수 있는 시간은 아주 적습니다. 아이들이 성숙한 어른으로부터 인성과 이성의 조화를 배울 기회가 대폭 줄어들었습니다.

서로 바쁜 생활 속에서 가족이 함께하는 시간이 절대적으로 부족합니다. 그래서 이제 우리는 '더 많이'가 아니라 '좀 다르게' 해야 합니다. 감정코칭이 바로 '좀 다르게' 하는 방법인 것입니다.

저는 이 책을 준비하면서 두 가지 결과를 기대합니다. 첫째, 교사가 이 책에 소개된 감정코칭을 선택해서 좀더 긍정적이고 의미 있는 사제 관계를 형성하게 되길 바랍니다. 그래서 아이들이 선생님들로부터 성숙한 인간의 모델을 발견하고 어른이 된다는 것에 희망을 느끼게 되길 바랍니다.

"나는 저런 인간은 안 될 거야"라고 이를 악물게 하지 않고, "꼭 저 선생님같이 되고 싶다"라는 꿈을 품게 되길 바랍니다. 이렇게 될 때 교사는 온갖 스트레스를 극복하고 보람과 행복감을 느낄 수 있게 될 것입니다. 학생을 가르치는 기쁨이 느껴져야 학생인권과 교권이라는 대립적 관계에서 벗어날 수 있습니다 그래서 진정한 스승과 제자의 관계를 만들어나가길 기대합니다.

둘째, 부모는 감정코칭을 통해 아이를 미완성된 어른으로 여겨 그들의 부족함과 단점에 집착하지 않고, 그들만이 지닌 순수함과 미숙함에 즐거움과 신선함을 느끼고 아이와 환한 미소를 나누게 되길 바랍니다.

이렇게 될 때 왜 아이를 신이 인간에게 내린 최고의 선물이라 하는지 알게 될 것입니다. 이렇게 될 때 왜 화목한 부모는 인간이 아이에게 줄 수 있는 최고의 선물이라 하는지 알 수 있을 것입니다. 아이를 키운다는 즐거움과 행복이 느껴져야 저출산이란 국가적 대재앙을 피할 수 있습니다.

'감정코칭'은 새로운 현실을 창조하는 훌륭한 방법입니다. 우리 모두 다함께 새로운 관계를 창조해 나가길 바랍니다.

지지와 응원을 담아
조벽 드림

| 차례 |

1장

감정을 잘 조절하는 아이가 행복하다

1. 아이, 감정 속에서 길을 잃다

2. 아이의 감정을 공감해 주는 것이 진짜 사랑

2장

감정에 솔직한 아이로 키우자

3장

아이의 마음을 여는 감정코칭 대화법

4장

아이와 교감하는 감정코칭 5단계

부록

상황별 감정코칭 실제 사례

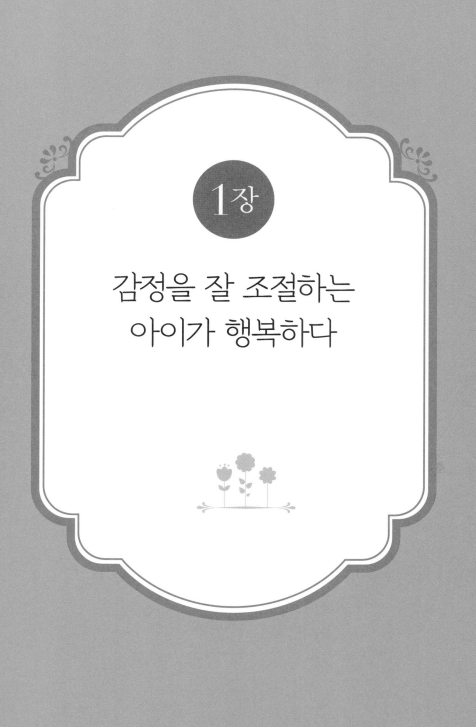

1장

감정을 잘 조절하는
아이가 행복하다

아이, 감정 속에서 길을 잃다

❀ ＿＿＿＿＿＿ 초등학교 1학년 혜민이는 아침마다 학교에 가기 싫다고 웁니다. 이유는 짝꿍인 남자아이가 반찬을 뺏어서 다른 애들에게 주거나 침을 함부로 뱉거나 밀치고 아프게 해서 싫다는 것입니다. 혜민이 부모님은 달래서라도 혜민이를 학교에 보내야 할지, 그까짓 일로 학교를 안 가겠다고 우는 혜민이를 야단쳐서라도 억지로 등떠밀어 학교에 보내야 할지, 담임 선생님께 도움을 청해야 할지 혼란스럽습니다.

다섯 살 현기는 자기가 하고 싶은 것만 하려고 합니다. 사고 싶은 과자나 장난감을 안 사주면 길바닥에 누워 뒹굴고 집에서는 종일 게임만 하느라 밥도 잘 안 먹습니다. 달래도 보고, 을러도 보고, 애원도 하다가 안 되면 아빠가 나서서 심하게 때려도 그때 뿐입니다. 현기 엄마는 하루하루 지처가는 자신이 부모로서 무능한 것 같아 속상하고 우울합니다.

네 살 준희는 덩치만 컸지 하는 행동은 너무 어린애 같아서 준희 엄마는 화가 납니다. 준희는 유치원에서도 다른 아이들과 어울리지 못하고 선생님만 따라 다니고 활동에 참여하지 않고 혼자 겉돈다고 합니다. 키가 크고 힘이 세기 때문에 화가 나면 다른 아이들을 때리거나 밀치기도 해서 다른 아이들도 준희를 싫어하고 피한다고 합니다.

준희 엄마는 제멋대로 행동하는 준희가 왜 그런지 도무지 이해가 안 되고, 말보다 매가 앞서는 자신이 싫고, 유치원에서 돌아올 시간이 되면 또 어떻게 준희와 힘든 시간을 보내야 할지 가슴이 답답하고 준희에게 말이나 행동으로 상처를 주게 될까 봐 스스로 두렵기까지 하다고 합니다.

위의 세 사례는 제가 EBS 〈60분 부모〉에서 직접 상담을 했었고, 실제로 우리 주변에서 흔히 볼 수 있는 아이들과 부모님들의 모습입니다. 비슷한 경험을 겪은 부모들은 방송을 보고 "바로 우리 집 이야기"라고 공감하고 많은 전화와 메일로 소감을 보내오셨습니다.

상담받은 지 한 달 뒤에 제작팀은 사례자들의 집으로 다시 찾아갔습니다. 혜민이는 표정이 밝고 학교에 잘 다니고, 현기는 컴퓨터 없이도 즐겁게 잘 지내며 밥도 고루 잘 먹고 엄마도 많이 편해진 모습이었습니다. 준희 역시 순하고 즐거운 모습이었고, 준희 엄마는 이제야 행복이 무엇인지 알겠다고 말했습니다.

무엇이 이렇게 빠른 변화를 일으키고 부모님이 원하던 대로 아이들이 달라지고 부모로서 효능감과 자존감, 행복감을 되찾게 해주었을까요? 저는 이 세 사례자 부모님들께 모두 감정코칭을 가르쳐 드렸습니다. 이 분들 외에 수많은 부모님들, 아이들, 학생들, 교사들, 상담사들께 감정코칭은 아이와 행복하게 지내며 함께 성장하는 필수 도구라고 알려 드립니다. 이 책은 바로 여러분들께서 방송을 통해 달라진 많은 아이들과 부모님들의 성공 이야기가 바로 여러분들의 이야기가 되기 위해 쓰인 것입니다.

어떤 부모든 다 자식이 잘되기를 바라지요. 그래서 부모 자신보다는 아이를 먼저 생각하고 아이를 중심으로 생활하는데, 왜 아이가 자꾸 엇나가는지 모르겠다고 합니다.

❖ 아이의 감정을 잘 받아주고 있는 걸까?

정말 부모는 아무 문제가 없는데, 아이에게 문제가 있어 이런 일들이 벌어지는 것일까요? 아이의 행동만 보면 그렇게 생각할 수도 있습니다. 하지만 부모가 아이의 감정(속마음)을 읽지 못하고 행동만을 본다면, 아이들은 부모로부터 이해받지 못한다고 느끼고 더 큰 문제 행동을 일으킵니다. 자신의 기분을 좀 받아주고 이해해 달라고 울고 보채고 떼를 쓰거나 과격한 행동을 하는 것인데도, 부모들은 아이의 감정은 이해하지 못하고 행동에만 반응합니다. 그럴수록 아이는 부모조차도 자신을 미워하고 거부하고 무시한다고 믿을 수밖에 없습니다.

아이들은 대개 부모와의 상호작용을 통해 자신이 누구인지, 가치 있는 사람인지, 감정적인 상황에 어떻게 대처해야 하는지를 배웁니다. 문제가 있는 아이의 행동 패턴을 살펴보면 부모와의 상호작용 속에서 형성된 것인 경우가 대부분입니다. 아이에게 하는 말과 행동을 다시 한 번 진지하게 되돌아보시길 바랍니다.

부모라면 가능한 아이에게 진심으로 최선을 다할 것입니다. 하지만 아주 중요한 것을 놓치는 경우가 많습니다. 바로 '아이의 감정을 이해하고 수용하는 것'을 잘 모른다는 점입니다.

이제 질문을 바꿀 필요가 있습니다. "우리 아이가 왜 이럴까?" 하고 궁금해 하기 전에 "과연 아이의 감정을 받아주었는가?" 하고 스스로에게 물어보아야 합니다. 그래야 "우리 아이가 왜 이럴까?"에 대한 답을 얻고, 아이와 진정으로 소통하면서 신뢰감과 유대감, 친밀감을 쌓아갈 수 있습니다.

부모가 아이의 감정을 이해하지 못하고 수용하지 않아 상호작용이 원만하지 못할 경우, 아이는 감정을 점점 더 극단적인 행동으로 표출할 위험이 큽니다. 실제로 겨우 열 살밖에 안 된 초등학생이 성적이 떨어진 것을 비관해 스스로 목숨을 끊고, 친구들로부터 따돌림을 당하고 자해를 하는 충격적인 사건들이 이를 증명해 주고 있습니다.

왜 한창 꿈을 꾸며 행복하게 살아야 할 어린 학생들이 스스로 죽음의 길을 택하는 것일까요? 이에 대한 이유는 어느 한두 가지로 설명하기 어렵습니다. 하지만 분명한 것은 자신을 사랑하고 소중하게 생각하는 사람은 쉽게 목숨을 끊지 않는다는 사실입니다.

자신을 사랑하고 존중하려면 자신에 대해 잘 알고, 있는 그대로 수용할 줄 알아야 합니다. 그러려면 먼저 자신의 다양한 감정을 잘 알아차리고 awareness, 대처cope할 수 있어야 합니다. 쉽게 말해 자신의 감정을 잘 만나야 합니다. 감정을 잘 만난다는 것은 기쁘고 행복한 감정은 물론 화, 슬픔, 두려움, 공포와 같은 감정조차도 수용하되 궁극적으로는 감정, 생각, 행동이 조화와 균형을 이루는 것을 뜻합니다.

감정을 잘 수용하고 대처할 줄 알면 자아 성장감과 자존감이 높아지며, 대인관계나 문제 해결 상황에서 유연하게 대처할 수 있다고 말합니다. '정서지능'으로 널리 알려진 대니얼 골먼 박사의 장기 연구 결과에 따르면, 행복하면서도 성공한 사람들은 지능이 높거나 학교 성적이 우수하거나 부유한 가정에서 자란 사람이 아니라 정서지능이 높은 사람입니다. 이런 정서지능은 타고난 것보다 후천적으로 노력을 통해 높일 수 있습니다.

문제는 요즘 외둥이로 혼자 자라는 아이가 많고, 극심한 경쟁 사회에서 부모와 자녀 모두 지속적으로 스트레스를 받으며 살다 보니, 아이들이 감정을 잘 만나고 처리하는 연습을 할 기회가 많지 않다는 점입니다. 살면서 다양한 감정과 부딪히지만, 그 감정을 어떻게 다루어야 할지 몰라 길을 잃고 헤매고 있습니다. 아이들의 불행과 혼란은 바로 여기서 시작합니다.

❀ 감정 배움터가 사라지고 있다

아이들은 감정을 통해 세상을 만나고 알아갑니다. 물론 아이는 엄마 뱃속에 있을 때부터 두려움 같은 감정을 느낍니다. 하지만 아이가 본격적으로 감정과 만나는 것은 세상에 태어난 이후부터입니다.

태아 때 느꼈던 감정은 주로 엄마의 감정 상태가 전달된 것이며, 아이가 독립적으로 느끼는 감정과는 차이가 있습니다. 엄마 뱃속에서 나와 느끼는 감정은 좋든 나쁘든 훨씬 직접적이고 강렬합니다. 때론 위협적이고 때론 위로받기도 하는 낯선 감정을 하나둘씩 만나 이런 감정들과 익숙해지고 어떻게 처리하는지를 배우면서 아이들은 성장합니다.

아이들이 감정을 만나고 배우는 일차적인 학습의 장field은 당연히 '가정'입니다. 엄마 아빠의 사랑을 듬뿍 받으며 행복감도 느끼고, 배가 고플 때 짜증이 나거나 기저귀가 축축할 때 불쾌감을 느끼기도 합니다. 어떤 감정이든 누군가가 알아주고 적절한 조치를 취해주면, 아이는 위로를 받고 안정감을 찾을 수 있습니다.

그런데 아이들에게 훌륭한 감정 배움터 역할을 해야 할 가정이 흔들리고 있습니다. 우선 가족의 구성이 단출해졌지요. 대가족이 핵가족이라는 소단위로 축소화된 지는 이미 오래입니다. 가족이 많으면 그만큼 정서적으로 교감을 나눌 기회가 많습니다. 아래의 표는 이런 상황에서 아이들이 만나고 경험할 수 있는 관계의 수가 얼마나 빈약해졌는지를 단적으로 보여줍니다.

구성원의 수	1	2	3	4	5	6	7
관계의 수	0	1	6	25	90	301	966

출처 : 최성애, 『인간 커뮤니케이션』, 1997.

관계란 혼자서는 성립이 안 되고(0), 남녀가 만나 결혼을 통해 하나의 관계를 이룹니다(1). 둘 사이에 아이가 생기면 가족 구성원의 수는 3이지만, 이 3명이 만들 수 있는 관계의 수는 총 6이 됩니다(엄마-아빠/엄마-아이/아빠-아이/엄마와 아빠-아이/아빠와 아이-엄마/엄마와 아이-아빠).

여기에 동생이 한 명 더 태어나면 가족 구성원의 수는 4이지만 만들 수 있는 관계의 수는 25가 됩니다. 할머니, 할아버지, 이모, 삼촌, 사촌이 한 명씩 추가될 때마다 관계의 수는 90 → 301 → 966, 이처럼 기하급수로 증가합니다.

외둥이로서 한부모와 단출히 살던 아이는 어릴 때부터 조부모나 사촌들과 가깝게 지낸 아이들과 비교가 안 될 정도로 인간관계와 다양한 감정적 상황의 대처 경험이 부족할 수밖에 없습니다. 그러니 처음 유치원에 들어갔을 때, 아이는 7~8명의 아이들과 한두 분의 선생님만으로도 어마어마한 압도감을 느낄지도 모릅니다.

가족이 많으면 다양한 감정을 경험할 기회만 많은 것이 아니라 그런 감정을 인정받고 감정을 어떻게 처리해야 하는지를 배울 기회도 풍부합니다. 특별히 누가 가르쳐주지 않아도 가족들 사이에서 일어나는 다양한 감정적 상황과 그 상황에 대해 다른 사람이 어떻게 대처하는지를 보며 배우기도 하고, 스스로 부딪치면서 터득하기도 합니다.

하지만 핵가족화가 되면서 상황은 달라졌습니다. 가족의 숫자가 절대적으로 줄면서 아이들이 감정을 자연스럽게 교류할 기회도 적어졌습니다. 무엇보다 아이들이 겪는 다양한 감정이 종종 방치된다는 점이 문제입니다. 예전처럼 가족이 많을 때는 적어도 가족 중 누군가는 아이의 감정을 살피고, 어떻게 대처해야 하는지를 이끌어주었는데, 지금은 부모 외에는 그 역할을 해줄 사람이 없습니다.

부모들도 안정적으로 역할을 대신해주지 못하는 경우가 많습니다. 맞벌이 부부가 급격히 늘었고, 아이들의 감정을 받아줄 여유는커녕 부부의 갈등도 해결하지 못해 매일 언성을 높이는 부부가 점점 많아지기 때문입니다. 전 세계적으로 이혼율이 계속 상승하고 있고 한국에서도 두 쌍 중 한 쌍은 이혼을 할 정도로 위기에 처한 가정이 많습니다. 이런 환경에서 자란 아이들이 정서적으로 불안하고, 감정을 어떻게 처리해야 할지 몰라 당황하는 것은 당연한 일입니다.

감정을 무시당할수록 자존감이 낮고 스트레스에 약하다

아이는 감정을 행동으로 표현합니다. 아이가 울고 떼를 쓰고 짜증을 내고 소리를 지르는 등 어떤 형태로든 감정을 표현하는 것은 자기의 욕구를 알아 달라는 간절한 몸짓입니다. 아이는 시시각각 감정으로 세상과 만나지만 감정을 느끼기만 할 뿐이며, 감정의 정체도 모르고 적절한 언어로 표현할 수도 없습니다.

또한 아이는 객관적으로 상황을 파악할 수 있는 인지 능력이 아직 미숙하기 때문에 당연히 어떻게 행동하는 것이 용납될 만한 적절한 행동 표현인지 알지 못합니다. 단지 '나 지금 화났어요. 나 좀 봐주세요' 또는 '나 지금 너무 슬퍼요. 저를 좀 위로해 주세요' 등 감정에 빠져 힘든 자신을 도와 달라는 메시지를 이제껏 자신이 보고 습득한 행동으로 표현할 뿐입니다.

이럴 때 누군가 아이의 감정을 알아줄 경우와 그렇지 않을 경우의 결과는 천지 차이입니다. 누군가로부터 감정을 이해받은 아이는 금방 감정을 추스르고 안정을 찾습니다. 그런 감정이 자신에게만 일어나는 것이 아니라 다른 사람들도 느낀다는 점에서 안도하며, 차츰 더 적절한 언행으로 표현할 수 있게 됩니다. 그러면서 아이들은 자신과 남을 존중할 수 있게 되는 것입니다.

반면 감정을 무시당한 아이는 혼란에 빠집니다. '어, 이상하다. 내가 이렇게 힘든데 왜 아무도 나를 봐주지 않지?' 하고 의아해하면서 제발 내 기분 좀 알아 달라는 마음으로 더 크게 울거나 발을 구르는 등 좀더 과격하게 행동합니다. 그런데 대부분의 어른은 그런 마음을 몰라준 채 아이의 행동만을 보고 야단을 칩니다. "시끄러워. 그만 울지 못해" 또는 "너 한 번만 더

그러면 혼날 줄 알아" 하면서 엄포를 놓습니다. 감정을 알아주기는커녕 야단만 맞은 아이는 의기소침해집니다. 감정을 이해받지 못한 아이가 느끼는 충격은 큽니다. 그런 감정이 누구에게나 생길 수 있는 것이 아니라 자기가 나빠서 또는 이상해서 잘못된 감정을 느꼈다고 생각합니다.

감정을 거부당하거나 무시당하는 일이 많을수록 아이는 자존감이 떨어집니다. 결국 자신과 남을 신뢰하거나 존중하지 못하기 때문에 함부로 행동하며, 지나치게 소심하거나 또는 충동적인 언행을 하다가 더욱더 큰 꾸지람을 듣게 됩니다. 이런 상태로 '주의력결핍증 과잉행동장애아'라는 레벨을 부여 받기도 합니다.

자살 충동을 느끼거나 폭력을 휘두르는 등 극단적인 행동을 하는 아이들을 상담해 보면, 자존감이 매우 낮고 우울하며 마음에 상처를 많이 받았음을 알 수 있습니다. 겉으로 거칠수록 그 내면에는 '아무도 나를 좋아하지 않는다' '모두가 나를 무시한다' '나는 이 세상에 태어나지 말았어야 하는 존재다' '나 같은 인간은 살 필요가 없다'와 같은 부정적인 생각들로 꽉 차 있습니다.

또한 스트레스에도 아주 취약합니다. 처음 감정을 표현했을 때 누군가가 이를 받아주면 금방 마음이 안정되기 때문에 스트레스도 크지 않습니다. 그런데 지속적으로 감정을 무시당하면 더욱 과격한 방법으로 감정을 표현하게 되고, 그래도 감정을 이해받지 못하면 그만큼 스트레스도 더 커질 수밖에 없습니다. 더 큰 문제는 스트레스가 점점 커지는데도 여전히 스트레스를 해소할 수 있는 방법을 배우거나 경험할 기회가 많지 않다는 점입니다. 그러니 작은 스트레스에도 민감하게 반응하고, 우울하거나 불안한 상태가 됩니다.

스트레스에 대한 아이들의 반응에는 생물학적, 심리적, 환경적 요인이 있습니다. 하지만 요즘 아이들의 스트레스는 사회적인 환경이 매우 큰 비중을 차지합니다. 마음껏 뛰어놀아야 할 어린아이들이 무거운 가방을 메고 이 학원 저 학원을 다녀야 하니 스트레스가 클 수밖에 없습니다. 하지만 그렇다고 스트레스를 받는 아이들이 모두 폭력을 휘두르거나 자살을 하는 등 극단적인 행동을 하는 것은 아닙니다.

같은 상황에서 똑같이 스트레스를 받지만 건강하게 생활하는 아이도 많습니다. 이런 아이들은 대부분 어릴 때부터 정서적 돌봄을 받은 경험이 풍부하여 정서적 여유도 있고, 감정을 잘 처리해 스트레스가 쌓이지 않도록 조절할 수 있습니다.

❖ 감정은 다 받아주고, 행동은 한계를 정해준다

지금껏 아이의 감정을 잘 받아주지 않았을 때 어떤 결과가 나타날 수 있는지 알아보았습니다. 그렇다면 아이의 감정을 무조건 다 받아주기만 하면 되는 것일까요? 어떤 감정이든 다 받아주고 존중해 주면 아이가 감정 속에서 길을 잃고 헤매는 일이 없을까요?

감정을 받아주는 것만으로는 충분하지 않습니다. 그것만으로는 아이가 어떻게 행동해야 하는지 스스로 알 수가 없습니다. 감정은 충분히 공감을 하지만 행동하는 데는 분명한 한계가 있다는 것을 깨닫게 해주어야 합니다. 이것이 감정코칭의 핵심입니다.

하지만 어른들은 아이에게 행동의 한계를 정해줄 때 알게 모르게 실수를 저지릅니다. 예를 들어 누가 씹다가 버린 더러운 껌을 아이가 주워 입에 넣으려 해서 엄마가 껌을 빼앗으면 아이는 울음을 터트립니다. 이때 할머니가 우는 아이를 달래며 "어이구, 우리 귀한 지민이를 누가 울렸어" 하고 말합니다. 아이는 할머니 품에서 울며 엄마를 가리키고, 그러면 할머니는 "에이, 엄마 참 나빴다. 엄마 맴매?" 하며 엄마를 때리는 흉내를 냅니다. 심한 경우에는 아이에게 직접 엄마를 때리라고 시키기까지 합니다.

흔히 일어날 법한 상황이고, 어디까지나 장난처럼 벌어지는 일이지만, 이런 과정을 통해 아이는 엄마 때문에 화가 나면 엄마를 때려도 괜찮다고 학습하게 됩니다. 이처럼 행동에 한계를 정해주지 않으면, 아이는 감정적인 갈등 상황에서 어떤 행동이라도 마음대로 해도 된다고 믿고 맙니다.

아이의 감정을 충분히 읽어주고 공감해 주었다면, 행동의 한계를 정해주었을 때 아이가 순순히 받아들입니다. "껌이 씹고 싶었구나. 우리 지민이가 껌을 좋아하는 거 할머니가 잘 알아" 하고 말해 준다면, 아이는 껌을 주워서 입에 넣으려 했던 것에 꾸지람을 받는 기분이 들지 않습니다. 또한 엄마가 자신을 미워한다고 느끼지 않을 것이며, 자신이 나쁘고 더러운 아이라는 기분은 더더욱 들지 않을 것입니다. 자기가 껌을 좋아한다는 걸 할머니가 알아준다는 점, 그래서 더러운 줄도 모르고 껌을 주워 입에 넣으려고 했던 점을 이해받는 느낌이 들 것입니다.

하지만 그 다음이 중요합니다. "그런데 엄마는 지민이가 더러운 껌을 입에 넣어 병날까 봐 걱정이 되어 못 먹게 한 거란다. 누가 씹다가 땅에 버린 껌은 병균이 많아서 지민이가 입에 넣으면 안 되거든" 하고 분명히 한계를 정해주어야 합니다.

이를 통해 아이는 엄마와 할머니가 자신을 존중하고 아끼고 사랑한다는 걸 쉽게 믿고 받아들이며, 땅에 떨어진 더러운 것을 입에 넣으면 안 된다는 점을 배우게 됩니다. 아마 다음에 같은 상황이 되면, '저건 더러운 거니까 입에 넣으면 안 돼' 하며 스스로 판단하고 행동할 수 있을 것입니다.

감정에 대한 공감과 이해부터 해주고 나면 한계를 정하는 일은 그리 어렵지 않습니다. 감정코칭을 배운 부모들은 만 서너 살 된 아이들도 한계 안에서 스스로 훌륭한 해결책을 찾아내는 걸 보며 놀라고 대견할 때가 많다고 말합니다.

가트맨 박사는 어릴 때부터 아이에게 감정코칭을 해주는 것은 아이의 마음속에 스스로 원하는 바를 분명히 알고 찾을 수 있도록 GPS를 심어주는 것과 같다고 표현합니다. 그때까지 부모는 아이와 한편이 되어 최소한의 가이드(코치) 역할을 해주면 됩니다.

2

아이의 감정을
공감해 주는 것이 진짜 사랑

예전에는 아이를 낳아 잘 먹이고, 잘 입히고, 학교에 보내는 것만으로도 부모의 역할을 어느 정도 했다고 여겼습니다. 기본적인 의식주를 해결해 주고, 교육받을 수 있는 기회를 마련해 준다면, 나머지는 아이 스스로 알아서 한다고 생각했습니다.

하지만 지금은 다릅니다. 부모가 해야 할 역할이 끝이 없습니다. 아이가 아무 탈 없이 건강하게 자랄 수 있도록 챙기는 것은 기본이고, 공부를 잘할 수 있도록 학습 매니저 역할도 해야 합니다. 한편으로는 아이가 정서적, 인격적으로 모자람이 없도록 각종 체험 학습과 인성 교육도 게을리해서는 안 됩니다.

이처럼 요즘 부모들은 아이를 위해서라면 돈, 시간, 노력 그 무엇이든 아낌없이 투자합니다. 그런데 어찌 된 일인지 요즘 아이들은 예전보다 행복하지 않습니다. OECD 26개 국가의 어린이와 청소년들의 행복지수를 조사한 결과, 우리나라가 8년째 연속으로 가장 낮았습니다. 왜 그럴까요? 이에 대한 답은 부모가 아이를 사랑하는 방식에서 찾아야 할 것입니다.

❖ 아이를 정말 제대로 사랑하고 있는 걸까?

직업 군인인 현수 아빠는 현수가 늘 걱정스럽습니다. 아들인데도 어릴 때부터 수줍음을 많이 타고 목소리도 가늘고 작았습니다. 씩씩한 구석이라곤 눈을 씻고 찾아봐도 없습니다. 아무리 시대가 바뀌었다고 해도 남자는 남자다워야 한다는 게 현수 아빠의 생각입니다. 그래서 일부러 현수를 엄하게 키웠습니다. 뛰어놀다 무릎을 다쳐 울면, "사내 녀석이 그까짓 것 가지고 울면 안 돼! 뚝 그치지 못해?" 하고 호통을 쳤습니다.

태권도, 합기도 등 아이를 씩씩하게 키우는 데 도움이 될 것 같은 운동도 열심히 시켰습니다. 그런데 타고난 성격이 워낙 여려서 그런지 초등학교 3학년이 되었는데도 별로 나아지지 않았습니다. 아빠에겐 무서워 말도 꺼내지 못하지만, 엄마에겐 운동이 재미없다며 안 하면 안 되느냐고 조르기도 하는 모양입니다. 한편으론 그런 아이가 안쓰럽기도 하지만, 그럴수록 마음을 다잡습니다. 씩씩한 남자로 클 수 있도록 도와주는 것이 아빠가 아이에게 줄 수 있는 제일 좋은 사랑이라 믿기 때문입니다.

소희 엄마의 사랑법은 현수 아빠와는 또 다릅니다. 소희 엄마는 소희가 커서 전문직 여성이 되기를 바랍니다. 그것도 한국이 아니라 세계를 무대로 마음껏 능력을 발휘하며 살 수 있기를 소망합니다. 교육 계획도 이미

다 세워놓았습니다. 요즘은 조기 유학이 대세니 올해 영어 유치원을 졸업하면 내년에 사립 초등학교에 입학시키고, 고학년이 되면 캐나다에 2년 정도 유학을 다녀오게 할 계획입니다. 그런 다음 다시 한국에서 국제중, 특목고를 보내고 대학은 미국에서 다니게 할 예정입니다.

일곱 살짜리 소희의 일상은 웬만한 어른 못지않게 바쁩니다. 영어 유치원이 끝나면 바이올린 학원과 발레 학원을 가야 합니다. 일주일에 두 번은 미술 학원에도 갑니다. 어린아이가 소화하기에는 무리한 일정입니다. 워낙 욕심이 많아 이것저것 배우는 것을 그리 싫어하지 않는 소희지만, 가끔은 힘들다며 학원에 가지 않겠다고 떼를 씁니다. 특히 소희가 그다지 좋아하지 않는 발레의 경우, 종종 이러저런 핑계를 대며 학원에 가지 않으려고 합니다.

엄마는 그런 소희의 마음을 충분히 이해합니다. 하지만 다른 아이들은 소희보다 더 어린 나이부터 많은 것을 배웁니다. 힘들더라도 참고 견딜 수밖에 없다고 생각합니다. 그래야만 치열한 경쟁 사회에서 살아남을 수 있으니까 말입니다. 지금은 소희가 힘들어하더라도 나중에 성공하면 엄마의 마음을 충분히 이해할 수 있으리라 생각합니다.

현수 아빠와 소희 엄마는 서로 교육 방식은 달라도 자기 아이를 사랑하는 마음은 같습니다. 대부분의 부모는 현수 아빠와 소희 엄마처럼 자기 아이가 훌륭한 인재로 자라고 행복하게 살기를 바랍니다. 그래서 열심히 아이를 교육하고 지원하지만 정작 아이들은 행복해하지 않습니다. 부모는 부모대로 섭섭해합니다. 정말 아이를 사랑해서, 아이가 잘되기를 바라는 마음에서 그러는 것인데, 아이가 알아주지 않고 잘 따라오지 못하며 때로는 엇나가거나 반항한다고 속상해합니다

이처럼 아이가 부모의 사랑을 제대로 느끼지 못하고 힘들어한다면, 아이를 사랑하는 방식을 다르게 해보길 권합니다. 그렇다면 아이가 행복해하면서도 훌륭한 인재로 키울 수 있는 가장 효과적인 사랑법은 무엇일까요? 오랜 기간 감정코칭을 연구하고 적용해 보면서 감정코칭이야말로 부모의 사랑을 아이에게 전달하는 가장 좋은 방법이라는 확신을 얻었습니다.

잘못된 방식의 사랑은 시간이 지날수록 아이가 마음의 빗장을 단단히 걸어 잠그게 만듭니다. 하지만 감정코칭은 아이의 굳게 닫힌 마음의 문을 열게 하고, 아이를 긍정적으로 변화시킵니다. 아이 성향이, 아이가 처한 환경이 달라도 상관없습니다. 감정코칭은 언제 어느 곳에서나 통하는 가장 기본적인 사랑법입니다. 전 세계 어디서나 통하는 언어처럼, 어떤 아이도 행복하게 만들어주는 사랑법인 셈입니다.

❖ 감정을 공감해야 하는 이유는 뇌가 말해 준다

부모들은 논리적으로 잘 설명하면 아이가 충분히 알아들을 수 있다고 생각합니다. 그도 그럴 것이 요즘 아이들은 참 똑똑합니다. 서너 살만 돼도 한글을 척척 읽고, 초등학교 들어가기도 전에 영어를 유창하게 구사하는 아이들을 주변에서 쉽게 볼 수 있습니다. 그렇게 똑똑한 아이들이 감정에 휩싸여 있을 때 이성적으로 접근하면 더 민감하게 반응하고 엇나갑니다.

예를 들어 아이가 학교에서 돌아와 화난 목소리로 다음과 같이 말했습니다.

"나 이제 그 따위 학교 안 갈 거야! 애들 앞에서 선생님이 나한테 큰소리로 야단치고 혼냈어!"

부모 입장에선 선생님이 아무 이유도 없이 아이를 혼냈다고 생각하기 어렵습니다. 설령 아이가 조금 억울하게 혼이 났다 하더라도 선생님의 권위를 세워드려야 아이가 좋은 학생이 될 것이라 생각해 아이를 타이를 수밖에 없습니다.

"잘못도 안 했는데 선생님이 야단을 칠 리가 있니. 잘 생각해봐. 분명 이유가 있을 거야."

그러자 아이는 "엄마는 잘 알지도 못하면서 나한테만 뭐라고 그래" 하고 소리를 지르며 씩씩거립니다.

"거봐, 선생님한테도 이렇게 대들었지? 그러니까 혼이 나지."

부모는 아이가 선생님께 칭찬도 받고 공부도 열심히 하고 학교생활을 잘 하기를 바라는 마음에서 조언을 한 것인데, 아이는 더 화가 나서 가방을 발로 툭 차버립니다. 그런 아이의 버릇을 고쳐주어야 한다는 생각에 부모는 더욱 언성을 높일 수밖에 없지요.

"가방 제자리에 얌전히 갖다 놔. 좋은 말할 때 들어, 응?"

부모가 언성을 높이자 아이는 그만 울음을 터트리며 억울해합니다.

이와 같이 부모 입장에서 충분히 알아들을 수 있다고 생각해서 하는 이야기를 아이가 받아들이지 못하는 경우가 많습니다. 하지만 아이의 감정부터 읽어준다면 상황은 전혀 다르게 전개될 수 있습니다.

아이가 학교에서 돌아와 화난 목소리로 "나 이제 그 따위 학교 안 갈거야! 애들 앞에서 선생님이 나한테 큰소리로 야단치고 혼냈어!"라고 말합니다(여기까지는 처음과 똑같습니다). 부모 입장에서는 놀랍기도 하고, 아이가 무슨 잘못을 했는지 궁금하기도 할 것입니다. 이와 동시에 다시 꾸지람을 받지 않도록 가르쳐주어야 한다는 책임감도 들 것입니다. 하지만 부모의 입장을 풀어놓기 전에 먼저 아이의 감정부터 읽어주세요.

"학교 가기 싫구나. 선생님께 다른 애들 보는 데서 큰소리로 꾸짖음을 받았다니, 정말 학교 갈 마음이 안 들겠네(감정을 그대로 수용하고 공감해 줍니다). 무슨 일이 있었는지 엄마에게 좀더 얘기해줄 수 있겠니(관심을 보입니다)?"

그러자 아이는 속상한 마음을 하나씩 풀어놓기 시작합니다.

"오늘 숙제 검사했는데, 나는 다 해갔지만 다른 애들이 많이 안 해왔다고 선생님이 단체 기합을 주시잖아. 그래서 '저는 숙제 해왔어요'라고 했더니, 선생님이 앞으로 나오라고 하셨어. 그러더니 '넌 단체 기합이 뭔지 몰라? 왜 선생님이 말하는데 토를 달아? 너 혼자 숙제했다고 잘난 체하니?' 하시며 애들 앞에서 큰소리로 꾸짖었단 말이야."

아이는 아직도 속상한 듯 씩씩거립니다.

"저런 정말 억울했겠네. 숙제를 해갔는데 단체 기합을 받는 것도 억울한데, 숙제했다는 말을 했다고 너만 더 혼났으니…. 엄마도 어렸을 때 혼자 청소 열심히 했는데 다른 애들이 안 했다고 단체 기합을 받아서 뭐라고 그랬다가 억울하게 혼난 적이 있어. 그래서 학교 가기 싫은 네 기분을 좀 알 것 같아(감정을 그대로 수용하고 공감해 줍니다)."

"엄마도 그런 적이 있어요?"

아이는 화를 가라앉히고 눈이 동그래져서 묻습니다. 엄마와 한편이 된 기분이 들고, 자신의 기분을 엄마가 이해해 준다는 데서 오는 유대감과 안도감으로 마음이 편안해집니다.

"그럼, 그때 정말 창피하고 억울해서 학교 가기 싫었어."

이때 부모가 진심으로 말해야 아이와 공감대를 만들 수 있습니다.

"그때 엄마는 어떻게 하셨어요?"

아이는 이제 이런 상황에서 어떻게 해야 하는지 정말 궁금해지는 것입니다. 바로 이 순간이 '행동'에 대해 말할 때입니다.

"그런데 집에 와서 화가 좀 가라앉고 보니까, 정말 우리 반은 늘 청소가 안 되고 지저분했던 것 같더라. 엄마가 반장이었으니까 아마도 선생님께서는 반장의 책임이 크다고 여기셨던 것 같아. 그래서 다음부터는 좀더 열심히 했더니 학기말에는 모범상을 주시더라."

"맞아요. 우리 반도 매일 숙제 안 해오는 애가 너무 많아서 선생님이 화가 나셨나 봐요. 근데 제가 선생님 말씀 중간에 끼어들어 저만 해왔다고 큰소리로 말하니까, 아마 선생님께서 더 화나셨던 것 같아요."

아이는 감정에 대한 공감과 수용을 받고 안정이 되자 상황을 좀더 통찰할 수 있습니다. 이때 부모가 해결사로 나서기보다 다음과 같이 질문을 하면 좋습니다.

"그럼 어떻게 하면 좋을까? 네 생각은 어떠니?"

"내일 선생님께 가서 제가 말씀 중간에 끼어들어 죄송했다고 말씀드려야겠어요."

이렇게 해결책까지도 스스로 마련할지 모릅니다. 선생님한테 꾸중을 들어 억울하거나 엄마한테도 훈계만 받는다는 기분이 전혀 들지 않으므로 가방을 걷어차거나 울음을 터트리지 않고 상황에 적절한 감정과 행동을 이끌어낼 수 있습니다. 물론 아이와 엄마는 한편이 되고 더 가까워지며, 신뢰감도 한층 돈독해집니다. 더불어 아이가 한 단계 성장한다는 뿌듯함과 대견함도 느낄 수 있을 것입니다.

자, 이렇게 감정을 먼저 받아주고 나서 행동으로 가는 원리는 뇌 구조를 이해하면 좀더 쉽게 이해할 수 있습니다.

뇌의 3층 구조

1960년대 뇌과학자였던 폴 맥린 박사는 인간의 뇌가 3중 구조로 이루어져 있다는 것을 밝혀냈습니다. 가장 아래층(지하)은 '뇌간'으로 호흡, 혈압 조절, 체온 조절, 심장 박동 등 생명을 유지하는 데 필요한 기능을 담당합니다.

뇌간은 생명을 관장하는 '원초적인 뇌'인 만큼 태어날 때 이미 완성이 되어 있습니다. 그래서 갓난아이가 세상에 태어나자마자 숨을 쉬고 젖을 빨 수 있는 것입니다. 뇌간의 구조와 기능은 파충류와도 같습니다. 그래서 제일 아래 지하층에 있는 뇌간을 '파충류의 뇌'라고도 부릅니다.

뇌간과 대뇌반구 중간에 '변연계'라는 중간층이 있습니다. 주로 감정을 다스리고 기억을 주관하며, 호르몬을 담당하는 역할을 합니다. 기쁨, 즐거움, 화, 슬픔 등의 감정은 물론 식욕과 성욕도 여기서 주로 처리됩니다.

포유류는 대부분 변연계를 갖고 있습니다. 그래서 강아지도 주인이 오면 반가워하고, 낯선 사람이 오면 놀라거나 흥분해 울부짖고 으르렁거립니다. 두려울 때는 꼬리를 내리고 움츠리기도 하고 심지어 질투를 하기도 하는데, 이렇게 다양한 감정을 나타낼 수 있는 것은 변연계가 발달했기 때문입니다. 파충류는 변연계가 발달하지 않아 감정 표현이 없습니다. 감정 표현은 포유류에서만 나타나는 행동이기에 변연계를 '감정의 뇌' 또는 '포유류의 뇌'라고 부릅니다.

변연계 윗부분은 '대뇌피질'입니다. 그중에서도 이마 뒤 약 3분의 1을 차지하는 '전두엽'은 생각하고 판단하며, 우선순위를 정하고, 감정과 충동을 조절합니다. 고도의 정신 기능과 창조 기능을 담당하고 있고 인간만이 가진 뇌이기에 '인간의 뇌' 또는 '이성의 뇌' '뇌의 총사령부'라고도 부릅니다.

변연계는 사춘기 때, 전두엽은 평균 27~28세가 되어야 완성된다

갓난아이에게도 감정이 있습니다. 하지만 갓난아이 때 느끼는 감정은 초보적인 수준이며, 변연계는 영유아기와 아동기 및 사춘기 동안 활발하게 발달합니다. 따라서 사춘기에 접어든 아이는 비록 몸이 어른만큼 성장하더라도 감정에 예민하게 반응하고, 감정과 생각, 행동에 균형과 조화를 잘 이루지 못한다는 뜻입니다. 감정을 어떻게 표현할지 잘 모르거나, 충동적인 행동으로 감정을 표출하기도 합니다. 변연계의 발달도 사춘기에 거의 완성되며, 사춘기가 끝날 즈음에 변연계는 거의 완성됩니다.

반면 생각의 뇌, 이성의 뇌인 전두엽은 발달하는 데 시간이 많이 걸립니다. 전두엽은 아이가 말을 배우고 글을 익히면서 차츰 발달하다가 초등학교 4~5학년 때쯤 어느 정도 가완성됩니다. 하지만 가완성된 전두엽의 수준은 그리 높지 않습니다. 거짓말이 나쁘고, 숙제를 해야 하고, 시간 약속을 지켜야 한다 등 학교와 집 사이를 오갈 때 필요한 수준의 생각과 판단을 할 수 있을 뿐, 어른처럼 복잡한 사고 판단을 하기에는 부족합니다.

최근 뇌과학 연구를 보면, 초등학교 4~5학년까지 가완성되었던 전두엽은 사춘기 동안 대대적인 리모델링 작업에 들어간다고 합니다. 따라서 아동기와 청소년기에는 아직 생각하고 판단할 수 있는 힘이 여전히 약합니다.

청소년기에 리모델링에 들어간 전두엽이 완전히 성숙하려면 남자는 평균 30세, 여성은 평균 24~25세는 되어야 합니다. 남녀를 통합했을 때 27~28세는 되어야 전두엽이 온전한 기능과 작동을 한다는 이야기입니다. 이른바 '철들었다'고 표현할 만큼 계획, 판단, 우선순위, 감정 조절, 충동 조절을 할 수 있게 된다는 뜻이지요.

하지만 27~28세도 어디까지나 평균치이므로 발달이 느린 사람은 35세,

40세가 되어도 전두엽이 미성숙합니다. 그런데 아직 전두엽이 미처 발달하지도 않은 아이들에게 어른처럼 생각하고 판단하기를 기대한다면, 아이는 무엇을 요구하는 것인지 몰라 혼란스러울 수밖에 없습니다.

여섯 살짜리 아이가 블록으로 열심히 탑을 만들고 있었는데 네 살짜리 동생이 와서 무너뜨렸습니다. 형은 당연히 화가 나고 동생이 미울 것입니다. 홧김에 동생을 한 대 치지요. 이런 상황에서 엄마들은 대부분 "동생이 잖아. 형이 이해해줘야지 동생을 때리면 되니?"라고 말합니다.

이는 전두엽 수준의 요구입니다. 아직 전두엽이 채 발달하지 않은 여섯 살짜리 아이에겐 다른 나라 말처럼 어려운 이야기일 수밖에 없습니다. 화가 난 감정은 무시당한 채 잘못했다고 하니 억울할 뿐, 이해받지 못하고 차별당하는 기분이 들어 결국 '엄마는 나만 미워해' '동생 미워'와 같은 감정

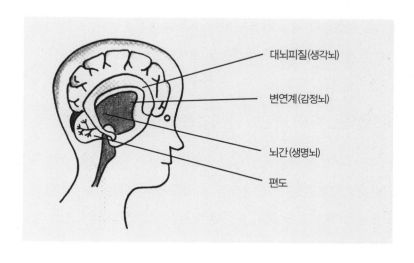

대뇌피질(생각뇌)

변연계(감정뇌)

뇌간(생명뇌)

편도

뇌의 3층 구조

마저 들게 됩니다.

좀더 큰 초등학생 아이도 마찬가지입니다. 초등학생도 여전히 전두엽이 미성숙한 상태이므로 감정이 먼저입니다.

"엄마가 청소하라고 몇 번을 말했는데 아직도 이렇게 더럽니? 이렇게 지저분한 방에서 도대체 무슨 정신 상태로 공부가 되겠어? 방은 마음의 반영이라는 말 못 들어봤어? 방이 어지러우면…"

이렇게 말할 때 아이들이 이성적으로 '아, 그래. 방을 치워야겠구나. 구구절절 엄마 말씀이 지당하다'라고 생각할까요? 아닙니다. 대개는 먼저 엄마의 화난 감정에 반응합니다. '엄마 잔소리 정말 짜증난다(감정). 엄마 목소리도 듣기 싫어(감정). 제발 나 좀 내버려두면 좋겠어'라고 반응할 것입니다.

건물이 올라갈 때 1층을 거치지 않고 바로 2층으로 갈 수는 없습니다. 전두엽이 완성되지 않은 아이에게 이성적인 생각과 판단을 기대하는 것은 2층으로 바로 올라가려는 것과 같습니다. 1층을 통해 2층을 올라가야 하듯이, 1층 뇌인 변연계로 감정을 먼저 수용과 공감을 한 뒤 2층 뇌인 전두엽으로 합리적인 생각을 하여 행동을 선택할 수 있게 되는 것입니다.

🌸 감정은 선택과 결정에 큰 영향을 미친다

감정이 이성적 판단을 방해한다고 믿는 사람이 많습니다. 분명 생각하고 판단하고 선택하는 것은 생각의 뇌, 전두엽의 몫입니다. 하지만 감정의 뇌가 충분히 제 역할을 하지 못하면 생각의 뇌 또한 정상적으로 자기 기량을 발휘하지 못합니다.

뇌과학 교과서에 흔히 등장하는 엘리엇Elliot의 사례를 보면 감정이 배제

된 이성이 얼마나 무력한지 알 수 있습니다. 아래는 가트맨 박사님이 자신의 책에 이 흥미로운 사실을 상세히 서술한 내용의 일부입니다.

"엘리엇은 뇌에 종양이 생겨 뇌의 일부를 제거하는 수술을 받았습니다. 그 수술로 복내측 전전두피질ventromedial prefrontal cortex이 손상되었는데, 이 부분은 감정과 사고를 종합해 감정을 통제하고 판단과 결정을 내리는 영역입니다.

다행히 엘리엇의 사고 능력은 아무 문제가 없었습니다. IQ도 수술 전과 똑같았고, 운동이나 언어 능력, 기억력도 전혀 떨어지지 않았습니다. 인격도 동일했습니다. 단지 수술 후 엘리엇이 그 어떤 감정도 느끼지 못한다는 점만이 다를 뿐이었습니다.

엘리엇의 주치의인 안토니오 다마시오Antonio Damasio는 엘리엇이 정상적인 사회생활을 하는 데 문제가 없을 것이라 예상했습니다. 비록 감정을 느끼지는 못하지만 생각의 뇌는 지극히 정상이었으니까요. 하지만 엘리엇의 삶은 비극으로 끝났습니다. 엘리엇은 대기업에서 높은 연봉을 받는 경영인이었는데, 수술 후 회사에 적응하지 못하고 퇴사했습니다. 그는 어떤 결정도 하지 못했습니다.

고도의 어려운 판단을 필요로 하는 사항뿐만 아니라 파일을 정리하는 단순한 일부터, 식사할 장소를 정하거나 약속을 정하는 등의 간단한 일도 처리하지 못했습니다. 끝도 없이 세세한 부분까지 심사숙고하면서도 종내 결정을 내리지 못하는 일들이 비일비재했습니다. 결국 그는 회사에서 물러날 수밖에 없었고, 사랑하는 아내와도 이혼하는 아픔을 겪었습니다.

엘리엇의 아픔을 통해 감정은 재평가되었습니다. 감정은 단순히 이성을 교란하는 요인이 아니라, 오히려 적절한 판단과 결정을 내릴 수 있도록 돕는 내비게이션과도 같은 역할을 합니다."

감정은 우리가 생각하는 것보다 훨씬 지혜롭습니다. 어떤 어려운 사안을 놓고 결정하지 못해 우왕좌왕할 때 흔히 "마음을 따르면 돼, 그게 정답이야"라고 말합니다. 여기서 '마음'이란 마인드mind가 아니라 심장heart을 뜻합니다.

최근 신경생리정서심리 연구에 따르면, 심장 자체에 두뇌의 신경세포와 같은 뉴런이 있다고 합니다. 그런데 심장은 매우 미세한 감정에도 즉각 반응하고 긍정적 감정, 특히 감사와 연민, 동정, 사랑을 느낄 때 매우 규칙적인 심박변동률heart rate variability을 보입니다. 신경생리학적으로 말하자면 교감과 부교감신경, 각성과 이완이 조화와 균형을 이루어 집중이 잘되고 생각이 맑으며 몸이 가뿐하고 힘이 거의 들지 않는 것처럼 느껴지는 상태에 이릅니다. 한마디로 생각과 감정, 행동이 일치한 상태를 의미하지요. 이러한 상태가 '최적의 몰입 상태'입니다.

감정을 주관하는 뇌의 일부분이 손상된 엘리엇은 생각, 논리, 사실 나열은 할 수 있었지만 우선순위와 선택을 하지는 못했습니다. 마치 화살만 있을 뿐, 표적이 없는 허공에 화살을 쏘아대는 것 같은 상태로 비유할 수 있습니다. 그러니 힘만 들고 성과가 나지 않는 것입니다.

마음이 가는 곳은 감정에 영향을 받습니다. 비록 감정이 그쪽 방향으로 쏠리는 이유를 논리적으로 설명할 수 없을지라도, 심장은 그동안의 경험을 바탕으로 감정에 즉각 반응하며, 아주 빠른 순간에 직관적으로 어느 방향으로 가야 하는지를 감지합니다. 그래서 더더욱 감정이 중요하며, 감정이 엉뚱한 선택을 하지 않도록 자신이 경험하는 감정에 적절히 대응하는 방법을 터득해야 합니다.

감정 공감, 일찍 시작할수록 좋다

아이가 어릴 때는 아이의 감정에 공감해 주는 것이 얼마나 중요한지 실감하지 못하는 부모가 많습니다. 그도 그럴 것이 아이가 어느 정도 자라기 전까지는 아이의 감정을 읽어주지 않더라도 행동을 통제하는 것이 어느 정도 가능하기 때문입니다. 때론 혼을 내고, 때론 어르고 달래거나 설득하면 아이는 대부분 부모 말을 듣습니다.

그런데 초등학교 3~4학년 또는 사춘기가 되면 상황이 달라집니다. 야단을 치거나 알아듣게 설명을 해도 아이는 더 이상 부모 말을 듣지 않습니다. 오히려 자기 마음을 몰라준다고 더 화를 내고, 부모와는 말이 통하지 않는다며 입을 닫아버립니다. 이런 아이들을 보며 부모들은 "전에는 애가 착하고 고분고분 말도 잘 듣고 아무 문제가 없었는데, 갑자기 변했다"면서 당황합니다.

하지만 아이가 갑자기 변한 것이 아닙니다. 그동안 부모에게 강제로 억눌려 쌓이고 쌓였던 감정이 폭발했을 뿐이지요. 평소 감정을 공감받지 못하며 자란 아이는 대체로 자아존중감이 낮고 부정적인 자아상을 지닐 뿐 아니라 스스로 감정을 조절하는 능력이 부족하므로 감정은 더욱 뒤틀리고 격정적으로 나타나게 마련입니다.

연구 결과에 따르면, 신생아도 감정을 읽어주고 공감해 주면 자기 조율을 더 잘한다고 합니다. 예를 들어 놀라거나 울다가도 자기 진정self-soothing을 쉽게 할 수 있다는 것입니다. 감정코칭을 받은 영유아는 긴장 이완에 영향을 미치는 미주신경의 탄력성이 높고, 이런 아이가 자기 진정을 쉽게 하므로 스트레스 상황에 스스로 잘 대처할 수 있습니다.

나이가 어릴수록 부모의 정서적 반응이 아이에게 절대적인 영향을 미칩니다. 아이는 본능적으로 혼자서 살 수 없다는 것을 느끼기 때문입니다. 따라서 먹이고, 입히고, 재워주는 부모는 아이에겐 생명줄을 주관하는 것과 다름없는 절대적인 존재입니다. 그렇게 중요한 존재인 부모가 아이의 감정을 읽고 반응해 주면, 아이는 그만큼 큰 위안과 심리적인 안도감을 느낄 수 있어 쉽게 안정을 찾으며 자기 조절을 잘할 수 있습니다.

어렸을 때 적절하게 처리하지 못한 감정들은 살아가는 데 두고두고 걸림돌이 될 위험이 큽니다. 부모의 폭력과 학대, 방치 등 어렸을 때 큰 충격을 받은 사람이 나이가 들어서도 여전히 그 문제에서 벗어나지 못하고 힘들어하는 사례는 너무도 많습니다.

태어나서 첫 2~3년 동안은 부모와의 애착이 형성되는 가장 중요한 시기입니다. 이 시기에 부모와의 애착 관계가 어떻게 형성되느냐는 아이가 타인과 세상과 관계를 맺는데 영향을 미칩니다. 애착 형성이 잘되려면 부모가 아이의 정서적 신호에 잘 반응해 주어야 합니다. 즉 아이의 감정을 잘 읽어주고 적절한 반응을 해주어야 아이가 불안해하지 않고 정서적인 안정감을 가질 수 있습니다.

영유아기의 애착에 대해 선구적인 연구를 한 영국의 존 볼비John Bowlby 박사는 어렸을 때 애착 형성이 제대로 안 되면 그 후유증이 평생 갈 수 있다고 했습니다. 이는 반대로 아이가 어렸을 때부터 감정코칭을 잘 받아 정서적인 안정감을 얻으면 그 효력이 평생을 간다는 말과도 일맥상통합니다. 따라서 감정코칭은 아이가 태어나는 순간부터 하는 것이 좋습니다.

확실히 감정코칭은 일찍 시작할수록 좋습니다. 하지만 어릴 때부터 감정을 잘 읽어주지 못해 아이가 제멋대로 고집을 피우고, 삐딱한 모습을 보인다고 걱정할 필요는 없습니다. 지금부터라도 감정을 읽어주면 아이는 좋아질 수 있습니다.

위기의 아동과 청소년들을 상담할 때 초기 상담은 거의 감정코칭으로 시작하는데, 부모님이나 선생님에게 대들고 심지어 욕설과 폭력까지 행사한다는 고위험군 청소년도 감정코칭을 하면 단 10~15분 만에 순한 양처럼 변합니다. 감정코칭으로 성인이 된 자녀 또는 배우자, 시부모님처럼 성인과 노인들을 변화시키는 것도 얼마든지 가능합니다.

3

감정코칭을 받은 아이,
이렇게 달라진다

아직도 많은 사람이 IQ 높은 아이가 공부도 잘하고 성공할 가능성도 높다고 믿습니다. 하지만 IQ 검사는 무한대에 가까운 뇌의 기능 중 극히 일부분만을 측정하는 것입니다. 실제로 미국과 유럽에서는 IQ와 학업 성취도, 사회적 성공도, 기여도 등의 상관계수가 10퍼센트도 채 안 된다는 사실이 밝혀지자 IQ 검사를 잘 하지 않습니다.

감정코칭을 받아 정서적으로 안정되고 감정을 잘 다룰 줄 아는 아이, 한마디로 EQ(정서지능)가 높은 아이들은 다릅니다. 공부도 잘하고, 대인관계를 풀어가는 능력도 뛰어나며, 자기감정을 잘 조절해 스트레스에도 강합니다. 이런 결과는 막연한 예측과 기대치가 아니라 대니얼 골먼 박사팀이 장기간 추적 연구를 통해 과학적으로 검증된 내용들입니다.

❖ 집중력이 높다

감정코칭을 받은 아이는 그렇지 않은 아이에 비해 집중력이 높습니다. 이를 뒷받침하는 연구 결과는 상당히 많은데, 먼저 정서적 안정과 호르몬의 관계를 살펴볼까요.

감정적으로 불편하면 심장이 불규칙하게 뛰면서 대표적 스트레스 호르몬인 코티솔이 분비됩니다. 코티솔 수치가 올라가면 교감과 부교감신경의 조화와 균형이 깨지면서 심장에서 두뇌로 가는 정보가 위기상황 때와 같은 '싸우거나 도망가는' 것처럼 단순해집니다. 왜냐하면 공포와 불안한 정보에 민감하게 반응하는 편도핵이 시상으로 가는 정보를 '납치hijacking'하여 포괄적이고도 깊이 있는 사고를 충분히 할 수 있는 전두엽으로 정보를 보내지 않기 때문입니다.

스트레스를 받으면 머리가 멍해지는 것 같고, 책을 읽어도 의미 파악이 힘들며, 기억에도 남지 않습니다. 당장의 생존과 상관없는 일에는 주의를 기울이기 어렵고, 주변의 잡다한 자극에 주의가 분산됩니다. 따라서 몰입의 즐거움을 느끼지 못하니 지루하거나 짜증스럽고, 깊이 생각하고 뜻을 음미할 마음의 여유가 없으니 불안하고 초조한 증상이 나타납니다.

감정코칭을 받지 못한 아이들은 자신에게 일어나는 감정을 잘 이해하지 못하고, 어떻게 대응해야 하는지를 모릅니다. 게다가 누군가 감정을 무시하거나 방치하거나 억압하면 감정이 더욱 격해지게 마련인데, 그런 상태에서 차분하게 무언가에 집중하기란 불가능합니다.

감정코칭을 받은 아동은 정서적으로 안정되어 심신이 편안하며 잠을 잘 자고, 예측할 수 없는 감정적 상황에서 자신의 감정과 상황에 대한 인식이 뚜렷하며 대처 능력이 있습니다. 그래서 상황에 휩쓸리거나 주변의 자극에 집중을 빼앗기고 민감하게 반응하는 게 아니라 자신이 하는 일에 안정적으로 몰두할 수 있습니다.

🌿 자기주도학습 능력이 우수해 학업 성취도가 높다

스스로 공부하는 아이. 듣기만 해도 부모를 기쁘게 하는 말입니다. 아무리 학원을 많이 보내고, 공부하라고 잔소리를 해도 스스로 공부하려는 마음과 능력이 없으면 성적이 오르지 않습니다. 그런데 요즘 아이들은 자기주도학습 능력이 부족합니다. 예전 아이들에 비해 공부하는 데 투자하는 시간은 절대적으로 많지만, 대부분 부모가 시키는 대로 학교와 학원을 왔다갔다하고, 주입식 교육에 익숙해져 있기 때문입니다. 혼자서는 공부할 마음도 없고, 어떻게 공부해야 하는지도 모르는 아이가 태반입니다.

학습해야 할 양이 많지 않고 내용의 난이도가 높지 않을 때는 부모가 강제로 과외를 시키거나 학원을 보내는 방식이 원하는 결과를 만들어낼 수도 있습니다. 하지만 그 한계는 분명합니다. 아이가 고학년으로 올라갈수록 자기주도학습 능력이 없는 아이는 아무리 열심히 해도 성적이 오르지 않습니다.

자기주도학습의 핵심은 자기가 진정 원하는 바가 무엇인지를 알고 이에 대한 감정과 생각, 행동이 일치되는 데 있습니다. 감정을 읽어줌으로써 아이가 스스로 자기감정을 이해하고, 어떻게 그 감정을 해결할 것인지를 찾도록 돕는 감정코칭과 기본 맥락이 같습니다. 그래서 감정코칭을 받은 아이들은 대체로 자기주도학습 능력도 향상됩니다.

❖ 기분이 나쁘더라도 자기 진정을 잘한다

감정코칭이 아이들에게 어떤 영향을 미치는지 알아보기 위해 초등학교 3학년 대상으로 화재 대피 소방훈련을 한 실험이 있습니다. 실제로 이 실험의 목표는 화재 대피 훈련을 얼마나 잘하는지가 아니고, 감정코칭을 받은 아동과 받지 않은 아동의 행동과 태도의 차이를 관찰하는 것이었습니다.

훈련에 들어갔을 때 두 그룹의 반응은 확연히 달랐습니다. 감정코칭을 받지 않은 그룹의 아이들은 흥분해서 지시한 바를 따르지 못하고 우왕좌왕했습니다. 훈련이 다 끝난 뒤에도 쉽게 진정을 하지 못하고 오랫동안 어수선하고 소란스러웠습니다.

반면 감정코칭을 받은 아이들은 훈련이라는 상황을 분명하게 인식하고 침착하게 지시에 따라 이동하라는 장소로 움직였습니다. 훈련이 끝나고 다시 수업을 시작했을 때도 금방 집중했습니다.

자기 조절 능력이 부족한 아이들은 커서도 여러 가지 문제에 시달릴 수 있습니다. 여자아이의 경우 거식증, 폭식증 등 섭식 장애를 일으키는 경우가 많습니다. 또한 먹는 것 대신 충동적인 쇼핑을 하는 경우도 있습니다. 남자아이들은 감정코칭을 받지 못할 경우 청소년기에 화가 났을 때 충동적이거나 폭력적인 행동을 보입니다. 또한 술과 담배를 일찍 배우거나 지각, 결석, 정학, 자퇴 등을 더 많이 합니다. 기분이 나쁠 때 자기 조절을 하지 못하며, 술을 진탕 마시고 가구를 부수거나 아내와 자식들을 때리는 사람들은 대부분 어렸을 때 감정코칭을 받지 못한 경우가 많습니다.

반대로 감정코칭을 받고 자란 남자아이들은 정서지능이 높고, 결혼과 가정생활에서도 안정성과 행복도가 높은 것으로 조사되었습니다. 앞으로 배우자를 선택할 때도 정서적 감수성과 교감이 매우 중요한 역할을 하지 않을까 생각합니다. 왜냐하면 공감은 행복·건강·장수 등과 직결되기 때문입니다.

심리적 면역력이 강하다

요즘은 자녀의 수가 한두 명으로 줄어든 반면에 경제적으로는 예전보다 훨씬 풍요로워졌습니다. 이에 따라 아이에게 더욱 잘하고, 상처를 받지 않게 해주려는 부모가 많습니다. 하지만 인생에는 언제나 좋은 일, 기쁜 일만 있을 수는 없습니다. 아이가 어려운 일, 슬픈 일을 겪지 않고 늘 즐겁고 행복하게 살기를 바라는 부모의 마음은 충분히 이해합니다. 그러나 아이가 아무런 상처 없이 자라는 것은 현실적으로 불가능하며 바람직하지도 않습니다.

마치 병균 없는 무균 상태에서 아기를 키운다면 오히려 자연적 면역력이 생성될 기회를 잃고 세균 감염에 취약해져 감기나 작은 상처도 폐렴과 화농으로 진행될 수 있는 것과 같은 이치입니다. 슬픈 일을 겪어보지 않으면 기쁜 일이 있어도 그것이 얼마나 기쁜 일인지 알 수 없습니다. 또한 비 온 뒤에 땅이 더욱 단단하게 굳어지듯이 아이들은 크고 작은 상처를 입으면서 성장합니다.

상처를 입었을 때 극복할 수 있는 능력을 '상처 회복 능력' 또는 '심리적 면역력resilience'이라 합니다. 심리적 면역력은 마음의 상처를 입었다고 무조건 생기는 것이 아닙니다. 친구들한테 놀림을 당했거나 선생님과 부모한테 야단을 맞았을 경우, 또는 성적이 떨어져 슬프고 외롭고 속상할 때 등의 부정적 상황에서 감정을 제대로 인식하고 긍정적으로 처리했을 때 심리적 면역력이 생깁니다. 아무에게도 자신의 감정을 공감받지 못한 아이는 오히려 심리적 면역력이 약해집니다. 따라서 감정코칭은 심리적 면역력을 키워줄 수 있는 가장 기본적인 도구인 셈입니다.

똑같은 상황이라도 심리적 면역력이 강한 아이와 그렇지 않은 아이는 반응이 다릅니다. 눈이 작아서 친구들이 "네 눈은 새우 눈, 찌그러진 것 같은 새우 눈이야"라고 놀렸을 때, 심리적 면역력이 약한 아이는 상처를 받을 것입니다. 자신의 작은 눈이 창피하고, 다른 못난 점도 신경 쓰이며, 계속 놀림을 받을까 봐 심리적으로 많이 위축되지요.

반면 심리적 면역력이 강한 아이는 아무렇지도 않게 "그래, 나 새우 눈이다. 새우 눈이면 어때? 그래도 나 잘 볼 수 있어!" 하고 맞받아칠 수 있을 것입니다.

친구들의 놀림으로 위축되어 있는 다문화 가정의 한 아이 역시 감정코칭을 통해 심리적 회복력을 키울 수 있었습니다. 초등학교 4학년의 김수현(가명)이라는 남자아이는 어머니가 필리핀 태생이고 아버지는 한국인이었습니다. 눈망울이 유달리 까맣고 피부색이 검은 편이라 초등학교 1학년 때부터 '왕눈이' '깜둥이' '이상한 냄새 나는 애'라고 놀림을 당했습니다. 수현이는 원래 아주 밝은 성격의 아이였는데, 지속적으로 놀림을 당하면서 점점 말수가 적어지고 사람들을 피하게 되었다고 합니다.

4학년이 되면서부터는 학교에서 현장 학습을 하러 가는 날은 학교를 안 가겠다며 울고, 한여름에도 긴팔 옷만 입으려 했습니다. 수현이 어머니는 아이가 한국에서 차별 대우를 받지 않으려면 공부를 잘해야 한다고 생각했기에 눈물로 애원하면서 학교를 보냈습니다. 반면 수현이 아버지는 아이를 윽박질러서라도 학교에 보냈고, 자신감 있게 키운다며 긴팔 옷을 고집하는 아들의 옷을 벗겨서 가위로 소매를 잘라 민소매로 만들어 입혀 학교로 쫓아 보냈다고 합니다. 이후 수현이는 밥도 안 먹고 학원에도 안 가며, 부모의 눈을 피하면서 죽고 싶다는 말만 되풀이한다고 했습니다.

상담실에 들어오는 수현이는 고개를 숙이고 마지못해 부모에게 끌려온 모습이 역력했습니다. "여기에 오기가 싫었나 보구나" 하고 감정을 읽어주자, 아이가 흘낏 저를 쳐다봤습니다. 아직은 경계심과 불신감을 지녔지만, 그래도 고개를 숙이고 있던 아이가 상담자를 바라보는 것은 일말의 호기심과 신뢰감을 보이는 좋은 징표입니다.

"지금 기분이 어떤지 말해 줄 수 있겠니?" 하고 부드럽게 조용하게 묻자, 아이는 금방 눈물이 그렁그렁해지면서 "너무 힘들어요"라고 대답했습니다. "많이 힘들구나" 하고 아이의 감정을 있는 그대로 받아주자 아이는 마음의 문을 열고 자신의 감정을 말했습니다. 옆에서 지켜보던 수현이 부모님은 10여 년을 같이 산 부모에게도 하지 않던 말을 단 2~3분 만에 상담자에게 하는 것을 보고 놀라워했습니다.

"어떤 것이 수현이를 가장 힘들게 하는지 말해 줄 수 있겠니?" 하고 물으니, "아이들이 놀리는 게 싫어요. 깜둥이, 연탄, 까만 고양이라고 별명을 부르고 내 팔에다 자기 팔을 갖다 대며 피부색을 비교해서 팔을 긴소매로 감추고 싶어요. 그런데 아빠는 긴팔 옷만 입는다고 나가 죽으래요" 하며 엉엉 울었습니다. "그랬구나. 정말 힘들었겠네. 선생님도 미국에서 오래 살아봐서 나와 다른 피부색을 지닌 사람들 속에서 어떤 기분이 들었을지 수현이의 기분을 조금은 알 수 있을 것 같아" 하고 공감을 해주었더니, 아이 얼굴이 환하게 퍼지기 시작했습니다.

이후 부모님에게 수현이의 장점 50가지 찾아볼 것을 과제로 내주었고, 수현이에게도 자신의 장점을 50가지 찾아보라고 했습니다. 수현이는 단 한 번 왔고, 부모님은 두 번의 교육을 통해 감정코칭을 배웠습니다.

효과는 금방 나타났습니다. 아이가 바로 명랑해졌고, 점차 또래 관계가 좋아지면서 성적도 향상되었습니다. 벌써 3년이 지나 이제 중학교에 들어간 수현이는 친구들 사이에서 인기가 아주 많다고 수현이 부모님으로부터 감사 편지가 왔습니다. 또한 미술부에서 활동하며 교내외 대회에서 금상, 특별상, 대상을 여러 번 수상하는 등 아주 생동감 있고 자신감 있게 학교를 잘 다닌다고 합니다. 물론 여름에 반팔 하복도 잘 입고 다니며, 방학 중엔 아예 민소매 티셔츠와 반바지도 자신 있게 입고 다닌다고 합니다.

이미 선진국에서는 심리적 면역력의 중요성을 잘 인식하고 있습니다. 교육의 가장 큰 핵심을 심리적 면역력을 키우는 데 두고 있습니다. 우리나라 부모들의 교육열은 세계 어느 나라에도 뒤지지 않을 정도로 강하지만 아이가 진정 행복하기를 원한다면 조기교육과 영재교육에만 열을 올릴 것이 아니라 감정코칭으로 심리적 면역력을 키워주는 데도 관심을 두어야 할 것입니다.

❖ 또래 관계가 좋다

아이들에게 있어 왕따를 당하는 것은 고문을 당하는 것만큼 견디기 힘든 고통입니다. 왕따를 당하는 아이가 받는 스트레스는 상상을 초월하는 수준입니다.

가트맨 박사의 연구 결과에 따르면, 다른 아이를 괴롭히거나 놀리거나 왕따를 시키는 아이는 정서적으로 미숙하고 충동적, 공격적일 가능성이 높다고 합니다. 그리고 아이들이 자신과 상대의 감정에 대한 인식과 적절한 대응 능력이 부족할 때 왕따를 하거나 당하기 쉽다고 합니다. 이 문제를 어떻게 풀어야 할까요? 가트맨 박사의 처방은 감정코칭입니다.

감정코칭을 받은 아이는 감정 조절을 잘합니다. 감정을 조절하려면 자기감정을 인식하는 것이 필수인데, 감정코칭을 통해 아이는 감정에 대한 아무런 편견 없이 자기감정을 받아들일 수 있습니다. 그러면서 격해졌던 감정이 누그러지고 자연스럽게 감정을 조절하는 방법을 배웁니다.

한편 자기감정을 잘 이해하는 사람은 남의 감정도 잘 이해합니다. 이처럼 자기감정 조절을 잘하고 남의 감정까지 이해할 줄 아니, 대인관계가 좋고 의사소통도 효과적으로 하는 것은 당연한 일입니다.

특히 아이들은 성인들만큼 관계가 복잡하지 않기 때문에 감정코칭으로 인한 관계 회복 효과는 훨씬 큽니다. 아이들의 관계는 단순합니다. 감정이 맞으면 친하게 지내고, 감정이 부딪히면 토라지거나 싸웁니다. 따라서 어긋난 감정만 제대로 조율할 줄 알면 바로 관계를 회복시킬 수 있습니다.

❖ 변화에 능동적으로 대처할 수 있다

감정코칭을 받은 아이는 새로운 변화를 자연스럽게 받아들이고 적응할 줄 압니다. 아이는 세상에 태어나서 어느 정도 성장하기까지 끊임없이 새로운 감정을 만납니다. 아이에게 있어 새로운 감정은 곧 새로운 변화만큼 낯설고 두려운 존재이지요. 그런 감정들을 만났을 때 감정코칭을 해주면 아이는 편안하게 새로운 감정을 받아들이고 감정을 다루는 방법도 자연스럽게 터득합니다.

그 이유는 감정코칭 과정을 살펴보면 이해할 수 있습니다. 초등학교 3학년 윤길이는 운동을 무척 좋아합니다. 축구면 축구, 야구면 야구 못하는 운동이 없습니다. 그래서 또래와 함께 운동할 때는 늘 주전으로 뜁니다.

어느 날 5학년 형들이랑 발야구를 하는데, 형들은 윤길이가 어리다며 수비만 시키고 공격을 못하게 했습니다. 윤길이에게는 이전에 한 번도 겪어본 적이 없는 엄청난 일이 벌어진 것입니다. 너무나 기분이 상해서 발야구도 하지 못하고 구석에 가서 울었습니다. 이런 감정을 처음 느낀 윤길이는 자신이 지금 느끼는 속상한 감정의 정체가 뭔지도 모른 채 울음으로 표현했습니다.

이때 엄마가 윤길이에게 다가가 감정코칭을 했습니다.

"윤길이가 우는 걸 보니까 뭔가 마음이 굉장히 힘든가 보구나."

엄마가 자기감정을 알아주자 윤길이는 더욱 서럽게 울었습니다.

"우리 윤길이가 정말 크게 울 정도로 힘들고 속상하구나. 어떤 일이 있었는지 엄마에게 말해 줄 수 있겠니?"

엄마의 따뜻한 목소리에 윤길이가 울음을 멈추고 고개를 들었습니다.

"나는 잘할 수 있는데 형들이 필요 없다고 공격을 못하게 하고, 저리 가라고 했어요."

"그랬구나. 윤길이도 잘할 수 있는데 형들이 필요 없다면서 공격을 못하게 하고 저리 가라고 했구나. 그 말을 들었을 때 기분이 어땠어?"

"꼭 찌그러진 축구공처럼 내가 아주 작고 쓸모없고 초라하게 느껴졌어요."

엄마의 관심 어린 질문을 받고서야 윤길이 스스로도 자신의 감정을 좀

더 명료하게 느끼고 표현할 수 있었습니다.

"형들이 넌 공격하지 말고 수비만 하라니까 쓸모없는 사람 취급받는 것 같아서 윤길이가 마치 찌그러진 축구공같이 위축되는 느낌이 들고 초라하게 여겨졌구나. 정말 속상했겠네."

윤길이는 엄마가 자신의 감정을 아무 비판이나 훈계 없이 경청해 주고 수용해 준다는 것을 느끼고 표정이 한결 편해졌습니다.

"엄마가 보기엔 윤길이가 수비와 공격을 다 잘하던데. 형들은 윤길이가 축구하는 것을 못 봤는데도 학년이 어리다고 무조건 수비만 하라고 그랬단 말이지?"

"네, 나도 공격을 잘하는데 수비만 하라니까 어리다고 무시당하는 것 같았어요."

"그랬구나. 무조건 어리다고 아예 공격할 기회를 주지 않고 수비만 하라니까 무시당한 기분이었겠네."

다시 윤길이의 감정을 있는 그대로 받아들였습니다.

엄마의 수용과 경청에 기분이 조금 풀어진 윤길이는 자기가 정말 수비도 잘하지만 공격도 잘한다고 말합니다. 엄마는 아이의 감정을 충분히 읽어주었고, 엄마도 어렸을 때 비슷한 경험을 한 적이 있다고 말했습니다.

"엄마도 공기를 잘할 수 있는데 언니들이 엄마는 어리니까 못한다고 자꾸 빠지라고 하는 거야."

"엄마도 그런 적 있어요?"

"그럼. 엄마도 그런 경험이 있어서 우리 윤길이 마음을 잘 이해할 수 있을 것 같아."

"그때 엄마는 어떻게 했어요?"

"엄마는 그때 혼자서 며칠 동안 많이 연습한 뒤 언니들한테 가서 나도 잘할 수 있으니까 같이 하자고 얘기했어. 그래서 언니들이 하는 공기놀이를 함께할 수 있었단다."

"네."

"윤길이 발야구하고 싶니?"

"네, 하고 싶어요."

"엄마도 윤길이가 발야구하는 거 보고 싶은데, 어떻게 하면 윤길이가 형들하고 다시 발야구를 할 수 있을까?"

윤길이는 가만히 생각해 보고는 말합니다.

"먼저 나 혼자 더 열심히 공격 연습을 한 다음 형들한테 다시 가서 말해 볼래요."

"정말 좋은 생각이네. 아마 윤길이가 혼자서도 열심히 연습하는 걸 보면 형들도 윤길이의 실력을 인정해줄 거야. 지금 기분이 어때?"

"훨씬 편해졌어요. 다시 나가서 발야구 연습할래요!"

이처럼 감정코칭은 아이가 스스로 해결책을 찾도록 이끌어줍니다. 따라서 감정코칭을 통해 아이는 낯선 감정을 두려워하지 않을 뿐더러, 능동적으로 감정을 처리하는 능력을 키울 수 있습니다.

❖ 감염성 질병에 덜 걸린다

가트맨 박사는 1980년대 초에 만 4~5세 된 아이들과 그들 부모의 상호 작용을 관찰하고, 가족력과 감정에 대한 부모의 철학, 관점, 태도 등을 심층 인터뷰했습니다. 여기서 얻은 결과로 부모의 양육 유형을 감정코칭형,

축소전환형, 억압형, 방임형으로 분류할 수 있었습니다. 이후 아무런 개입 없이 이들이 초등학교에 가고 청소년이 된 뒤까지 장기 추적을 하면서 놀라운 사실을 발견했습니다.

감정코칭을 받고 자란 아이들이 자기 진정을 잘하고, 또래 관계가 좋으며, 학업 성적이 우수하고, 사회성과 정서 발달이 우수하다는 점은 이미 하임 기너트Haim G. Ginott 박사의 관찰을 통해서도 예측할 수 있는 결과였습니다. 이외에도 감정코칭을 받은 아동들이 병원에 가는 횟수가 다른 유형의 양육 방식으로 자란 아동보다 훨씬 적고, 감염성 질병에 걸릴 확률이 적다는 점을 알 수 있었습니다. 그 이유는 감정코칭을 받은 아동은 똑같은 상황에서도 스트레스를 덜 받고, 자기 진정을 빨리할 수 있음으로써 안정적 심박변동률을 유지할 수 있기 때문으로 추정됩니다.

이후 여러 실험에서 감정코칭이 정서적 심리적인 안정감을 주고, 자기존중감을 향상시켜 어려운 일이 생기거나 마음의 상처를 입어도 빨리 회복할 수 있도록 돕는다는 점이 밝혀졌습니다. 즉 감정코칭은 마음만 튼튼하게 하는 것이 아니라 몸도 건강하게 만들어준다는 것입니다.

감정코칭을 받은 아이들은 확실히 스트레스를 적게 받습니다. 스트레스는 만병의 근원이고, 현대인의 병은 대부분 스트레스 때문에 생긴다고 해도 과언이 아닐 정도로 우리 몸에 치명적인 악영향을 미칩니다. 신체의 균형을 깨뜨리고 면역력을 떨어뜨리는 스트레스가 적으니, 그만큼 병에 대한 저항력이 강합니다. 특히 감정코칭을 받은 아이는 독감이나 중이염 등 감염성 질병에 덜 걸리는 것으로 조사되었습니다.

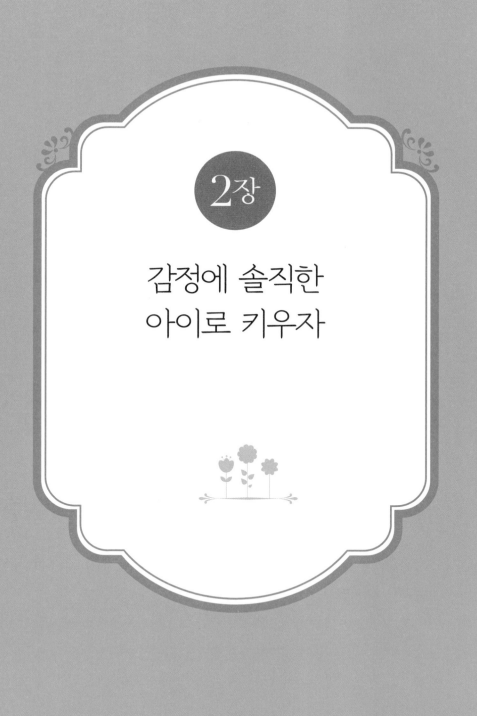

2장

감정에 솔직한
아이로 키우자

1

자기감정에 솔직한 부모가
아이 감정도 잘 안다

실연의 아픔을 경험해 보지 않은 사람이 실연 당한 사람의 마음을 읽고 공감해 줄 수 있을까요? 머릿속으로는 대충 느낌을 짐작할 수 있을지 몰라도 마음으로 공감하기는 어렵습니다. 마음으로 공감하지 못하는 상태에서 아무리 상대방의 마음을 안다, 이해한다고 고개를 끄덕여도 상대방은 믿지 못합니다. 진심을 다해 위로를 해도 직접 경험해 보지 않았으니 쉽게 말할 수 있다고 곡해할 수도 있습니다.

감정코칭도 이와 같습니다. 부모가 다른 사람을 미워하는 감정을 '나쁜 감정'이라 생각하면서 그런 감정이 생길 때마다 안간힘을 쓰며 부정하고 눌러 왔다면, 아이가 미움의 감정을 표출할 때 편안하게 받아들이고 공감할 수 있을까요? 입으로는 "그래, 밉고 싫었을 수 있어"라고 말해도 마음으론 '그런 감정을 느끼면 안 돼'를 말하고 있을 것입니다. 그러면 감정코칭은 실패입니다.

아이의 감정을 읽고 공감해 주려면 먼저 부모 자신의 감정부터 인식해야 합니다. 감정을 인식한다는 것은 감정을 표현하는 것과는 다릅니다. 꼭 감정을 겉으로 드러낼 필요는 없습니다. 다만 자기 안에서 꿈틀대는 감정이 어떤 것인지 알아차리기만 해도 됩니다.

❖ 나도 모르는 내 감정의 근원, 초감정 알기

다정다감하고 부드러운 아빠가 있습니다. 아이가 아무리 잘못을 해도 큰소리를 내는 법이 없습니다. 언제나 아이를 불러 조용조용 알아듣게 타이르지요. 그런 아빠를 아이도 잘 따르고 좋아합니다. 아이가 공부를 안 하고 게임에 빠져 있을 때도, 친구들과 밖에서 노느라 정신이 팔려 어둠이 깔릴 때까지 집에 들어오지 않아도, 심지어 거짓말을 할 때도 흥분하지 않고 부드럽게 타이릅니다.

그런데 딱 한 가지 예외가 있습니다. 아이가 큰소리로 대들기만 하면 무시무시한 아빠로 돌변합니다. 평소에는 감정을 드러내지 않던 아빠가 그때만큼은 얼굴이 붉어지고 너무 화가 나 목소리까지 떨립니다. "어디서 큰소리냐" 하고 호통을 치면서 아이가 눈물을 쏙 뺄 때까지 혼을 냅니다. 그렇게 한 차례 폭풍우가 지나가면 아빠 자신도 후회합니다. 어린아이가 화가 나서 대든 것인데 너무 심했다는 자책감마저 들지요.

아빠는 왜 아이가 큰소리만 내면 이성을 잃는 것일까요? 아빠의 흥분을 이해하려면 감정의 근원을 찾아 올라가야 합니다. 아빠가 큰소리를 싫어

하는 데는 이유가 있었습니다.

아빠는 어릴 적 엄한 아버지 밑에서 자랐습니다. 군인이었던 아버지는 자식들마저 군대식으로 키웠습니다. 항명이란 있을 수 없는 일이고, 오로지 복종만을 강요했습니다. 아버지가 집에 돌아오면 그야말로 숨 한 번 제대로 크게 쉬지 못했습니다. 게다가 가끔 아버지가 술이라도 한 잔 걸치고 오시는 날이면 더 힘이 들었습니다. 아버지는 자식들을 다 집합시키고 고래고래 소리를 지르며 훈계를 했습니다. 몇 시간씩 아버지의 큰소리를 들으면 귀도 먹먹해지고, 아버지가 너무너무 싫어져 가출이라도 하고 싶은 심정이었습니다.

그래도 참았던 것은 불쌍한 어머니 때문이었습니다. 어머니 역시 아버지 그늘에 가려 늘 희생만 하며 사셨는데, 그런 어머니를 두고 차마 떠날 수 없었던 것입니다.

큰소리가 유난히 싫고 거슬리는 감정. 그 감정 속으로 들어가 근원을 살펴보니, 어릴 적 큰소리를 쳐서 집안을 공포의 분위기로 몰아갔던 아버지에 대한 공포, 미움, 분노, 무기력감, 불안 등의 감정이 있었습니다. 이처럼 감정이 그 감정만으로 끝나는 것이 아니라 뒤에 있는 또다른 감정을 '초감정'이라고 합니다. 영어로는 '메타 감정meta emotion'이라고 하는데 'meta'는 '~뒤에' '~넘어서'라는 뜻이므로 결국 초감정은 감정 뒤에 있는 감정, 감정을 넘어선 감정, 감정에 대한 생각, 태도, 관점, 가치관 등입니다.

초감정은 무의식적인 반응으로 나타난다

초감정은 주로 감정이 형성되는 유아기의 경험과 환경, 문화 등의 영향을 받아 형성됩니다. 비교적 오랜 시간에 걸쳐 자신도 모르는 사이에 형성될 뿐 아니라 비슷한 상황에서 무의식적인 반응으로 나타나기 때문에 초감정을 본인 스스로도 알아차리지 못하는 경우가 많습니다.

학원 교사로 일하는 어느 30대 여성은 학생들을 좋아하고 가르치는 일도 즐겁지만, 유독 건들거리거나 껄렁껄렁한 태도를 보이는 학생을 못 견디겠다고 토로했습니다.

그런 학생들을 보면 가슴에서 목구멍으로 주먹 같은 것이 치밀어 오르고 화가 나는데, 왜 그러는지 자신도 잘 모르겠다고 했습니다. 그래서 "언제부터 그런 감정을 느끼셨어요?"라고 물었습니다. 처음에는 난감해하며 대답을 하지 않다가 조심스럽게 말했습니다.

"아마 중학교 때쯤부터였던 것 같아요."

"그때 어떤 상황이나 대상으로부터 그런 느낌을 받으셨어요?"

"큰아버지요."

"큰아버지보다 조금 더 가까운 분은 없으세요?"

이 질문에 여성은 조금 생각에 잠기더니 "우리 아버지도 그랬어요…"라고 말하며 말끝을 흐렸습니다.

평생을 돈벌이 한 번 제대로 하지 못하고 한량처럼 지냈던 큰아버지와 아버지. 늘 백구두에 겉멋을 부리며 돌아다니기만 할 뿐, 집안을 돌보지 않았던 아버지 때문에 어머니의 고생이 이만저만이 아니었습니다. 남의 집 도우미, 행상 등 안 해본 일이 없는 어머니였습니다.

그런 부모님을 보면서 겉멋을 부리고 건들대는 모습에 대한 거부감이 생겼던 것입니다. 그런 거부감이 무의식에 깊이 잠재되어 있다가 성실하지 않고 건들거리는 학생을 보면 자신도 모르는 사이에 분통, 울분, 역겨움, 한심함, 거부감 등의 복합적인 감정이 올라왔던 것입니다.

똑같은 상황이라도 초감정은 다양하게 나타날 수 있다

교사들을 대상으로 감정코칭 교육을 했을 때, 한 초등학교 교사가 아이들이 떠들고 장난치는 것은 용납이 되는데 수업 중에 껌 씹는 모습은 도저히 용납이 안 돼서 크게 혼내고 벌을 세운다고 했습니다.

"학생이 껌 씹는 모습을 볼 때 어떤 기분이 드세요?"

이 질문에 교사는 자신을 무시하고 비웃는 듯한 느낌이 든다고 했습니다.

"혹시 그런 기분이 들었던 상황이나 에피소드가 있었나요?"

"아, 맞아요. 어릴 때 아무 생각 없이 껌을 씹다가 아버지의 말씀에 대답했더니, 아버지가 느닷없이 눈에 불꽃이 튈 만큼 세게 뺨을 때리셨어요. 어디 어른 앞에서 건방지게 껌을 씹으며 대꾸를 하느냐고 화를 내셨죠. 이후로는 누가 껌을 줘도 절대 씹지 않는 습관이 생겼어요."

이 교사는 자신의 대답에 이어 "어머, 그러고 보니까 껌 씹는 아이들이 건방져서 그런 게 아니라, 저의 초감정 때문에 건방져 보였던 것이군요." 하고 말하면서 몰랐던 자신의 초감정을 인정했습니다.

껌 씹는 것에 대한 초감정의 스펙트럼을 좀더 확장해 보고자 함께 연수를 받던 다른 교사들에게 물었습니다.

"학생이 껌 씹는 모습을 볼 때 어떤 느낌이 드세요?"

그런데 제각각 다른 답을 내놓았습니다.

"아무렇지도 않아요."

"씹다가 똑똑 소리만 내지 않으면 괜찮아요."

"풍선껌 부는 모습은 장난치는 것 같아서 싫어요."

"풍선껌을 불면 누가 더 크게 부나 시합하고 싶어요."

"수업 시간만 아니라면 껌 씹는 것 자체는 상관없어요."

"점심식사 후에 두 명당 껌 한 개씩 주면서 껌을 나누어 씹게 해요. 콩 반쪽이라도 나눠 먹는 우정을 키워주려고요."

껌 하나에도 이렇게 다양한 초감정이 있을 수 있다는 데 교사들은 새삼 큰 발견을 한 듯 신나고 즐거워했습니다.

이처럼 꼭 부정적인 상황에 대해 부정적인 초감정만 있는 것은 아닙니다. 좋은 느낌의 초감정도 있습니다. 아들이 글씨를 삐뚤빼뚤 쓰는 모습이 귀엽고 대견해 보인다는 아빠에게 그런 감정이 들게 하는 어떤 경험이나 추억이 있는지 물었습니다.

그 아빠는 어릴 때 할머니의 사랑을 듬뿍 받고 자랐는데, 글을 못 배우셨던 할머니는 서툰 글씨지만 손자가 그냥 글을 쓰는 것만으로도 흡족하고 자랑스럽게 여기시면서 "우리 손자 장하다! 아이고 예뻐라" 하고 칭찬해 주셨다고 합니다.

자신의 초감정을 모르면 감정코칭이 어렵다

자신의 초감정을 인식하는 일은 아주 중요합니다. 자신에게 어떤 초감정이 있는지를 모른다면, 아이의 감정을 제대로 읽어줄 수 없기 때문입니다. 큰소리를 싫어하는 아빠가 그것이 초감정인지를 모르는 상태에서는 아이가 화나거나 짜증이 나서 큰소리를 낼 때, 아이의 감정을 읽어주기 전 초감정부터 올라와서 아이의 감정을 공감하기 어렵습니다.

껄렁껄렁한 모습을 싫어하는 초감정을 지닌 교사는 껄렁껄렁한 아이를 보면 화가 나서 감정코칭을 할 수 없습니다. 감정을 읽어주는 게 아니라 그래서는 안 된다고 비판하고 훈계하며 상처를 줄지도 모릅니다. 하지만 자신에게 그런 초감정이 있다는 것을 인식하면, 아이를 탓하거나 자신의 관점이 모든 사람을 판단할 수 있는 기준인 듯 착각하지 않을 수 있습니다.

자신의 감정을 먼저 알아차리는 것은 감정코칭의 전제 조건입니다. 굳이 초감정을 좋고 나쁜 것으로 구분하고, 감정코칭에 악영향을 미치는 초감정을 부정하거나 없애려고 애쓸 필요도 없습니다. 자신에게 그런 초감정이 있다는 것만 인식해도 큰 발전입니다.

자신의 초감정을 알아차린다면, 아이를 탓하고 벌주고 고치라고 하기보다 다음의 3단계 방식으로 말할 수 있습니다. 이는 초감정에 대해 '나~전달법'으로 전하는 방법입니다.

① 먼저 상황에 대해 중립적으로 말한 뒤, ② 그때의 감정을 묘사하고, ③ 원하는 바를 요청합니다. 이를 테면 위에서 세 가지 예로 든 것을 3단계 방식으로 해보면 다음과 같습니다.

"아빠는 어릴 때 할아버지가 큰소리로 화내실 때(상황) 참 무섭고 싫었거든(감정). 그래서 큰소리를 들으면 나도 모르게 화가 나고 감정이 격해진단다(감정). 그러니 아빠한테 말할 때 좀더 부드럽고 차분하게 말해 주면 좋겠다(요청)."

"선생님은 학생의 태도가 좀 성실하지 않은 것 같으면(상황) 화가 난단다(감정). 어릴 때 내게 중요했던 분의 그런 모습과 우리 가족이 많이 고생한 것이 연관되어 그런 것 같아. 성실하고 단정한 모습으로 학교에 오면 내가 마음으로부터 환영할게(요청)."

"선생님은 학생들이 껌 씹는 모습을 보면(상황) 마음이 불편하단다(감정). 아마 어릴 때 껌 씹으면서 대답하다가 아버지께 크게 꾸지람 듣고 놀랐던 적이 있어서 그런가 봐. 그러니 내 수업 중에는 가능한 한 껌을 씹지 않기를 바라(요청)."

내 안에 있는 '초감정' 이해하기

초감정은 무의식중에 나타나기 때문에 자신의 초감정을 이해하려고 노력하지 않으면 알기가 어렵습니다. 우선 어떤 상황에 필요 이상으로 민감하게 반응한다면, 자신도 모르는 어떤 초감정이 있다고 의심해 볼 필요가 있습니다. 그런 다음 언제부터 그런 감정을 느꼈는지 기억을 거슬러 올라가면 초감정의 근원을 알 수 있습니다. 초감정이 있을 것이라 유추되는 특별한 상황이 없더라도 슬픔, 분노, 미움, 질투 등 각각의 감정을 다음과 같은 사항에 따라 점검하다 보면 자신의 초감정을 이해하는 데 도움이 될 것입니다. 아래 질문은 가트맨 초감정 점검 리스트입니다. 이중에서도 특히 크게 두 가지 핵심 감정인 분노와 슬픔 중 하나만이라도 해보면 자신의 초감정을 이해하는 데 도움이 됩니다.

① 분노에 대하여
- 어릴 때 분노에 대한 경험이 있었는가?
- 가족들은 분노를 어떻게 표현했는가?
- 당신이 화났을 때 부모님은 어떤 반응을 보이셨는가?
- 당신의 어머니는 화날 때 어떠셨는가?
- 당신의 아버지는 화날 때 어떠셨는가?
- 무엇이 당신을 화나게 하는가?
- 화날 때 당신은 무엇을 하는가?

② 슬픔에 대하여
- 어릴 때 슬픔에 대한 경험이 있는가?
- 가족들은 슬픔을 어떻게 표현했는가?
- 당신이 슬플 때 부모님은 어떤 반응을 보이셨는가?
- 당신의 어머니는 슬플 때 어떠셨는가?
- 당신의 아버지는 슬플 때 어떠셨는가?
- 무엇이 당신을 슬프게 하는가?
- 슬플 때 당신은 무엇을 하는가?

미움, 질투, 두려움, 기쁨, 놀람, 혐오, 실망, 사랑 등으로 질문을 바꿔 답변을 적을 수 있습니다. 초감정을 인식하는 일은 쉽지 않은 작업입니다. 간혹 애써 잊고 있던 힘든 기억이 떠오를까 봐 초감정을 들여다보는 걸 두려워하는 분들이 있는데, 감당할 수 있는 만큼만 기억하면 됩니다. 감당할 수 없으면 기억도 나지 않으니 편안한 마음으로 자신의 초감정을 만나보도록 합니다. 초감정은 여러 층으로 이루어져서 이번에 한 층을 인식했다 해도 다음번에 같은 초감정 연습을 해보면 또 새로운 기억이나 통찰이 이뤄지기도 합니다.

❖ 자기 안에 있는 아이를 깨워라

감정을 조절할 수 있다는 것과 감정이 없다는 것은 전혀 다른 이야기입니다. 슬퍼도 슬퍼하지 않고, 화가 날 상황에서도 화를 내지 않고, 기쁜 상황에서도 기쁨을 느끼지 못하는 것만큼 불행한 일도 없겠지요. 감정이 없는, 감정을 느낄 수 없는 사람은 살아도 살아 있는 것 같지 않고 생동감이 없습니다.

'아이'와 '어른'의 조화와 균형이 건강한 자아를 만든다

어른이 되고 나이가 들어도 풍부한 감정을 느낄 수 있습니다. 온몸으로 느낀 감정을 아무렇게나 함부로 표현하지 않고 이성적으로 조절하면 됩니다. 그러려면 어른이 되어도 아이의 감성을 갖고 있어야 합니다. 아이의 감성으로 다양한 감정을 풍부하게 느끼고, 어른의 이성으로 감정에 적절히 대응하고 조절할 때 가장 건강한 자아로 성장합니다.

인간발달학적으로 볼 때 심리적으로 건강한 사람은 어른이 되어서도 건강한 '아이'를 지니고 있습니다. 아이는 자기중심적이며, 감정으로 사물을 느끼고, 충동적이고 즉흥적이며 생기발랄합니다. 원하는 것을 즉각 하고자 하고, 웃고 울며 화내는 등 감정 표현을 시시각각 합니다. 어른이 되어서도 아이다운 모습을 지니면 순수한 생명력이 느껴집니다.

하지만 동시에 '어른'의 모습도 지녀야 합니다. 어른다운 모습이란 참을 줄도 알고, 하기 싫은 일도 하고, 양보도 하고, 법도 지키고, 남을 배려하고, 예의를 지킬 수 있다는 것입니다. 그리고 '아이'와 '어른'의 상반성을 조화롭고 균형 있게 조율할 수 있는 '건강한 자아'가 있어야 합니다.

100

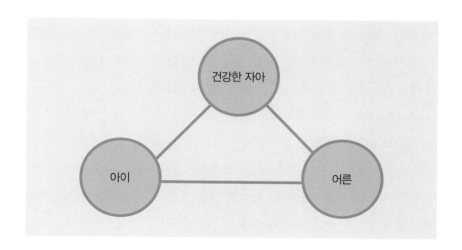

감정코칭은 먼저 '아이'의 모습을 있는 그대로 받아들여 아이와 유대감과 신뢰감을 형성한 뒤, 조금씩 '어른'의 모습으로 성장해갈 수 있도록 인내하면서 함께 동참해 주는 멘토링 과정이라고 볼 수 있습니다.

아이는 어른이 짜놓은 각본에 맞춰 어른이 하라는 대로 억지로 '애어른'처럼 행동할 필요가 없습니다. 아이다운 감정의 모습에 대해 꾸지람이나 훈계와 비판을 받지 않으면서도, 자신의 감정을 있는 그대로 받아들인 뒤 나이에 적절한 행동을 할 수 있게 됩니다. 무엇보다 이 과정에서 부모에게 존중받으며 상황에 대해 좀더 객관적으로 볼 수 있으므로 자연스럽게 건강한 자아를 형성해나갈 수 있는 것입니다.

관계에서도 '아이'와 '어른'의 균형이 필요하다

감정코칭을 하는 어른(부모나 교사) 안에 아이의 모습이 없다면 다른 사람의 감정을 읽어주기 어렵습니다. 몇 해 전에 상담을 하러 온 김현미(가명, 37세) 씨는 다섯 살짜리 딸이 있는데, 아이가 너무 말을 안 듣고 떼를 써서 자꾸 매를 들게 되었다고 합니다. 그런데 언젠가부터 아이가 말을 더 듣더니 급기야 소변을 못 가리게 되었다고 호소했습니다.

김현미 씨와 아이의 상호작용을 관찰해 보니, 엄마는 억압적으로 아이를 대하고 아이는 상당히 위축되어 있었습니다. 소변을 못 가리는 것과 말더듬증은 극도의 긴장과 불안으로 스트레스를 많이 받은 결과였습니다. 아이가 긴장하지 않으면 말을 더듬지 않고 잘하는 것으로 보아 상황적인 말더듬 증상임을 알 수 있었습니다.

김현미 씨에게 딸이 장난을 치거나 웃거나 화낼 때 어떤 기분이 드느냐고 물으니 "유치해서 보기 싫고, 밉다"고 했습니다. 김현미 씨의 부모님은 어떠셨느냐고 물었습니다. 김현미 씨가 다섯 살 때 목회를 하시던 아버지가 심장마비로 돌아가신 뒤 어머니 홀로 자녀들을 키웠는데, 어머니는 남동생 둘(3세, 1세)을 당시 다섯 살이었던 현미 씨에게 맡기고 화장품 외판원 일을 하느라 종일 집에 계시지 않았다고 합니다.

그때부터 자신이 남동생들에게 엄마 역할을 하면서 밥도 챙겨주고 기저귀도 갈아주면서 어른 역할을 했다고 합니다. 지금도 남동생들이 자신에게 경제적으로 의존하며 살고 있어서 너무 힘들다고 했습니다.

현미 씨는 보통 아이들처럼 또래들과 뛰어논 기억이 별로 없고, 학교에서도 말 잘 듣고 착한 아이였다는 것입니다. 그런데 왜 자신의 딸아이는 다섯 살인데도 어린애 같은지 모르겠다고 했습니다.

개인에게도 건강한 '아이'와 '어른' 사이에 균형이 필요하지만, 관계에서도 그렇습니다. 엄마의 '어른'이 과도하게 크면 균형을 맞추기 위해 딸의 '아이'는 비례적으로 클 수밖에 없습니다. 다시 말해 엄마가 자꾸 '이래야 한다, 저래야 한다, 조심해라, 떠들지 마라, 까불지 마라, 울지 마라'고 하면 할수록 아이는 어른스러워지는 게 아니라 더욱 '아이' 영역이 커집니다. 즉 더더욱 말 안 듣고, 떼쓰고, 울고 보채며, 심지어 소변까지 못 가리는 어린이로 퇴행합니다.

김현미 씨의 남편도 마찬가지였습니다. 그녀는 남편이 무책임하고 이기적이며, 술을 마시고 늦게 들어오며, 일요일에는 종일 컴퓨터나 텔레비전 앞에서 뒹군다고 하면서 왜 자신의 주변에는 모두 이렇게 한심한 사람들만 가득한지 모르겠다고 했습니다.

김현미 씨 입장에서는 주변 사람들이 문제라고 생각하지만 사실 어떻게 보면 김현미 씨의 '어른'이 과도하게 크니, 상대적으로 주변 사람들이 '큰 아이'로 균형을 맞추는 것입니다. 김현미 씨에게 과도한 '어른'의 짐을 내려놓아 보라고 했습니다. 아이와 노는 것을 즐기고, 남편에게 어려운 일은 도와 달라고 부탁하고, 동생들에게도 누나가 이제 힘에 부치니까 좀 도와 달라고 말하며 의존해 보라고 했습니다.

결과는 놀라웠습니다. 딸아이에게 잔소리 대신 함께 놀아주고 감정을 읽어주니, 아이가 더 의젓해지고, 차분해져서 야단칠 일이 별로 없어졌고, 심지어 자진해서 심부름도 한다는 것입니다. 더욱 놀라운 점은 남편의 변화라고 했습니다. 아내에게 모든 일을 맡기고 이기적으로 자신만 챙기던 남편이 가사를 도와주고 아이와 놀아주는 등 아빠와 남편 역할을 하더라는 것입니다. 물론 아이에게는 감정코칭을 했고, 남편에게는 '다가가는 대화법'을 사용했다고 합니다.

김현미 씨는 감정코칭을 배우면서 자신 안에 있는 건강한 '아이'와 만날 수 있게 되어 너무 기쁘다고 했습니다. 이제 남들 뒷바라지만 하는 희생적인 아내, 엄마, 누나, 딸, 이웃의 역할에서 벗어나 남들에게 도움을 요청할 수도 있고 웃고 놀 여유도 생겨서 삶이 훨씬 다채롭고 풍요롭게 느껴진다고 했습니다.

김현미 씨에게 내주었던 과제는 'should 대신 want를 사용해 보라'였습니다. '아이를 깨워 늦지 않고 유치원에 보내야 해should' 대신 '아이가 제 시간에 유치원에 가기를 원해want'로 말하도록 했습니다. 그랬더니 훨씬 부드럽고 여유 있게 말할 수 있을 뿐 아니라, 아이가 점차 스스로 잘하는 '어른'으로 자연스럽게 성장해 가고 있다고 기뻐했습니다.

예전에는 "빨리 일어나! 유치원 버스 오기 전에 밥 먹고 이 닦아! 빨리, 빨리!" 하며 군대식 명령조로 말했지만 요즘은 "엄마는 네가 아침 먹고 가기를 원해. 밥을 안 먹고 가면 걱정되고 속상하거든"이라고 말하니까 아이가 기분 좋게 일어나 알아서 잘하더라는 것입니다.

'아이의 마음'이 있어야 아이의 감정도 공감할 수 있다

김현미 씨와 비슷한 다른 사례도 있습니다. 장수경(가명, 43세) 씨 또한 너무 일찍 어른이 되었습니다. 수경 씨는 태어났을 때부터 엄마와 단둘이 살았습니다. 한 부모 밑에서 자란 분들 중에는 일찍 철이 든 경우가 많습니다. 혼자서 자식들을 키우느라 고생하는 아빠나 엄마를 보면서 가뜩이나 힘든 부모를 더 힘들게 해서는 안 된다는 생각에 스스로를 통제했습니다. 다른 평범한 아이들처럼 맛있는 것 사 달라 장난감 사 달라 떼를 쓰지도 않고, 웬만큼 아파도 아프다는 소리조차 하지 않습니다.

장수경 씨도 그랬습니다. 가끔씩 혼자서 눈물짓는 엄마를 보며 어린 마음에도 엄마를 힘들게 해서는 안 된다고 생각했다고 합니다. 힘든 엄마가 측은해 보이기도 하고, 한편으론 엄마가 힘들면 자신을 버리고 떠날지도 모른다는 불안감에 말썽 한 번 피우지 않고 자랐습니다.

엄마와 단둘이 살아 늘 외로웠던 수경 씨는 행복한 가정을 꿈꿨고, 소원대로 자상한 남편을 만나 결혼했습니다. 예쁜 아기도 생겼습니다. 그런데 수경 씨는 아들이 조금만 부주의하게 행동을 해도 견디질 못했습니다. 아들의 못마땅한 행동이 눈에 띌 때마다 크고 격한 목소리로 아들을 나무랐습니다.

"도대체 애가 왜 그런지 모르겠어요. 여덟 살이면 제 앞가림은 충분히 하고도 남을 나이인데, 아직도 소변을 볼 때 지저분하게 질질 흘려요."

아이는 소변을 볼 때 다 누기도 전에 대충 바지를 올리고 화장실을 빨리 나오는 버릇이 있었습니다. 아무리 주의를 줘도 고쳐지지 않아 화가 난다고 했습니다.

"아이가 화장실에서 빨리 나오려는 이유가 무엇일까요?"

속상해하는 엄마에게 물었습니다.

"빨리 놀고 싶어서겠죠."

의외로 아이의 마음은 알고 있었습니다. 그런데도 아이의 감정을 읽어주지 못하고 통제를 하는 통에 엄마와 아이 모두 행복하지 않았습니다. 어릴 때부터 감정을 통제하며 어른처럼 살았던 수경 씨가 소변을 흘리는 아이를 이해하기 어려울 수 있습니다. 자신의 마음속에 아이의 감정이 없으니, 아이의 놀고 싶은 마음을 가슴으로 공감할 수 없는 것입니다.

아이의 마음이 되어야 아이의 감정을 잘 이해할 수 있습니다. 가트맨 박사는 누구에게나 아이의 모습이 존재한다고 말합니다. 잃어버린 동심을 찾는다면, 아이의 감정을 더 깊게 공감할 수 있을 것입니다.

놀이의 중요성

아이는 놀이를 통해 자라고
세상을 배운다

아직도 '놀이는 시간 낭비'라고 여기는 부모님이나 선생님이 계시다면 참 슬픈 일입니다. 놀이의 중요성에 대한 연구는 더욱 활발히 진행되고 있습니다. 놀이는 인지, 정서, 사회성, 신체 발달 등에 이루 다 나열할 수 없을 정도로 많은 이로움을 줍니다.

학습을 놀이처럼 한다면 아이들은 재미있어서 누가 보든 안 보든 열심히 할 것이고, 말려도 할 것입니다. 또한 규칙 준수, 양보성, 호혜성, 창의성, 호기심, 노력, 열정, 지도력, 협동심 등 아이에게 키워주고자 하는 수많은 덕목과 성품, 실력, 재능을 저절로 쌓을 수 있습니다.

이렇게 효과적이고 좋은 방법이 있는데, 왜 아이와 책상만 펴고 앉으면 언성이 높아지고 지루함과 불안감을 조장하면서 '공부'를 하게 되는지 모를 일입니다. 아마도 우리 문화에서 부부나 가족이 함께하는 놀이가 지난 반세기 동안 급격한 산업화, 도시화, 사회적 신분 상승을 위한 경쟁적 입시제도 등에 밀려나서 그런 게 아닐까 생각해 봅니다.

하트업Hartup 박사에 따르면, 아기들끼리의 상호 놀이는 대략 생후 6개월부터 발견됩니다. 이 무렵 아기는 다른 아기에게 관심을 보이고 손가락으로 가리키기도 하며 미소를 보이기도 합니다. 돌이 지나면 아기는 평행놀이parallel play라고 하여 각자 장난감을 갖고 따로 놀며, 상호작용은 별로 하지 않습니다. 하지만 서로 상대가 노는 것을 유심히 관찰하기도 하고, 한 아이가 웃으면 다른 아이도 따로 웃는 등 다른 아기의 행동에 반응합니다.

생후 15~18개월부터는 바라보기만 하지 않고 간단한 사회적 놀이social play를 하기 시작합니다. 이때부터는 놀다가 자기 장난감을 다른 아기에게 주기도 합니다. 만 24개월부터는 특정 주제를 놓고 놀면서 규칙대로 순서를 바꿔 놀기도 합니다. 예를 들어 두 돌 지난 아이는 숨바꼭질을 할 수 있고, 술래와 숨는 역할을 바꿔서 한다는 것을 이해하고 따라 할 수 있습니다.

유치원에 다니는 시기에 아이는 협동적 놀이를 훨씬 더 많이 할 수 있습니다. 이때는 상상력을 동원하여 소꿉놀이도 하고, 전화로 누군가와 통화하는 흉내도 낼 수 있습니다. 조금 더 크면 상상력이 훨씬 더 풍부해져서 접시가 자동차 운전대로 둔갑하고, 나무 막대기가 장군의 칼이나 마법사의 지팡이가 되기도 합니다. 놀이의 효용성에 관한 연구를 하는 여러 연구팀들은 이 시기의 상상놀이가 아이의 어휘력, 언어 구사력, 표현력, 기억력, 유추 능력 등 전반적인 인지 발달에 중요한 역할을 한다고 믿습니다.

정서 발달에도 놀이는 큰 도움이 됩니다. 예를 들어 아이는 이 시기에 어둠에 대한 두려움이 있다고 해도 인형을 대신하여 두려운 감정을 인지하고 표현하며 해소하는 것까지도 할 수 있습니다. 상상놀이를 통해 아이는 여러 상황을 만들어보면서 두려움뿐 아니라 분노, 자랑스러움, 기쁨, 죄책감, 슬픔, 놀람 등의 다양한 감정을 비교적 안전하게 탐색할 수 있습니다.

한때 정신분석학에서는 학령기 이전 아동이 상상 속의 인물과 대화를 나누거나 감정적 교류를 하면 정신병리적인 증상으로 간주하였습니다. 하지만 지금은 정반대로 상상 속 인물과 놀이하는 것은 매우 바람직하고 긍정적이라는 점이 입증되었습니다. 상상 속의 인물과 놀이를 하는 학령기 이전 아동이 그렇지 않은 아동에 비해 실제로 친구가 더 많고 사교적이며, 상상과 현실의 구분도 잘한다고 합니다.

감정을 숨기지 말고 있는 그대로 느껴라

많은 부모가 감정 표현에 인색합니다. 화가 나도 화나지 않은 척, 슬퍼도 담담한 척 감정을 숨기려고 애를 씁니다. 이유는 여러 가지입니다. 어떤 상황에서도 감정에 휘둘리지 않는 강한 부모로 아이 앞에 서고 싶기 때문일 수도 있고, 감정을 통제하지 못해 아이에게 본의 아니게 상처를 입힐까 봐 두려워서일 수도 있습니다.

실제로 부모가 감정을 통제하지 못하면 아이에게 큰 상처를 줍니다. 감정조절을 하지 못하는 부모들은 대부분 분노, 슬픔, 두려움, 미움과 같은 감정을 자주 격렬하게 느끼며 진정하는 데 어려움을 느낍니다. 그렇다 보니 정상적인 활동을 하기도 어렵습니다. 직장에서 자주 분란을 일으켜 제대로 직장을 다니지도 못하고, 술에 빠지기도 합니다.

이처럼 감정을 통제하지 못하는 부모일수록 그런 자신의 모습이 싫어서 감정을 극도로 억제하는 경향이 있습니다. 마치 가면을 쓴 것처럼 감정을 숨기고 관심 없는 척, 아무런 감정의 동요도 없는 척 위장합니다. 아니면 공감하는 척 연기를 하는 경우도 있지만, 격렬하게 감정을 드러내는 것보다는 차라리 숨기는 게 낫다고 생각합니다.

하지만 연구 결과에 따르면, 감정을 숨기는 부모 밑에서 자란 아이는 그렇지 않은 아이보다 감정을 다스리는 능력이 훨씬 떨어집니다. 물론 여기서 감정 표현이라는 말은 감정을 통제하지 못하는 부모처럼 격렬한 표현을 의미하지는 않습니다. 감정을 마구 쏟아내는 것이 아니라, 자신의 감정을 인지하고 그것을 솔직하게 시인한다는 뜻입니다.

"엄마는 지금 화가 났어."

"아빠는 네가 비겁한 사람이 될까 봐 걱정이 돼."

"엄마는 네가 다쳐서 놀랐고 미안하다."

"엄마가 실수로 접시를 깨뜨려서 창피하고 속상해."

"아빠도 저녁식사 후에 바로 설거지하기 싫고 좀 쉬고 싶다."

"지금 아빠는 너무 화가 나서 말하기가 싫어."

"선생님은 우리 학급에서 주먹다짐이 벌어졌다는 게 놀랍고 실망스러워."

이처럼 감정을 인지하여 정확하게 표현한다는 것입니다.

일반적으로 인간관계를 맺을 때 감정을 드러내지 않는 사람과는 친밀해지기 어렵습니다. 업무상으로는 파트너가 될 수 있을지 몰라도, 서로 마음을 터놓고 정서적 교감을 나누는 사이가 되기는 쉽지 않습니다. 부모와 자식도 마찬가지입니다. 감정을 숨기는 부모의 자녀는 자라면서 부모와 점점 멀어집니다. 또한 아이는 부모를 보면서 감정에 어떻게 대응하는지를 배우는 부분이 많은데, 감정을 숨기는 부모 밑에서는 어려운 일입니다.

감정을 숨기는 게 나쁜 이유는 또 있습니다. 감정이 생길 때 적절히 표출하지 않고 억지로 꽁꽁 숨겨두면 언젠가는 터집니다. 안간힘을 써서 아이 앞에서는 감정을 보이지 않더라도, 남편이라든가 다른 사람에게 쏟아낼 수 있습니다. 그런 모습을 아이에게 들키기라도 하면 상황은 더욱 악화됩니다. 아이는 감정에 대응하는 부모의 상반된 모습을 보면서 어떤 게 옳은 것인지 갈피를 잡지 못합니다. 부모로부터 감정에 대응하는 방법을 배울 기회를 상실하는 셈입니다.

감정을 통제하지 못할까 봐 감정을 숨기는 것은 구더기 무서워서 장 못 담그는 것과 다르지 않습니다. 아이가 화날 만한 행동을 했을 때 화를 내거나, 말썽을 부려 속상한 감정을 표현하는 것은 잘못된 것이 아닙니다.

다만 감정을 표현하는 방식(행동)에는 주의를 기울여야 합니다. 아이를 때리거나 언어폭력을 휘둘러서는 안 됩니다. 아이를 존중하고 대화를 통해 아이의 입장에서 화날 수 있겠다는 것을 공감하고, 적절하게 표현하는 방법을 알려주면 아이는 오히려 부모를 신뢰하고 따릅니다.

만약 감정이 너무 격해져 아이와 이성으로 대화하기가 어렵다는 생각이 들면, 잠시 시간을 두고 자기 진정부터 해야 합니다. 과학적으로 효과가 검증된 자기 진정법은 호흡을 천천히 고르게 2~3회 하는 것으로 약 20~30초 정도 걸립니다.

심장은 이성(생각이나 논리)보다 감정에 즉각 반응하는데, 이때 반응 속도는 빛의 속도만큼이나 빠르다고 합니다. 분노와 놀람 같은 부정적 감정은 심장을 불규칙적으로 뛰게 만들고, 심박변동률이 불규칙하면 바로 스트레스

감정코칭 팁

격한 감정을 가라앉히는 15초 호흡법

감정이 격해졌을 때는 감정코칭을 할 수 없습니다. 먼저 자기감정을 추슬러 진정한 후에 감정코칭을 시작할 수 있습니다. 감정을 가라앉히는 방법은 여러 가지가 있지만, 언제 어디서나 가장 간단히 쉽게 할 수 있는 방법으로는 '호흡'과 '감사함 느끼기'입니다(이는 하트매스 연구소에서 개발해 효과를 검증한 방식이기도 합니다).

① 오른손을 심장(또는 배 위)에 얹는다(심장 집중하기).
② 5초간 숨을 천천히 들이마신다(심장 듣기- 손바닥을 통해 심장이 쿵쿵 뛰는 것을 느낀다).
③ 5초간 천천히 숨을 내뱉는다(평소보다 약간 느리고 약간 깊게 한다. 너무 깊이 숨을 쉬면 어지러울 수 있다).
④ 진정으로 감사함을 느낀다(심장 느끼기- 긍정적인 생각만으로는 심장이 안정을 되찾기 힘들다. 고마운 대상이나 경험을 진정으로 느껴야 고른 심박변동률을 보인다).

호르몬이 분출되면서 두뇌와 온몸에 위기 신호를 보내 온 세포가 공격 또는 방어 태세로 변합니다. 이런 상태에서는 상대의 감정을 공감하고 수용할 수 없습니다. 시각 자체가 축소되어 자신이 보고 싶은 것만 보게 됩니다.

이때 다시 감정을 편한 상태로 되돌리기 위해서 억지로 긍정적인 생각을 하고자 한다면 생각과 감정, 행동이 일치하지 않아 더욱 스트레스를 받고 짜증이 날 뿐입니다. 하지만 규칙적으로 평소보다 약간 느리고 깊게(약 5초 동안의 들숨과 5초 동안의 날숨) 호흡을 하면, 심장이 안정적으로 뛰면서 일단 중립 상태로 될 수 있습니다. 이때 마음으로 깊이 감사함을 느끼면 안정 호르몬인 DHEA가 나옵니다. 약 3분 동안 분출된 안정 호르몬의 효력은 2시간 지속되며, 15분 동안 분출된 안정 호르몬의 효과는 약 8~10시간 동안 지속됩니다.

❖ 감정과 친해지는 연습이 필요하다

지금껏 감정을 숨기거나 억누르며 살았던 사람이 감정의 중요성을 알았다고 해서 하루아침에 다양한 감정을 편안하게 만날 수 있는 것은 아닙니다. 감정을 느끼는 것도 일종의 습관이라고 할 수 있습니다. 오랫동안 굳어진 습관을 단번에 바꾸기 어렵듯이, 오랜 시간 무감각하게 살았던 사람이라면 자기감정과 친해지는 데 시간이 걸릴 수밖에 없습니다.

감정을 인식하고 친해지려면 약간의 연습이 필요합니다. 정신없이 살다 보면 순간순간 어떤 감정들이 왔다가 갔는지 기억조차 하기 어렵습니다. 워낙 오랫동안 감정을 외면하며 살아서 느낄 수 있는 감정의 종류가 그리 많지 않을 수도 있습니다.

느껴본 감정 살펴보기

감정을 느끼는 사람과 못 느끼는 사람이 따로 있을까요? 모든 사람이 감정을 느끼고, 누구나 상대의 감정을 인지할 수 있을까요?

이에 대한 최초 연구자는 진화론 창시자 찰스 다윈입니다. 그는 감정이 생존과 직결된다고 믿었으며, 생존과 관련되었다면 인류 보편적인 감정이 있을지도 모른다고 가정했습니다.

이 가설을 실험해 보기 위해 다윈은 전 세계를 돌아다니며 원주민의 다양한 얼굴 표정을 스케치한 뒤, 원주민을 한 번도 만나본 적이 없고 당연히 그들의 언어와 문화를 모르는 영국의 남녀노소에게 어떤 감정인지 맞춰보라고 보여줬습니다. 반대로 백인 문명이나 사회를 한 번도 본 적이 없는 원주민 남녀노소에게도 영국인들의 다양한 얼굴 표정 스케치를 보여주었습니다.

결과는 아주 흥미로웠습니다. 6~7가지 감정은 영국인이나 원주민이나 거의 알아맞히더라는 것입니다. 하지만 다윈의 이 흥미로운 발견은 당시의 진화론에 비해 전혀 주목을 받지 못하다가, 1970년대 폴 에크먼Paul Ekman 교수가 다윈의 논문을 현대적으로 과학적인 검증을 해보았습니다. 스케치 대신 카메라를 이용하니 좀더 정확한 표정을 포착할 수 있었고, 이를 통해 인류의 보편적인 7가지 감정을 증명하여 다윈의 연구를 재발견했습니다.

사람에게는 보편적인 7가지 감정과 유사한 감정이 있습니다. 다음은 7가지 기본 감정(행복, 흥미, 슬픔, 분노, 경멸, 혐오감, 두려움)과 그로부터 파생된 유사 감정들을 한눈에 볼 수 있도록 만든 표입니다.

먼저 느껴지는 감정을 떠올리며 적어보세요. 감정에 무심했던 분들에겐 힘든 작업일 수 있습니다. 그렇다면 다음에 열거한 감정들 중 느껴본 감정에 동그라미를 하는 방식으로 감정을 점검해도 괜찮습니다.

행복	사랑스러움, 고마움, 유대감, 황홀감, 극치감, 명랑 쾌활함, 만족감, 하늘로 붕 뜨는 느낌, 반가움, 감사함, 기쁨
흥미	기대감, 관심, 열심, 몰두감, 재미, 흥분
슬픔	우울, 기분이 처지고 가라앉음, 절망, 실망, 미안함, 불행감, 비통함, 후회스러움
분노	짜증, 불쾌감, 불만, 격노, 시기심, 좌절, 화
경멸	무례함, 비판적, 씁쓸함, 거부감
혐오감	기피하고 싶음, 싫어함, 증오, 구역질
두려움	불안, 겁남, 걱정스러움, 혼란스러움, 경악, 예민함, 무서움, 소심함, 불편함

감정일지 쓰기

감정일지란 말 그대로 하루 동안 어떤 감정을 느꼈는지를 기록하는 것입니다. 감정일지는 자신의 감정을 인식하는 것뿐 아니라 자기감정을 좀더 객관적으로 바라보고 조절할 수 있는 힘을 키우도록 도와줍니다.

바쁜 시간을 쪼개 감정일지를 쓰기란 쉽지 않습니다. 그러나 간단하게라도 어떤 감정을 어떤 상황에서 느꼈는지, 감정의 강도는 어느 정도였는지를 적어두면 감정과 좀더 빨리 친해질 수 있습니다. 일주일 정도만 기록해도 평소 자신의 감정을 이해하는 데 큰 도움이 됩니다.

요일	느껴 본 감정	상황 (감정을 유발한 상황이나 장면)	주관적 감정의 강도 (1~10으로 기록) *가장 낮을 때를 1, 가장 강하게 느낄 때를 10으로 한다.
월			
화			
수			
목			
금			
토			

감정일지

2

아이의 감정에
어떻게 반응해야 할까?

아이가 충치 치료를 받아야 하는데 무섭고 싫다며 발버둥을 칩니다.

"싫어, 무섭고 아프단 말이야!"

큰소리를 지르며 울어대니 참으로 난감한 상황입니다. 다른 아이들은 앉아서 얌전히 기다리는데, 유독 우리 아이만 겁쟁이 같아 아빠는 창피하고 속도 상합니다. 엄마도 직장에 다녀서 아빠가 모처럼 점심시간을 이용해 진료 예약을 해놓았기 때문에 취소하면 다시 데려오기도 어렵습니다. 이럴 때 아빠의 반응은 대개 다음 중 하나일 것입니다.

아플까 봐 무서워하는 아이를 달래고 얼러서 우선 치과 치료를 받도록 '뇌물'을 제공하는 방법입니다.

"우리 규민이 착하지. 아프지 않을 거야. 울지 않고 씩씩하게 치료 잘 받으면 집에 갈 때 아빠가 게임기도 사주고, 이번 주말 놀이동산도 데려갈게."

이와는 다르게 아이의 소심함을 용감함으로 바꿔주고 싶은 아빠의 반응도 있을 것입니다. 다음은 엄하게 야단쳐서 아이를 제압하는 방법입니다.

"규민아, 뚝 그치지 못해? 다른 애들은 다 얌전히 치료를 받는데, 왜 너만 난리냐? 사내 녀석이 뭐 그깟 충치 치료하는 걸 무서워해? 당장 울음 안 그치면 아빠 혼자 가버릴 거야! 알았지?"

또다른 반응도 있습니다. 아이가 안쓰럽고 애처로워 고통을 면하게 해주고 싶은 마음입니다.

"규민아, 이 치료할 때 아플까 봐 겁나지? 그렇게 싫으면 그냥 집에 가자. 어차피 젖니니까 다 빠질 거야. 이미 썩은 이는 어쩔 수 없잖아."

위의 세 가지 반응은 모두 바람직하지 않습니다. 바람직한 방법은 아이가 아플까 봐 무서워하는 마음을 공감하고 이해해 주지만, 여기서 한 걸음 더 나아가 아이가 앞으로 이런 고통을 당하지 않게 대처하는 방법까지 자발적으로 모색하고 선택할 수 있게 도와주는 것입니다.

"치과 가는 게 두렵고 싫지? 아빠도 어릴 때 치과 가는 게 참 무서웠단다."

아이는 아빠도 그랬다는 데 안도감을 느낄 것입니다. (이후 대화는 '감정 코칭형 부모' 사례에서 다루겠습니다.)

당신은 어떤 아빠가 되고 싶습니까? 아이 감정에 어떻게 반응하는지를 보면, 자신이 어떤 유형의 부모인지 알 수 있습니다. 또한 좀더 효과적으로 아이의 감정에 대처하면서 감정코칭을 해줄 수 있는 방법도 배울 수 있습니다.

❖ 별것 아니야, 축소전환형 부모

"우리 규민이 착하지. 아프지 않을 거야. 울지 않고 씩씩하게 치료 잘 받으면 집에 갈 때 아빠가 게임기도 사주고, 이번 주말엔 놀이동산도 데려갈게."

아플까 봐 무서워하는 아이를 달래고 얼러서 우선 치과 치료를 받도록 '뇌물'을 제공하려 한다면 '축소전환형 부모' 유형에 속합니다. 아이의 감정을 이해하는 것보다는 빨리 아이의 울음을 그치게 하고 치료를 받게 하는 것이 더 중요합니다. 그래서 아이의 두려운 감정을 별것 아니라는 듯 축소해 버리고, 관심을 다른 데로 돌리는 데 급급합니다.

축소전환형 부모에게 자녀의 감정은 중요하지 않습니다. 이들은 아이의 감정을 대수롭지 않게 여깁니다. 아이가 강아지를 보고 놀라 무서워해도 아이의 감정은 아랑곳하지 않으며 "별 것 아니야"라고 말합니다. 마치 형제처럼 친하게 지냈던 반려동물이 죽어 아이가 슬퍼서 울 때도, "뭐 그런 걸로 울고 그래. 그렇게 슬퍼할 것까지 있어?"라며 아이의 감정을 간단하게 무시하거나 축소시킵니다. 그런 다음 재빨리 아이의 관심을 다른 데로 돌리려고 합니다.

때로는 아이의 감정을 무시하다 못해 놀리기까지 합니다. "얼레리꼴레리, 우리 규민이는 아기래요. 이 치료하는 게 무서워 엉엉 우는 아기래요." 하고 놀리면서 아이에게 간지럼을 태워 억지로 울음을 그치고 웃게 만들려고 애쓰기도 합니다.

축소전환형 부모는 감정을 좋은 것과 나쁜 것으로 구분합니다. 기쁨, 즐거움, 행복과 같은 감정은 좋은 감정이라 여깁니다. 한편 두려움, 화, 분노, 슬픔, 외로움, 우울 등의 감정은 나쁜 감정이라 생각합니다. 그리고 부정적 감정은 아예 생각조차 하지 않으려 듭니다. 자신이 부정적 감정을 인정하려 들지 않기 때문에 아이가 그런 감정을 보일 때 어떻게 하든 빨리 없애주려고 합니다.

이런 부모 밑에서 자란 아이는 감정을 느끼고 조절하는 데 서툴 수밖에 없습니다. 부모로부터 감정을 무시당하며 대수롭지 않게 취급당한다고 느끼기 때문에, 그때 그 상황에서 그런 감정을 느낀 게 옳은 것인지 잘못된 것인지도 혼란스러워하고 자신감을 잃는 것입니다. 자기감정이 뭔지도 모르니 당연히 감정을 어떻게 조절해야 하는지도 알 수 없습니다.

부모의 경우 무시하는 감정을 느끼는 자신이 잘못되었다고 생각하므로 자아존중감도 매우 낮습니다. 감정의 정체를 알 수 없기 때문에 불안감도 많이 느낍니다.

앞에서 언급했듯이 실연을 당했을 때 먹는 것으로 풀거나 쇼핑으로 마음을 달래는 경우도 축소전환형 부모 밑에서 자란 사람들에게서 많이 나타나는 증상입니다. 진짜 자기감정이 어떤 것인지 알지 못하기 때문에 좀 더 쉽고 즉각적인 방법으로 감정을 전환시키고자 하거나 문제를 회피하려고 드는 것입니다. 그래서 시행착오도 많이 겪게 되며, 뭔가 겉도는 것 같고 공허한 느낌에 자아 상실감을 느끼는 경우가 많습니다.

• 축소전환형 부모의 특징

① 아이의 감정을 대수롭지 않게 여기거나 무시한다. 때론 비웃거나 경시한다.

② 감정은 좋은 감정과 나쁜 감정이 있고, 나쁜 감정은 살아가는 데 아무런 도움이 되지 않는다고 생각한다.

③ 아이가 부정적 감정을 보이면 불편해서 아이의 관심을 빨리 다른 곳으로 돌린다.

④ 아이의 감정은 비합리적이어서 중요하지 않다고 생각한다.

⑤ 아이의 감정은 그냥 나둬도 시간이 지나면 저절로 사라진다고 생각한다.

⑥ 감정적으로 통제가 불가능한 것을 두려워한다.

✤ 그럼 못써, 억압형 부모

억압형 부모도 축소전환형 부모처럼 아이의 감정을 무시합니다. 슬픔, 화, 짜증 등의 감정을 나쁜 감정, 부정적인 감정으로 보는 것도 축소전환형 부모와 같습니다. 억압형 부모는 축소전환형 부모와 많은 부분이 닮았지만, 아이의 감정을 더욱 엄하게 질책합니다. 감정을 무시하는 정도를 넘어 감정이 잘못된 것이라고 비난까지 합니다. 아이가 감정을 보일 때 대개 "그럼 못써" 하고 야단을 치거나 벌을 줍니다.

억압형 부모가 아이의 감정을 엄하게 야단치는 이유는 부정적 감정은 나쁘며, 부정적 감정을 허용하면 성격이 나빠질 것을 염려하기 때문입니다. 그래서 부정적 감정을 느끼지 않도록 강한 성격으로 키워야 하고, 빨리 부정적 감정을 없애주고 올바른 행동을 가르쳐주어야 한다고 믿습니다.

억압형 부모는 아이의 감정보다는 행동에 초점을 맞추고, 아이가 울면 왜 우는지 감정을 읽어주기보다는 "너 뚝 그쳐" "너 계속 울면 경찰 아저씨 불러 잡아가라고 한다"라고 협박하거나 매를 들려고 합니다.

아이 감정이라면 무조건 색안경을 끼고 보는 경향도 있습니다. 아이가 울거나 화를 내는 등 감정을 표출하는 것은 자신이 원하는 요구 사항을 관철시키기 위한 것이라고 곡해합니다. 그래서 더욱 단호하게 아이의 감정을 잘라버립니다.

이런 부모 밑에서 자란 아이도 자아존중감이 낮습니다. 여자아이는 의기소침하며 우울해하는 경향이 생깁니다. 자기감정을 조절하는 능력도 부족할 수 있습니다. 남자아이는 충동적이고 공격적인 행동을 많이 하거나 화가 나면 무조건 주먹이 먼저 나갈 수 있습니다. 감정을 보였다는 이유로 야단을 맞거나 매를 맞으면서 컸으니, 아이 또한 폭력적인 형태로밖에 감정을 표출하지 못하는 것입니다.

지나치게 감정이 억눌리며 살았기 때문에 오히려 엇나가기도 쉽습니다. 가트맨 박사에 따르면 억압형 부모 밑에서 자란 남자아이들은 술과 담배를 빨리 배우며, 성에 일찍 눈을 뜨고 청소년 비행에 가담하는 비율이 높다고 합니다.

• 억압형 부모의 특징

① 아이의 감정을 무시하고 심지어는 잘못된 것이라고 비판한다.

② 아이의 감정보다는 행동을 보고 야단을 치거나 매를 든다.

③ 부정적 감정은 나쁜 성격, 나약한 성격에서 나온다고 생각한다.

④ 아이는 요구 사항이 있을 때 부정적 감정을 이용한다고 생각한다.

⑤ 부정적 감정은 억제해야 한다고 믿는다.

⑥ 아이의 부정적 감정은 매를 들어서라도 없애주고, 올바른 행동을 가르쳐야 한다고 생각한다.

❖ 뭐든 괜찮아, 방임형 부모

축소전환형과 억압형 부모와는 달리, 방임형 부모는 아이의 감정을 인정합니다. 좋은 감정과 나쁜 감정으로 감정을 구분하지도 않고, 어떤 감정이든 다 허용합니다. 얼핏 보면 참으로 이상적인 부모인 것처럼 여겨집니다. 방임형 부모는 아이의 감정을 다 인정하고 공감해 주지만 딱 거기까지입니다. 아이의 행동을 좋은 방향으로 이끌어주거나 한계를 제시하지 못합니다.

예를 들어 아이가 친구와 놀다가 싸우고 주먹다짐을 했습니다. 씩씩거리며 들어온 아이에게 "그래, 화가 날 만했구나. 화가 나면 때릴 수도 있는거지. 잘했어, 괜찮아" 하고 이야기합니다. 감정은 물론이고 감정으로 인한 행동까지도 다 괜찮다며 아이를 격려합니다.

아이가 슬퍼서 울어도 그냥 놔둡니다. 슬프면 우는 것이 당연하니, 실컷 더 울 수 있도록 그냥 내버려두는 것이지요. 물론 슬퍼서 눈물을 흘릴 수도 있지만 문제는 슬픔을 표현하는 행동을 무제한 허용하는 것은 자신과 타인에게 바람직하지 않을 수 있다는 것입니다.

왜냐하면 감정을 마음껏 누리고 표출하며 살았으니, 방임형 부모 밑에서 자란 아이가 감정 조절을 잘할 것 같지만 그렇지 않습니다. 감정 조절은 행동의 한계를 인식해야 가능합니다. 자기감정대로 어떤 행동을 하든 언제나 괜찮다고 허용해 주는 환경에서 자란다면, 행동의 한계를 알지 못합니다. 기분 내키는 대로 하고, 자기중심적인 행동을 하면서도 어떻게 행동하는 것이 적절한지 알 수 없어 굉장히 불안해하고, 대인관계를 어려워합니다 어떤 감정이든 다 인정받으며 자랐기 때문에 소위 '공주병, 왕자병'에 빠진 아이가 많습니다. 자기감정밖에 몰라 남의 감정을 헤아리거나 배려할 줄 모르고, 당연히 또래 친구들과의 관계를 풀어가는 데도 서툴며 심하면 왕따를 당하기도 합니다. 그러면서 또래보다 미성숙함을 느끼므로 열등감도 많고, 자아존중감도 낮습니다. 감정을 느끼기만 했지 어떻게 표현하고 행동해야 하는지 배울 기회가 없었기 때문에 문제해결 능력 또한 낮을 수밖에 없습니다.

• 방임형 부모의 특징
① 아이의 모든 감정을 다 받아준다.
② 좋은 감정, 나쁜 감정을 구분하지 않는다.
③ 감정은 물론 행동에 대해서 제한을 두지 않는다.
④ 감정을 분출하면 모든 것이 해결된다고 믿는다.
⑤ 아이의 부정적 감정을 공감하고 위로하는 것 외에 아이에게 해줄 것이 없다고 생각한다.
⑥ 아이의 감정을 처리하고 문제를 해결하는 데는 관심을 두지 않는다.

❖ 함께 찾아보자, 감정코칭형 부모

아이의 감정을 다 받아주고 공감한다는 면에서는 감정코칭형 부모와 방임형 부모가 같습니다. 하지만 감정코칭형 부모는 아이의 행동에 대해서 분명한 한계를 그어줍니다.

앞에서 예로 든 규민이의 상황을 보면, 우선 아이가 치과 치료를 받을 때 아플까 봐 무서워하는 감정을 수용해 줍니다. 그러면 규민이는 '치과 가는 것을 두려워하는 것은 나쁜 일이나 이상한 일이 아니구나. 아빠는 내 기분을 이해해 주시는구나. 나도 아빠처럼 씩씩하고 훌륭하게 자랄 수 있겠구나' 하고 생각할 것입니다. 또한 아이는 이렇게 물을지도 모릅니다.

"아빠는 치과 가기 싫을 때 어떻게 했어요?"

"할머니 손을 꽉 잡고 속으로 열을 셌단다. 그 다음부터 충치가 생기지 않게 이를 잘 닦았지."

"그러니까 그냥 집에 가자" 하고 말하는 것이 아니라 "아빠도 어릴 때 치과 가는 게 무섭고 싫었단다" 하고 공감을 해준 뒤, 그럴 때 어떻게 행동했으며 앞으로 어떻게 하면 좋을지 제안하거나 의견을 묻는 등 대안을 함께 찾아보는 것입니다.

"아프지 않게 이를 치료하려면 어떻게 하는 게 좋을까?"

"아빠가 제 옆에서 손 꽉 잡아주실래요? 다음부턴 저도 이 잘 닦을게요."

아이는 아무런 훈계나 비판을 받지 않고도 두려울 때 어떻게 하는지, 이가 썩지 않게 하려면 어떻게 하는지 스스로 깨닫게 될 것입니다.

감정코칭형 부모는 감정을 좋은 것과 나쁜 것으로 나누지 않습니다. 기쁨, 사랑, 즐거움 같은 감정도 중요하지만 슬픔, 놀람, 분노 등의 감정도 당연히 삶의 일부라고 여깁니다. 마치 날씨가 매일 맑고 햇빛이 화창한 것만 좋은 게 아니라 때론 바람이 불고, 비가 오고, 안개가 끼거나 눈이 오는 날도 필요한 것처럼 말입니다.

중요한 것은 감정은 모두 수용해 주되, 행동에는 분명한 한계를 그어야 한다는 점입니다. 아무리 무섭고 싫다고 해도 의사선생님한테 욕을 하거나 때리면 안 된다거나, 이를 치료받지 않고 더 썩게 두어서는 안 된다는 한계를 확실히 정해야 합니다. 그렇다면 아이가 쉽게 이해할 수 있는 행동의 한계는 어떻게 정하면 좋을까요?

대략 다음의 두 가지로 간단한 원칙을 세워두면 좋습니다. ① 남에게 해로운 행동, ② 자신에게 해로운 행동은 안 된다고 한계를 긋는 것입니다. 의사선생님에게 욕하거나 발로 차는 것은 남에게 해로운 행동에 속할 것이고, 썩은 이를 그냥 방치해두는 것은 자신에게 해로운 행동에 해당될 것입니다. 이 둘의 한계를 넘지 않는 한도에서 여러 가능성과 선택을 열어두면 됩니다.

"그래도 규민이가 계속 충치 치료를 받지 않으면 다른 이도 더 상하게 된다. 그러니까 치료는 꼭 받아야 하는데(한계 규정), 어떻게 하면 규민이가 덜 무섭고 덜 아플 수 있을까?(선택)"

아빠의 부드럽지만 단호한gentle but firm 태도에 아이는 오히려 마음의 안정을 얻고, 좀더 바람직한 방법을 찾으려 합니다. "그럼, 아빠가 제 옆에 계셔주세요"라든지, "속으로 천천히 열까지 셀게요" "다음부터 이를 열심히 닦을게요" "사탕과 과자를 덜 먹고 과일을 더 먹을게요" 등 답은 얼마든지 가능합니다.

이렇게 감정코칭형 부모 밑에서 자란 아이들은 자신이 느끼는 감정이 꾸중을 들을 만큼 나쁘거나 이상한 것이 아니라 삶의 자연스러운 일부라고 여기게 됩니다. 또한 자신의 감정을 아빠가 경청해 주고 수용해 주니 아빠의 지지를 받는 것 같아 자신감도 생기며, 자신이 소중한 존재임을 느끼게 됩니다.

더구나 자신의 말에 훈계, 반박, 조롱, 위협하지 않고 아빠도 그런 적이 있었다며 공감을 해주니 아빠와 한편이 된 것 같아 신뢰감과 유대감이 생깁니다. 아빠가 아이에게 의견을 묻고 경청하며, 아이 스스로 대안을 생각해 보고 가장 원하는 방법을 선택할 수 있으므로 아이는 자기효능감과 자아존중감이 높아집니다.

- 감정코칭형 부모의 특징
  ① 아이의 감정은 다 받아주되 행동에는 제한을 둔다.
  ② 감정에는 좋고 나쁜 것이 있다고 나누지 않고, 삶의 자연스러운 일부로 다 받아들인다.
  ③ 아이가 감정을 표현할 때 인내심을 갖고 기다려준다.
  ④ 아이의 감정을 존중한다.
  ⑤ 아이의 작은 감정 변화도 놓치지 않는다.
  ⑥ 아이와의 정서적 교감을 중요하게 여긴다.
  ⑦ 아이의 독립성을 존중하며 스스로 해결 방법을 찾도록 한다.

마음만 열면 누구나
아이의 감정을 이해할 수 있다

 "감정코칭을 해야 한다는 건 알겠어요. 그런데 제가 과연 감정코칭을 할 수 있을까요?" 의외로 많은 부모님들이 이런 걱정을 합니다. 감정을 겉으로 드러내지 않고 사는 데 익숙한 부모들은 자기 감정 표현은 말할 것도 없고, 아이의 감정을 진심으로 이해하고 읽어줄 자신이 없다고 하소연합니다. 스스로 감정 조절을 못한다고 생각하는 부모들은 고민이 더 깊을 수밖에 없습니다. 감정코칭을 하다가 부모의 감정이 먼저 폭발해 아이에게 더 나쁜 영향을 미칠까 봐 겁을 냅니다.

하지만 감정코칭을 하고 못 하고를 결정하는 것은 '타고난 능력'이 아닙니다. 감정코칭을 하고자 하는 '마음'입니다. 마음을 열고 감정코칭을 배워서 실천하면 누구라도 감정코칭형 부모가 될 수 있습니다.

❖ 100퍼센트 완벽한 감정코칭형 부모는 없다

"저는 그동안 제가 감정코칭형 부모라고 생각해 왔어요. 어렸을 때 부모님이 억압형이라 늘 이런저런 제약을 많이 받으며 자랐기 때문에 내 아이만큼은 자유롭게 키우고 싶었거든요. 사랑도 듬뿍 주고, 아이 감정을 존중해 주려고 노력했어요. 그런데 의외로 제 속에 억압형 부모의 모습이 많다는 걸 알았어요."

초등학교 선생님인 한 엄마가 자기 안에 있는 예상치 못했던 모습에 놀라 말했습니다. 감정코칭 관련 프로그램을 통해 그토록 싫어했던 억압형 부모의 모습이 자신에게도 있음을 알고 적잖은 충격을 받은 것입니다.

축소전환형, 억압형, 방임형, 감정코칭형 중 어느 한 가지 모습만 완벽하게 보이는 부모는 없습니다. 대개 네 가지 모습이 다 섞여 있습니다. 아이의 감정을 무시하고 야단을 치기도 하고, 때로는 감정을 다 받아만 주고 정작 해결책을 찾는 것까지는 도와주지 못하기도 합니다.

다만 네 가지 모습이 다 나타나더라도 가장 기본이 되는 모습이 있습니다. 가장 급할 때 보이는 모습이 그 사람의 기본형입니다. 평소 아이가 별 말썽을 부리지 않을 때는 감정도 잘 공감해 주고 다정다감한 모습을 보이다가도, 아이가 말을 안 듣고 떼를 쓰고 울면 자신도 모르는 사이에 화를 내거나 야단부터 친다면 '억압형'이 그 사람의 기본이라 할 수 있습니다.

언제나 감정코칭을 할 수 있다면 좋겠지만 아이가 감정을 보일 때마다 매번 감정코칭을 해야 한다는 부담감은 갖지 않아도 됩니다. 가트맨 박사는 약 40퍼센트만 감정코칭을 해도 효과는 충분하다고 합니다. 감정코칭을 받으면서 부모에 대한 신뢰가 쌓인 아이들은 설령 부모가 감정코칭을 해주지 못해도 별로 상처를 받지 않습니다. 그러니 항상 아이의 감정에 코치를 해야 한다는 부담을 가질 필요는 없습니다.

❦ 아이의 타고난 기질을 알면 감정코칭이 쉽다

같은 상황에서 똑같이 말했는데도 어떤 아이는 상처를 받고, 어떤 아이는 눈 하나 깜짝하지 않습니다. 아이에겐 저마다 타고난 기질이 있기 때문입니다. 성격과는 다르게 태어나기 전부터 이미 갖고 있는 성향이 있는데, 이를 '기질'이라고 합니다.

이에 대해서는 하버드 대학의 제롬 케이건Jerome Kagan 교수의 고반응적 기질과 저반응적 기질 연구가 가장 널리 알려져 있습니다. 고반응적이란 미세한 자극도 쉽게 감지하며 반응성이 높다는 뜻이고, 저반응적이란 많은 자극이 와야 감지가 되므로 겉으로 보기에는 반응 속도나 강도가 약하다고 보면 됩니다.

이는 대개 타고난 성향이며 생물학적으로 결정되는 것으로 연구되어 있고 따라서 기질은 평생 크게 달라지지는 않는 것으로 알려져 있습니다. 이 책 첫부분에 소개했던 학교에 가기 싫어하던 혜민이는 고반응적 아이였습니다. 하지만 혜민이 부모님이 혜민이의 기질을 아신 뒤 그대로 받아들여주고 감정코칭을 해주니 혜민이는 부정적 자극(남자 짝의 짓궂음과 놀림)에 대한 자신의 거부감이 나쁜 것이나 잘못된 것이 아니라는 것에 안도감을 가질 수 있었고, 그런 뒤에야 좀더 효과적인 행동적 대응책을 배울 수 있었던 것입니다.

고반응성과 저반응성 외에도 다른 축으로 기질을 본 연구도 있는데 예를 들어 체스와 토마스 박사는 전 세계 아이들이 대략 다음 세 가지 기질로 구분된다고 보았습니다. ① 순둥이형easy baby ② 체제거부형difficult baby ③ 대기만성형slow to warm up 기질적 구분입니다.

어느 한 가지 기질을 분명하게 보이는 아이도 있지만, 기질이 섞여 있는 경우도 적지 않습니다. 순둥이면서 한 박자 늦거나, 체제거부형이면서 한 박자 늦는 아이가 있습니다. 이런 기질은 잘 변하지 않습니다. 따라서 기질을 긍정적으로 인정하고, 기질에 맞게 키우면 됩니다.

순둥이형 아이

순둥이형은 아기 때 잘 먹고, 잘 자고, 방긋방긋 잘 웃어 비교적 키우기가 쉽습니다. 잘 먹이고 기저귀만 제때 갈아주면 별로 찡얼대지도 않습니다. 커서도 별 말썽을 부리지 않고, 부모님 말씀도 잘 듣고 시키는 대로 고분고분 따릅니다. 부모가 잘 키워서가 아니라 기질적으로 순둥이로 타고나서 그렇습니다. 이런 아이들은 전체의 약 40퍼센트 정도라고 합니다.

순둥이들은 부모 말에 잘 따르는 스타일이어서 어떤 부모 밑에서 자라느냐에 따라 결과가 크게 달라질 수 있습니다. 감정코칭형 부모 밑에서 자라면 큰 문제없이 잘 자랄 수 있습니다. 하지만 억압형 부모 밑에서 자라면 여러 가지 문제가 나타날 수 있습니다. 마음은 그렇지 않은데 부모의 뜻을 거스르지 못해 하라는 대로 하다 보면, 정신적으로 스트레스를 많이 받습니다. 폭력 가정에서 자란 아이는 폭력에 순응하며 견디느라 우울증에 시달리거나 정신 질환에 걸리기도 합니다.

순둥이들은 어지간한 일에는 큰 불평을 하지 않고 스스로 참는 경우가 많아 더욱 세심한 관심을 기울여야 합니다. 부모 입장에서는 눈에 띄는 행동을 보이지 않으니 아이를 믿고 안심할 수 있으나 아이는 속으로 병들 수 있습니다. 순둥이형 아이라면, 아이가 먼저 감정을 보이지 않아도 부모가 먼저 힘든 일은 없는지, 고민거리가 있는지 등을 물으면서 대화의 물꼬를 트는 것이 좋습니다.

체제거부형 아이

체제거부형은 순둥이형과는 달리 아기 때부터 안아줘도, 업어줘도 징징 거리며 보채서 부모를 힘들게 합니다. 말도 잘 안 듣습니다. 남으로 가라고 하면 북으로 가고, 동으로 가라고 하면 서로 가는 경우가 많습니다. 한마 디로 청개구리형입니다.

이런 아이들은 정해진 틀에 갇히는 것을 아주 싫어합니다. 기존의 질서 에 순응하기를 거부하고, 자신만의 독특한 방식으로 새로운 시도를 해보 는 것을 좋아합니다. 억압형 부모라면 아마 더 힘들 수 있습니다.

어찌 보면 상당히 골치 아픈 아이일 수 있지만, 인류학자들은 이런 아이 들이 태어나는 분명한 이유가 있다고 주장합니다. 인종이나 국적과 상관 없이 어디에서든 체제거부형들은 있습니다. 체스와 토마스 박사에 따르면 총 인구의 약 10퍼센트 정도의 체제거부형이 태어나는데, 이들 덕분에 사 회가 끊임없이 새로운 모습을 추구하며 변하고 발전할 수 있다고 봅니다.

순둥이형만 있으면 사회나 나라가 잘 굴러갈 것 같지만 그렇지 않습니 다. 긍정적인 비판과 견제가 없으면 발전할 수 없습니다. 잘못된 것이 있어 도 누구 하나 이의를 제기하지 않기 때문에 정체되어 결국 썩을 수밖에 없습니다.

극단적인 경우겠지만, 가령 부모가 중증의 정신질환이 있을 경우, 체제거부형 자녀는 부모가 하라는 대로 하지 않고 새로운 도전을 할 수 있고, 결국 살아남을 수 있기 때문에 집안을 위해서 이런 아이들이 태어난다는 것입니다.

체제거부형 아이를 키우기는 쉽지 않습니다. 실제로 이런 아이들을 둔 부모는 마음고생을 많이 합니다. 가끔은 아이가 하도 엇나가서 아이의 마음을 열 수 있으리라는 자신감까지 상실합니다.

하지만 체제거부형 아이들의 특성은 요즘처럼 창의력, 개척정신, 도전정신, 모험심이 필요한 시대에 굉장한 장점이 될 수 있습니다. 아이의 특성을 억누르려 하지 말고 긍정적으로 보며 개발해 주려는 노력이 필요합니다. 이런 아이들은 억누르면 억누를수록 더 튕겨져 나가기 때문에 더욱더 감정을 공감해 주고, 스스로 바람직한 행동을 선택할 수 있도록 도와주어야 합니다.

대기만성형 아이

전체 아이들의 약 15퍼센트는 뭘 하려면 한참 뜸을 들이고, 행동이나 말을 약간 느리게 하는 경향을 지니고 태어납니다. 무엇이든 빨리빨리 처리하는 것을 좋아하는 한국 사회에서는 적응하기 힘든 유형이기도 합니다. 부모도 이런 아이를 키울 때는 많이 답답해합니다. 크면 클수록 느리고 굼뜬 아이의 행동이 부모 속을 터지게 합니다.

박태환 선수는 처음 수영을 배울 때 다른 아이들은 쉽게 새로운 것에 적응하는데 반해 뒤로 물러서고 겁을 내며 뜸을 들여서 어머니 속을 태웠다고 합니다. 하지만 일단 적응을 하자 남들처럼 싫증내고 그만두지 않고 꾸준히 연습하여 마침내 세계 챔피언이 되었습니다.

이처럼 대기만성형 아이는 대개 처음부터 새로운 것을 좋아하지는 않습니다. 새로운 것에 적응하는 데 시간도 많이 걸립니다. 하지만 일단 한 번 적응하면 대개 변덕을 부리지 않고 꾸준히 합니다.

자신이 좋아하는 일을 꾸준히 하는 사람이 대부분 성공합니다. 따라서 대기만성형의 특징을 잘 이해하고, 그러한 특성이 단점이 아닌 장점이 될 수 있도록 도와주는 것이 부모의 역할입니다.

대기만성형 아이를 키우는 부모는 답답한 나머지, "어이구 속 터져 그렇게 해서 언제 숙제를 다 하겠어" "빨리빨리 못해?" 등 아이의 굼뜬 행동을 지적하는 말을 많이 합니다. 아이가 머리가 나쁘거나 어디가 모자란 것이 아니므로, 이런 말들은 고스란히 아이에게 상처가 됩니다. 아이 자신도 어쩔 수 없는 기질적인 특성인데, 그것 때문에 혼이 난다고 생각하면 아이는 더 서러워 감정을 다칠 수밖에 없습니다.

시간에 쫓기는 부모일수록 대기만성형 아이를 못 견뎌 하는데, 대기만성형 아이에게 필요한 것은 좀더 느긋한 마음으로 아이를 지켜봐주는 자세입니다.

❖ 아이의 환경을 인정해야 감정이 통한다

감정코칭을 성공적으로 하기 위해서는 아이의 환경을 이해하는 과정이 필요합니다. 요즘 부모와 아이가 가장 신경을 곤두세우며 다툼을 벌이는 것이 컴퓨터, 휴대전화 등일 것입니다. 적당히만 하면 아이와 얼굴 붉히며 싸울 일이 없는데, 해도 너무한다는 생각이 들 정도로 아이가 지나치게 빠져드는 경우가 있습니다.

첫 장에서 소개했던 현기의 집도 아기 때부터 엄마가 아이 보는 일이 힘들어 영상물을 켜주었다고 합니다. 영상을 틀어주면 아이는 종일 혼자서 조용히 영상을 보게 되고, 그 사이에 청소도 하고 음식도 만들고 했는데 점점 아이는 영상에 빠졌고, 온라인 게임에 빠져 들더라는 것입니다.

전자기기는 온 집안의 근심거리입니다. 남자아이들은 게임에 빠져 몇 시간씩 컴퓨터 앞에 붙어 있기 일쑤이고, 여자아이들은 상대적으로 게임은 덜 하지만 인터넷이나 SNS를 하느라 휴대전화를 늘 지니고 삽니다. 아이들은 어디를 가든 휴대전화와 함께합니다. 공부를 할 때도, 길을 걸을 때도 늘 귀에는 이어폰을 꽂고 손으로는 휴대전화로 친구들과 문자를 주고받기 바쁩니다. 부모 입장에서 보면 아이들을 망치는 나쁜 환경으로 느껴질 수밖에 없습니다.

이 문제에 대해서는 요즘 아이들이 처한 환경을 고려할 필요가 있습니다. 요즘은 아이들이 스트레스를 풀 곳이 별로 없습니다. 학교에서도 엄청난 중압감을 받으며 공부하고, 집에 와서도 쉬지를 못합니다. 학원에도 갔다 와야 하고 숙제도 해야 합니다. 그야말로 스트레스의 연속입니다. 온통 스트레스를 받기만 하는 환경에서 아이들에게 컴퓨터, 휴대전화는 스트레스를 날려주는 도피처나 마찬가지이지요.

그런데 아이의 공부에 방해가 된다고 일방적으로 컴퓨터를 못하게 하거나 휴대전화를 압수한다면 아이와 감정의 골이 깊어질 수 있습니다.

아이의 환경을 이해하고 대안을 마련해야 합니다. 우선 부모의 감정이 격하지 않을 때, 가령 처음 컴퓨터를 살 때라든지 학년이 올라간다든지 어떤 자연스러운 계기가 생겼을 때 차분히 아이와 협약을 맺어두는 것이 바람직합니다.

현기의 경우도 어머니가 방송에 나오신 후 아예 컴퓨터를 치워놓았더니 아이가 찾지 않더라고 합니다. 그 대신 현기가 좋아하는 다른 놀이나 친구들과의 교류, 엄마와 아빠와 노는 시간을 늘이니까 또래 관계도 좋아지고 표정도 밝아졌고, 우물우물 알아듣지 못하는 말을 중얼거리던 아이가 좀더 또렷하게 자신의 의사표현을 하게 되었습니다.

조금 더 큰 아이라면 부모와 함께 컴퓨터 사용 규칙을 만드는 게 좋습니다. 예를 들어 '주중에는 컴퓨터를 하지 않는다. 대신 주말에는 4시간까지 할 수 있다' '공부할 때는 휴대전화를 꺼놓는다' 등의 규칙을 아이와 함께 만드는 것입니다. 이렇게 어떤 규칙을 제안하고, 그걸 지키지 않았을 경우 책임을 져야 한다는 것까지도 함께 의논합니다. '한 번 어기면 다음 번에 컴퓨터 하는 시간을 반으로 줄이고, 두 번 어기면 일주일은 컴퓨터를 하지 못하며, 세 번 어기면 컴퓨터를 없앤다'는 식으로 확실한 협약을 만들어두는 것이 좋습니다.

무엇을 하든 한꺼번에 1시간 이상을 넘기지 않는 것이 좋습니다. 예를 들어 1시간 컴퓨터를 했으면 1시간은 다른 것을 하는 것이 좋습니다. 공차기를 하든 책을 보든 연속해서 1시간 이상 하면 뇌에도 안 좋고, 시신경에도 안 좋습니다. 큰 아이라면 2시간 단위로 다른 것으로 전환해도 괜찮지만 어린아이는 한 가지를 너무 오래 하지 않도록 합니다.

🌸 지나친 자극은 모자람만 못하다

감정은 다양한 경험을 통해 풍부해집니다. 감성이 풍부한 아이로 키우려면 다양한 방법으로 경험을 해보는 것이 좋습니다. 새로운 볼거리를 많이 제공해 주고 직접 보고, 듣고, 만져보고, 맛을 볼 수 있는 기회를 만들어준다면 아이는 새로운 감정을 느끼며 세상을 이해하는 폭이 그만큼 더 넓어집니다. 책을 읽거나 다양한 사람들을 만나는 것도 감정의 폭을 넓힐 수 있는 좋은 방법입니다.

하지만 지나친 감정 자극은 좋지 않습니다. 아이가 감당할 수 있는 한도 내에서 적절한 자극을 주어야 합니다. 자극이 너무 과하면 아이가 감정을 감당하지 못해 힘들어하고, 극도로 지나치면 무감각해집니다. 슬픔이 과하면 슬픈 줄도 잘 모르고 눈물조차 나오지 않는 것과 마찬가지입니다.

말 못하는 아기들도 자극이 과하면 싫다는 표현을 합니다. 아기를 쳐다보며 까꿍놀이를 할 때, 더 이상 재미가 없으면 아기는 얼굴을 돌려버립니다. 그런데 엄마가 이를 눈치 채지 못하고 재밌게 놀아주겠다는 의지를 불태우며 반대편으로 가서 또 까꿍놀이를 하면, 아기는 손으로 밀치거나 울면서 짜증을 냅니다.

이때는 아기의 감정을 받아들여 쉬게 해주거나 다른 놀이를 해주어야 합니다. 그러면 아기는 자기의 감정을 알아준 엄마에게 더욱 큰 신뢰감을 갖고, 감정 조절도 잘하게 됩니다.

두 살이 넘어서면 과자극에 대한 거부감을 좀더 적극적인 방법으로 표현합니다. 팔짱을 끼거나 말을 더듬거나 똑같은 행동을 반복합니다. 눈썹을 치켜올리거나 눈을 감거나 입을 다물기도 합니다. 이때는 "쉬고 싶은가 보네?" 또는 "뭐하고 싶어?"라고 물으면서 아이가 원하는 대로 해주는 것이 좋습니다.

감정에 좋고 나쁜 것이 없고, 인간이 느낄 수 있는 다양한 감정을 최대한 많이 느껴보는 것은 바람직하지만, 너무 일찍 극한 감정을 느끼는 것은

혼자 노는 것도 필요해요

먼저 감정을 공감해 주면, 아이 스스로 해결책을 찾을 수 있다

유치원 아동이 혼자 놀고 싶어 한다면 문제가 있는 걸까요? 억지로라도 다른 친구와 놀도록 해야 할까요?

전문가들은 아이가 혼자 노는 시간을 갖는 것도 필요하다고 합니다. 아이들은 퍼즐을 맞추거나 블록을 쌓거나 색칠하기 등 혼자 하는 놀이를 즐깁니다. 그렇다고 해서 다른 아이와 놀지 못하는 것도 아닙니다. 전문가들은 아이가 혼자 노는 시간을 갖는 것은 필요할 뿐 아니라 바람직한 모습이라고 합니다.

하지만 혼자 노는 것이 우려되는 징표가 있는지 살펴볼 필요는 있습니다. 아이가 혼자서 어떤 놀이에 몰입하여 즐겁게 노는 것은 괜찮지만, 다른 아이와 함께 놀지 못하고 혼자 빙빙 겉도는 것은 우려할 만한 신호로 보아야 합니다. 특히 아무 목표 없이 배회하는 것은 혼자 노는 것과는 다릅니다. 이럴 경우 어른이 초기에 개입하여 아이가 겉도는 원인이 무엇인지 살펴보고, 아이의 감정과 욕구를 읽어주며, 다른 아이와 유대감을 형성할 수 있도록 도와주어야 합니다.

또 하나 우려해야 할 상황은 아이가 다른 아이들이 노는 것을 옆에서 바라만 볼 뿐 참여하지 못할 때입니다. 놀고는 싶은데 어떻게 끼어들어야 할지 모릅니다. 아이는 못한다고 놀림을 당하거나 거부당할까 봐 두려워서 그럴 수 있습니다. 이때 역시 부모는 아이가 다른 아이들과 함께 노는 방법과 기술을 배울 수 있도록 지도해야 합니다. 사회적 기술은 저절로 터득되지 않을 수도 있기 때문입니다. 이때 무조건 참여하라고 강요하면 더욱 뒷걸음치고 두려워할 수 있습니다. 따라서 감정코칭을 먼저 하는 것이 도움이 됩니다.

> **아빠** : 우리 준영이가 친구들 노는 것을 바라보고 있구나.
>
> **준영** : 네….
>
> **아빠** : 그럴 때 어떤 기분이 들어?
>
> **준영** : 심심하고 나도 애들이랑 놀고 싶어요.
>
> **아빠** : 그렇구나. 친구들과 같이 놀지 못하니까 심심하고 같이 놀고 싶구나. 그런데 혹시 같이 놀지 못하는 이유가 있는지 말해 줄 수 있겠니?
>
> **준영** : 재가 나 안 시켜준대요. 난 이거 못한다면서 저리 가라고 했어요. (입을 삐죽이며 눈물을 글썽인다.)
>
> **아빠** : 그랬구나. 그래서 놀지 못하니까 슬퍼서 눈물까지 흘리네. 아빠도 어렸을 때 딱지치기 하고 싶은데 못한다고 끼워주지 않아서 슬프고 외톨이가 된 기분이었단다.
>
> **준영** : (눈을 동그랗게 뜨며) 아빠도 그런 적이 있었어요?
>
> **아빠** : 그럼, 그래서 지금 준영이가 슬프고 외톨이가 된 기분을 잘 알지.
>
> **준영** : 그때 아빠는 어떻게 했어요?
>
> **아빠** : 아주 잘할 때까지 혼자서 딱지치기 연습을 많이 했단다. 그랬더니 다음부터는 딱지치기 할 때 아빠를 꼭 부르더라.
>
> **준영** : (얼굴이 환해지면서) 그럼 나도 애들보다 잘할 수 있도록 혼자 연습 많이 하고 나서 같이 놀자고 하면 되겠네요?

이럴 때 목표를 갖고 혼자 연습하거나 놀도록 하는 것은 좋은 방법입니다. 상황에 대해 자신의 감정을 공감해 주면, 해결책을 스스로 생각해 내고 대처법을 배울 수 있습니다.

득보다는 실이 많습니다. 그런데 요즘 아이들은 너무 쉽게 극한 감정에 노출됩니다. 텔레비전이나 영화를 통해 폭력을 휘두르거나 살인을 저지르는 장면을 쉽게 접합니다. 인터넷은 또 어떤가요! 마음만 먹으면 얼마든지 자극적인 장면을 볼 수 있습니다. 게임은 이미 위험 수위를 넘은 지 오래입니다. 싸우고 죽이는 폭력적인 게임들이 난무해 이제 아이들은 폭력이 얼마나 무섭고 끔찍한 것인지 무감각해졌습니다.

일찍 극한 감정에 노출되거나 감당할 수 없는 자극을 받아 극한 감정을 경험하면 스트레스에 취약해지고 쉽게 흥분합니다. 물론 감정 조절에도 어려움을 겪습니다. 따라서 나이에 따라 아이가 감당할 수 있는 한도 내에서 적절한 자극을 주고, 가능한 극한 감정에 노출되지 않도록 도와주어야 합니다.

어떤 상황에서도 아이의 손을 놓지 않는다

아이의 감정을 읽고 공감해 주었다고 해서 언제나 바로 효과가 나타나는 것은 아닙니다. 특히 오랜 기간 억압형 부모 밑에서 감정을 무시당하며 자란 아이들일수록 감정코칭형으로 바뀐 부모의 모습을 어색해하며 적응하지 못할 수 있습니다.

부모로선 아이의 감정을 공감하며 행동의 한계를 정해주는데도 아이가 금방 눈에 띄게 달라지지 않으면 절망감을 느낍니다. 그러면서 봇물 터지듯 한순간 무너져내립니다. 어떻게든 아이를 변화시켜보려던 노력을 접고, 완전히 손을 놓아버립니다. 방임형 부모로의 전환입니다.

억압형 부모들 중에서도 이런 부모가 많습니다. 아이가 어릴 때는 억압으로도 잡을 수 있습니다. 하지만 중학생이 되면서부터는 억압이 잘 먹히지 않습니다. 이때부터 아이들은 반말하고 심한 경우 부모를 때리기까지 하는데, 이쯤 되면 부모도 겁이 나 손을 쓸 수가 없습니다. 아이의 거센 반격에 당황하며 어찌 해야 할지 몰라 슬그머니 '이젠 나도 모르겠다'는 마음으로 손을 놓습니다.

하지만 부모의 간섭이 싫다고 반항하던 아이들도 정작 부모가 손을 놓으면 좋아하지 않습니다. 나중에 커서 대부분 부모를 원망합니다. 왜 그때 나를 확실하게 잡아주지 않았느냐고, 그때 자기는 어려서 판단력이 미흡해 무엇이 옳고 그른지 몰랐으니 부모가 잘못된 길로 가는 자신을 더 야단쳐서라도 잡아주어야 하지 않았느냐고 말합니다.

어떤 상황에서도 아이의 손을 놓으면 안 됩니다. 아이와 감정을 공유할 수 있을 때까지 열 번이고, 스무 번이고 재도전을 해야 합니다. 의식하지 않아도 습관이 완전히 몸에 배어 익숙해지는 데는 약 63~100일이 걸립니다.

평균 두세 달 넘게 노력하면 생각하지 않아도 저절로 자연스럽게 나오게 됩니다. 그러니까 처음 감정코칭을 했는데 생각만큼 잘 안 되었다고 실망하지 말고 계속 시도해야 합니다. 그러다 보면 부모도 훌륭한 감정코칭형 부모로 성장하고, 아이 역시 좋은 모습으로 발전할 수 있습니다.

부모가 행복하면
아이의 행복이 두 배로 커진다

행복한 아이, 주도적으로 자기 삶을 끌어나가는 아이로 키우는 데 감정코칭은 매우 중요합니다. 하지만 이보다 더 중요한 것이 있습니다. 바로 부모가 화목하게 지내는 것입니다. 아이는 부모의 관계에서 절대적인 영향을 받습니다. 특별히 감정코칭을 하지 않아도 부부 사이가 좋아서 집안 분위기가 정서적으로 안정돼 있으면 아이는 행복하게 잘 자랄 수 있습니다. 반면 아무리 아이의 감정을 읽어주려 해도 부부 사이가 좋지 않으면 아이는 늘 불안합니다.

부부 사이가 나빠서 배우자는 포기하더라도 자식에게만큼은 최선을 다하고 싶어 하는 부모가 많습니다. 하지만 정말 아이에게 좋은 감정코칭형 부모가 되고 싶다면, 먼저 배우자와의 관계부터 개선하는 것이 순서입니다.

❖ 부부 갈등의 최대 피해자는 아이

부부싸움을 하면 싸우는 당사자인 부부도 힘들고 괴롭지만, 그로 인해 아이가 받는 스트레스는 상상을 초월합니다. 부부싸움을 많이 하는 부모 밑에서 자란 아이의 소변을 검사해 보면, 스트레스 호르몬인 코티솔이 많습니다. 부부싸움의 정도가 심하면 심할수록 스트레스 호르몬의 양이 많아집니다.

부부싸움에 대한 아이들의 반응은 여러 형태로 나타날 수 있습니다. 부모가 싸우면 어떻게 하든 안간힘을 쓰며 부모를 중재하려는 아이가 있는가 하면, 자신과는 전혀 상관없는 일이라는 듯 무심하게 자기 방에서 제할 일을 하는 아이도 있습니다. 하지만 어떤 반응을 보이는 아이든지 실제 소변 검사를 해보면 다량의 스트레스 호르몬이 검출됩니다. 부모의 불화는 아이에게 매우 큰 스트레스와 고통을 주는 것입니다.

특히 영유아기 때 부모가 서로 언성을 높이며 싸우는 소리를 듣고 자란 아이들이 대개 감정 조절을 못하고 스트레스에 취약한 아이로 자랄 가능성이 큽니다. 태어나서 약 3년 동안이 아이에게는 애착을 형성하는 아주 중요한 시기인데, 이때 부모가 싸우느라 아이를 잘 돌보지 못하면 정서적으로 불안정해질 수밖에 없습니다.

그런데 가트맨 박사의 연구에 따르면 결혼하고 아이를 낳으면 불행히도 약 67퍼센트의 부모가 첫 3년 동안 부부 사이가 급격히 나빠진다고 합니다. 부부에게도 아이의 탄생은 큰 변화입니다. 부부 중심의 생활에서 아이 중심의 생활로 바뀌면서 남편은 남편대로, 아내는 아내대로 스트레스를 받습니다. 아내는 아이를 키우느라 힘들어 잘 도와주지 않는 남편에게 불만이 쌓이고, 남편은 밖에서 힘들게 일하고 집에 돌아와도 아내는 관심을 보이지 않고 이것저것 도와주어야 할 일이 산더미처럼 쌓여 있으니 피곤하고 짜증이 납니다. 설상가상으로 수면 부족은 짜증과 만성피로, 우울증의 가장 큰 원인이라고 하니 결국 사소한 일에도 싸움을 하며 부부 사이가 멀어지기도 합니다. 안타깝게도 이로 인해 피해를 가장 많이 보는 사람은 '아기'입니다.

흔히 부모들은 아기가 어리고 말을 못한다고 감정까지 느끼지 못할 것이라 오해합니다. 그래서 아이가 보는 앞에서 불편한 감정을 드러내며 싸움을 하는데, 생후 3개월 된 아기도 부모가 싸울 때 더 많이 보채고 심박수와 혈당, 혈압이 상승하는 것으로 보아 스트레스를 받고 있는 것이 분명합니다.

가트맨 박사는 이런 문제를 개선하기 위해 출산 예정 부부들에게 부부 관계 개선 교육을 실시한 뒤, 교육을 받은 부부 그룹의 아기들과 교육을 받지 않은 그룹의 아기들을 비교해 보았습니다. 생후 3개월, 6개월 뒤에 아기들을 비교해 본 결과, 교육을 받은 부부 그룹의 아기들이 훨씬 더 많이 웃고 덜 보채며 자기 진정을 빨리 했습니다. 또한 언어, 신체, 지능, 정서 발달이 교육을 받지 않은 그룹의 아기들에 비해 훨씬 우수한 것으로 나타났습니다.

부모의 갈등을 보고 자란 아이들은 대개 또래와 잘 어울리지 못하며, 학교생활도 잘하지 못합니다. 학습에 집중하지 못해 성적도 좋지 않은 경우가 많습니다. 실제로 미국 교육연구소의 장기 연구에 따르면, 학생의 성적, 학업 성취도, 지각, 결석, 자퇴의 가장 큰 예측 요인은 부모의 불화와 이혼입니다.

또다른 연구 결과를 보면, 이런 아이들 중 약 20퍼센트가 최하층으로 전

락해 불행한 삶을 삽니다. 부모의 직업, 경제적 상황과 상관없이 말입니다.

하지만 부부싸움을 하더라도 싸운 다음 해결점을 찾아 화해하면 괜찮습니다. 어떤 부모는 부부가 싸우는 모습을 보이는 자체가 문제라고 생각하여 아이 앞에서는 안 싸운 척하는데, 이는 그다지 바람직하지 않은 방법입니다. 아이들은 부모 사이에 이상한 기류가 흐르고 있다는 것을 재빨리 알아차리며, 이로써 아이는 더 불안해합니다.

불가피하게 싸움을 했다면 아이에게 솔직히 말하는 편이 좋습니다. 엄마와 아빠가 의견이 다르지만 서로 문제를 해결하기 위해 노력하고 있는 중이라고 알려줍니다. 그러면 아이는 오히려 부모의 이런 모습을 통해 갈등이 생겼을 때 어떻게 해결해야 하는지를 배운다고 가트맨 박사는 말합니다.

무엇보다 중요한 것은 부부의 싸움이 아이 때문이 아님을 확실하게 인식시켜 주는 일입니다. 아이는 부모가 싸우거나 이혼을 하는 등 모든 갈등의 원인을 자기 때문이라고 생각합니다. 그러면서 죄책감을 느끼는데, 아이에게 이보다 나쁜 일은 없습니다. 자기 때문에 엄마와 아빠가 싸우는데, 정작 자신이 할 수 있는 일은 아무것도 없다는 것을 느끼면서 아이는 무력해지고 불안해하며 자책하게 됩니다.

이처럼 부부싸움의 최대 피해자는 부부가 아니라 아이입니다. 따라서 아이에게 잘하려는 노력보다 부부 관계를 개선하려는 노력을 먼저 해야 합니다. 부부 관계는 감정적 조율을 통해 개선할 수 있습니다. 어렵지 않습니다. 감정코칭 교육을 몇 번만 받아도 관계가 아주 좋아집니다. 그뿐 아니라 좋아진 관계가 오래 지속됩니다. 도저히 방법이 없다고 포기하지 말고 부부를 위해서, 자녀를 위해서 감정코칭을 알고 실천하는 것이 중요합니다.

가정의 해체로 벼랑 끝에 선 아이들

한 통계 자료에 따르면, 미성년자 자살의 63퍼센트, 가출 및 노숙 청소년의 90퍼센트, 행동장애아의 80퍼센트, 고교 중퇴자들의 71퍼센트가 결손 가정의 아이들입니다. 가정의 해체가 아이에게 남기는 상처는 가히 파괴적인 수준인 것입니다.

해체 가정에서 자란 아이들은 수명도 짧은 것으로 나타났습니다. 연구 결과에 따르면, 21세 이전에 부모의 이혼을 경험한 사람은 그렇지 않은 사람에 비해 평균 수명이 4년 정도 짧았습니다. 하지만 부모 중 한 명이 일찍 사망해 한부모 가정에서 성장한 사람들의 경우는 별 차이가 없었습니다. 다시 말해 부모의 사망보다 이혼이 아이에게 더 치명적이라는 뜻입니다.

이혼 후 재혼, 아이들은 더 혼란스럽다

부모의 이혼만으로도 아이들은 큰 충격을 받습니다. 부모의 이혼도 감당하기가 어려운데, 부모가 재혼을 하면 또다른 혼란과 불안이 더해질 수 있습니다. 물론 재혼 가정을 폄하할 생각은 전혀 없습니다. 훌륭한 계부, 계모도 많습니다. 다만 사람이 아닌 환경 자체에서 생기는 문제가 생각보다 많고, 그것이 아이들에게 주는 혼란이 얼마나 큰지를 이야기하고 싶을 뿐입니다.

두 가정이 합쳐지면 부부가 친자식을 키울 때는 생각지도 않던 부분에서 갈등이 생길 수 있습니다. 계모가 자기 아이에게 먼저 밥을 퍼줘도 서운함을 느낄 수 있고, 아이가 학교 갈 때 인사를 안 하면 친부모가 아니라서 무시하는 건가 생각이 들기도 합니다. 상황 자체가 별것 아닌 일도 오해를 하게 만드는 것입니다. 부부끼리도 아이들이 싸울 때 누가 누구 편을 드는지를 놓고 갈등을 겪기도 합니다.

부모의 이혼은 아이의 감정에만 혼란을 주는 것이 아니라 가치관에 혼선을 주기도 합니다. 부모가 다른 상대와 잠자리하는 데 대해 혼란스러워하며 자신의 이성 관계를 엉뚱하게 몰아가기도 합니다. 새 배우자를 찾기까지 여러 명의 이성 친구를 사귀는 경우도 생깁니다.

아이의 입장에서 보면 즉흥적으로 이 사람 저 사람을 만났다 헤어지기를 반복하는 것으로 보일 수 있습니다. 자녀의 이성 친구에 대해 한마디 하면 "아빠는 이 여자 저 여자 만나면서 왜 나는 못 만나게 해?"와 같은 말을 중학생 자녀가 하기도 합니다.

싸우며 원수처럼 사는 것도 이혼 못지않게 나쁘다

이혼이 아이들에게 얼마나 큰 상처를 주는지를 이야기하면, 많은 부부가 싸우며 원수처럼 살더라도 이혼만큼은 하지 않아야겠다고 말하기도 합니다. 실제로 배우자는 쳐다보기도 싫을 정도로 밉지만 자식 때문에 꾹 참고 산다는 분이 적지 않습니다.

하지만 앞에서도 이야기했듯이 부부가 갈등하며 싸우는 모습 또한 이혼 못지않게 아이들에게 상처를 줍니다. 사실 이혼 자체가 아이들을 힘들게 만든다기보다는 이혼을 하는 과정에서 아이를 이용하여 상대 배우자를 탓하거나 보복하려고 하는 모습이 아이들에게 치명타를 입히는 것입니다. 그러니 부부 갈등을 해소시켜 원만한 관계를 회복하려는 노력 없이 그저 아이들 때문에 부부 관계를 유지하는 것은 그리 바람직하지 않습니다.

이혼 후유증, 최소화할 수 있다

이혼은 분명 아이에게 큰 상처를 줍니다. 하지만 부모가 이혼했다고 해서 그 아이들이 모두 불행해지는 것은 아닙니다. 25년간 이혼한 부부를 지속적으로 관찰한 주디스 월러스타인Judith Wallerstein의 연구 결과에 따르면, 이혼한 부부의 자녀 중 약 25퍼센트는 별 문제 없이 잘 성장했습니다. 학업 성적도 우수했고, 대인관계도 원만하게 잘 풀었습니다. 결혼생활도 성공적이었습니다. 부모의 이혼을 겪으면서 오히려 적응력이 더 커지고, 다른 사람을 이해하는 폭도 더 넓었습니다.

그런 부모들은 아이를 대하는 방식에 있어서 어떤 점이 달랐을까요? 몇 가지 공통점이 있습니다. 보통 이혼을 하면 배우자에 대한 원망을 아이에게 전달하는 경우가 많습니다. 하지만 건강하게 성장한 아이들의 부모는 달랐습니다. 비록 엄마와 아빠는 서로 맞지 않아 헤어졌지만, 아빠로서는 혹은 엄마로서는 좋은 사람이라고 얘기해 주었습니다. 또한 부모의 이혼이 아이의 잘못이 아니라는 얘기를 분명히 했습니다.

엄마가 아이를 데리고 살 경우, 엄마가 어떤 모습으로 사는지도 아이에게 큰 영향을 미칩니다. 엄마가 긍정적이고 적극적으로 살 경우, 이혼 후유증이 크지 않았습니다.

반면 엄마가 이혼의 상처를 극복하지 못하고 자포자기해 술을 마시고 우울해하면 아이는 걷잡을 수 없이 망가집니다. "네가 생기는 바람에 할 수 없이 결혼했던 거야"와 같은 말도 아이에게 큰 상처를 줍니다. 가뜩이나 아이들은 부모의 이혼이 자기 때문이라 생각합니다. 그런데 엄마에게서 직접적으로 이런 이야기를 들으면 아이의 죄책감은 더 커져 이혼 후유증이 클 수밖에 없습니다.

배우자가 싫으니 자식들도 보기 싫고 귀찮다는 사람들이 있습니다. 부부 문제와 부모 자식 간의 문제는 별개입니다. 부부의 문제로 아무 선택권이 없는 아이들을 불행하게 만드는 것만큼 잔인한 일도 없습니다. 부모가 이혼을 하더라도 그 과정을 어떻게 하느냐에 따라 아이의 행복과 불행이 결정되니, 후유증을 최소화하기 위한 노력이 가장 중요합니다.

감정코칭도 아이의 이혼 후유증을 경감해 주는 좋은 치료 방식입니다. 가트맨 박사의 연구에 따르면 이혼한 부모 중 한 명이라도 자녀에게 감정코칭을 해주면 이혼에 따르는 여러 정서·행동·사회 문제를 예방할 수도 있고 치료도 가능하다고 합니다.

❖ 아빠가 감정코칭에 참여하면 아이가 더 행복하다

요즘 아빠들의 모습은 전통적인 한국의 아버지와는 사뭇 다릅니다. 집에서 권위를 내세우고 엄하기만 한 아버지의 모습에서 벗어나 엄마와 함께 적극적으로 아이와 소통하려는 아빠가 많습니다. 그렇지만 여전히 많은 아빠가 자녀 교육에는 한 발 떨어져 있는 것이 사실입니다. 마음은 그렇지 않더라도 바쁘게 사회생활을 하다 보면 아이들과 부대끼며 소통할 시간을 내기가 현실적으로 어렵기 때문입니다.

그러나 아빠가 아이와 얼마만큼 소통하느냐에 따라 아이의 행복도 달라집니다. 그만큼 아빠의 관심이 아이에게 미치는 영향이 큽니다.

아빠도 감정코칭을 할 자질이 충분하다

아이의 감정을 읽어주는 역할은 대개 엄마가 많이 합니다. 아빠가 아이와 함께할 수 있는 시간이 많이 부족하기 때문이기도 하지만 정서적인 부분을 채워주는 데는 아무래도 아빠보다는 엄마가 더 잘할 것이라 생각하는 면도 없지 않습니다. 그 이면에는 여성이 남성보다 감정을 인식하고 표현하는 데 익숙하며, 남성은 감정을 잘 느끼지 못하고 감정 표현에는 더더욱 서툴다는 생각이 깔려 있습니다.

겉으로 드러나는 부분만 보면 틀린 말은 아닙니다. 분명 남성들은 감정을 잘 드러내지 않습니다. 그래서 남성들이 감정을 잘 느끼지 못할 것이라 오해를 합니다.

하지만 연구결과 남녀가 감정을 느끼고 인식하는 데는 별 차이가 없습니다. 다른 사람의 감정을 읽는 능력도 여성에 비해 떨어지지 않는 것이 밝혀졌습니다. 그런데도 남성이 감정이 없는 것처럼 보이는 이유는 사회적으로 감정을 드러내지 않도록 교육받았기 때문입니다.

아빠도 감정코칭을 할 수 있는 자질은 이미 충분히 갖추고 있습니다. 내면에 숨어 있는 감정을 좀더 편안하게 느끼고 인식하면, 아이의 감정을 읽고 공감하는 데 문제가 없습니다.

감정을 공감해 주는 아빠의 영향력은 막강하다

아빠가 아이의 감정에 반응하고 공감해 줄 때의 효과는 매우 큽니다. 아이에게 정서적으로 안정감을 주는 아빠 밑에서 자란 아이가 그렇지 않은 아이에 비해 훨씬 행복하다는 것은 이미 수많은 연구 결과에서 입증되었습니다.

특히 아빠는 아이의 감정 형성에도 크게 기여합니다. 엄마가 놀아줄 때보다 아빠가 놀아줄 때 아이는 더 다양하고 깊은 감정을 느낍니다. 보통 엄마들은 아이를 돌볼 때 아이의 안전이나 영양 공급에 더 신경을 씁니다. 아이랑 놀 때도 재미있게 노는 것보다는 아이가 안전하게 노는 데 더 초점을 맞추게 됩니다. 엄마는 까꿍놀이, 손뼉 치기, 책 읽기, 블록 쌓기 등 조금은 정적이고 안전한 놀이를 선호합니다. 반면 아빠는 화끈하게 놀아줍니다. 아빠는 말타기, 거꾸로 물구나무 세워주기 등 육체적으로 에너지가 많이 소비되는 놀이로 아이를 즐겁게 해줍니다. 그런 놀이를 통해 아이는 평소 느끼지 못하는 감정의 파도를 경험합니다.

또한 아빠가 감정을 읽어주는 것은 엄마가 읽어주는 것보다 아이에게 강력한 영향을 미칩니다. 아빠의 관심 한 마디, 격려 한 마디는 아이에게 큰 힘이 됩니다. 하지만 반대로 아빠가 매사를 비판하고 비웃거나 위협하며 부정적으로 개입할 경우는 엄마 혼자 키우는 것보다 훨씬 더 나쁜 결과를 초래할 수도 있습니다.

이처럼 아빠의 역할은 긍정적이든 부정적이든 자녀에게 매우 큰 영향을 미칩니다. 더 이상 자녀 양육은 엄마만의 몫이 아닙니다. 부부가 함께 아이에게 관심을 갖고 감정코칭을 할 때, 아이는 더 행복해하며 더 크게 성공할 수 있음을 기억하시기 바랍니다.

부모, 어떻게 놀아주는 것이 좋을까?

공감과 수용의 자세로
신뢰감을 주는 게 먼저!

부모는 아이와 놀아주면서 다양한 역할을 합니다. 첫 번째 역할은 단순한 놀이 상대가 되어주는 것으로, 대부분의 부모는 아이의 눈높이에 맞춰 아주 잘 놀아줍니다. 하지만 아이 수준에 맞춰 놀다가 때로 약간 수준을 높여 도전을 주거나, 아이가 미처 모르는 새로운 방법을 가르쳐주기도 합니다.

예를 들어 블록을 한 줄로 쌓다가 두 줄로 쌓거나 좀더 높게 쌓아보게 하는 것입니다. 이때 아이가 흥미를 유지할 수 있는 정도로 조금씩 점차적으로 단계를 높이는 것이 중요합니다. 너무 갑자기 어려워지면 아이는 불안해할 뿐 아니라 흥미를 잃거나 좌절감, 불안감, 수치감이나 열등감을 느낄 수도 있기 때문입니다. 아이의 감정을 살펴가면서 아이의 발달 단계에 맞게 놀아주는 것이 중요합니다.

부모가 아이와 놀아주면서 하는 두 번째 역할은 중재자입니다. 아이들끼리 놀다 보면 종종 다투는 경우가 있고, 서로 싸우고 토라져서 화내고 울기도 합니다. 의견이 다르고 관점이 다른 갈등 상황은 벌어질 수 있습니다. 아이들은 이러한 갈등을 스스로 해결할 수 있는 사회적 기술이 아직 부족합니다. 아이들은 자기중심적으로 느끼고 표현하기 때문입니다.

심하면 감정대로 때리거나 물거나 물건을 집어던져서 서로 다칠 수도 있습니다. 예를 들어 하나의 장난감을 둘이 서로 먼저 갖겠다고 싸울 때, 부모나 선생님이 빨리 개입하여 사이좋게 나누거나 순서대로 놀도록 중재해 주는 것이 필요합니다. 아직 사회적 기술이 부족한 아이들은 이럴 때 어떻게 해야 하는지 모를 수 있기 때문입니다.

세 번째는 코치 역할입니다. 아이가 놀이의 규칙을 따르도록 코치해 주며 규칙을 어길 때는 제재를 가할 필요가 있습니다. 단, 아이의 감정이 다치지 않도록 배려해야 한다는 점을 기억하십시오.

또한 감정적으로 격한 상황일 때는 감정코칭으로 아이가 자기감정을 인식하고 대처할 수 있도록 부모가 인내심을 가지고 공감과 수용하는 자세로 이끌어 주는 역할도 해야 합니다. 이렇게 감정코칭을 받은 아이들은 덜 공격적이고 비충동적이며, 사회성이 성숙하여 또래 관계가 좋습니다.

이런 역할을 제대로 하려면 무엇보다 아이와 유대감 및 신뢰감이 안정적으로 잘 구축되어 있어야 합니다. 아이가 부모와 어떤 관계를 구축하느냐에 따라 학교와 사회에 나가서 세상을 어떻게 보고 어떤 관계를 맺는지에 지대한 영향을 미친다는 것입니다.

부모와 아이의 관계가 안정적이며 감정적으로 질 높은 신뢰감이 구축되어 있다면, 아이는 또래 및 다른 사람과의 관계도 안정적이고 정서적으로 질 높은 관계를 맺기 쉽습니다. 아기가 엄마와 안정적으로 유대감을 맺으면 주변 환경에 대한 탐색을 즐거워하는 경향이 있고, 따라서 새로운 환경에 잘 적응하면서 또래 관계를 좋게 맺을 수 있습니다.

아이가 감정적 상황에서 어떤 행동을 취하는가는 대개 가장 어릴 때부터 가까이 보아온 부모의 모습을 통해서입니다. 부모가 사이가 좋고 갈등을 원만하고 부드럽게 풀어나가면, 아이는 갈등 상황을 대화로 풀 수 있다는 것을 배울 것입니다. 반대로 갈등이 있을 때 부모가 서로 말을 하지 않거나 크게 화내고 소리 지르고 폭력까지 쓴다면, 아이 역시 화가 나고 갈등 상황이 벌어질 때 똑같이 행동하거나 반대로 위축되어 무서워할지도 모릅니다.

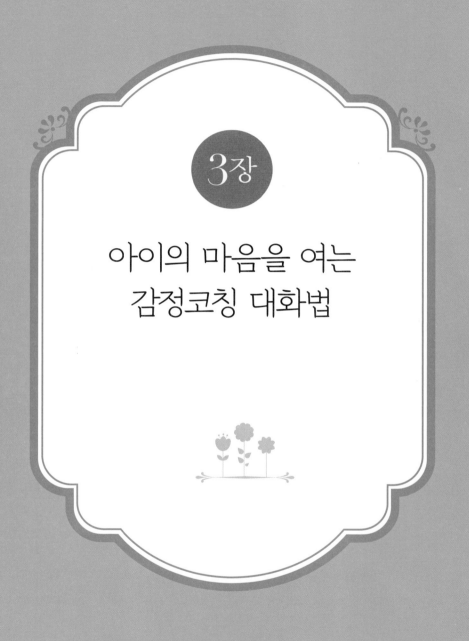

3장

아이의 마음을 여는
감정코칭 대화법

1

마음을 여는 대화와
마음을 닫는 대화

엄마와 함께 백화점에 온 아이가 엄마 손을 놓쳐 길을 잃었습니다. 엄마도 놀라고 아이도 놀랐습니다. 한참 뒤 백화점 직원이 아이를 찾아 엄마에게 데려다 줍니다. 아이를 본 엄마는 다짜고짜 소리칩니다.

"그러기에 엄마가 뭐라 그랬어. 한눈팔지 말고 엄마 손 꼭 잡고 따라다녀야 한다고 했어, 안 했어! 다시는 너 데리고 오나 봐라."

엄마를 잃어버려 놀라고 불안했던 아이는 엄마를 다시 만났을 때 뭐라 말할 수 없는 안도감과 반가움을 느꼈을 것입니다. 엄마도 자기와 같은 마음일 것이라 믿었는데, 이런 말을 들으면 당혹스러울 수밖에 없습니다. '엄마는 내가 반갑지 않은가?' 하고 오해할 수도 있습니다.

사실 엄마의 마음도 아이와 똑같았을 것입니다. 아이를 찾기까지 엄마는 혹시라도 유괴범이 납치하지 않았을까, 영영 잃어버리면 어쩌나, 아이가 얼마나 놀라고 불안할까 염려하며 애를 태웠습니다. 그런데 그런 마음이 막상 아이를 보자 엉뚱하게 표현된 것입니다. 말을 하는 엄마도 듣는 아이도 모두 혼란스럽고 행복하지 않습니다.

때로 마음만으로는 상대방에게 진심을 전하기가 어렵습니다. 진정한 소통을 원한다면 진심을 전하는 기술이 더해져야 합니다. 속마음은 그렇지 않더라도 말을 잘못해서 오해와 원망이 생기는 경우가 너무나 많기 때문입니다. 커뮤니케이션 전문가들은 말로서 감정을 전달하는 것은 7퍼센트밖에 되지 않는다고 합니다. 나머지 93퍼센트는 눈빛, 말투, 억양, 태도 등으로 전달됩니다. "잘했어!"와 "자알 했어~" "사랑해?"와 "사랑해~"는 상대방에게 완전히 다른 느낌으로 전달됩니다.

행동이나 태도도 소통에 많은 영향을 미칩니다. 아이들에게 "오른쪽을 보세요"라고 말하면서 행동은 왼쪽을 가리키거나, "앉자"라고 말하면서 당사자는 서 있다면, 아이는 혼란스러워하면서 말보다는 행동을 주목합니다.

이처럼 진정한 대화의 기술은 단지 말을 하는 요령이 아닙니다. 진정한 마음을 담고, 표정으로, 행동으로, 태도로, 온몸으로 소통해야 비로소 상대방의 마음을 열 수 있습니다.

✤ 아이와 관계를 망치는 대화

많은 부모가 알게 모르게 아이에게 언어적 폭력을 휘두르고 있습니다. 더더욱 심각한 점은 정작 부모 자신은 그런 행동이 아이의 마음에 깊은 상처를 남기고, 부모로부터 등을 돌리게 만든다는 사실조차 모를 때가 많다는 것입니다. 부모 입장에서 당연히 해야 할 말을 한 것뿐인데, 또는 별로 대수롭지 않은 말에 아이가 지나치게 흥분한다고 생각할 수도 있습니다.

하지만 아무런 언어적 공격도 하지 않았는데도 아이가 괜히 화가 나서 부모와 멀어지지는 않을 것입니다. 언젠가부터 아이가 부모와의 대화를 꺼리고 멀리한다면, 부모 자신의 대화 습관을 점검해 봐야 합니다. 아마도 아이의 기분을 상하게 만들고, 마음에 상처를 주는 대화를 습관적으로 하고 있던 자신을 발견할 것입니다. 가트맨 박사는 관계를 망치는 네 가지 독을 비난, 경멸, 담쌓기, 방어라고 했습니다. 구체적인 대화 사례는 다음과 같습니다.

"너는 왜 만날 그 모양이야?" - 비난하는 대화

아이가 하라는 공부는 하지 않고 컴퓨터에 매달려 열심히 게임만 하고 있습니다. 하루 이틀도 아니고 매일 이런 모습을 보면, 어떤 부모라도 화가 납니다. 처음엔 최대한 감정을 억누르고 좋은 말로 합니다.

"현용아, 이제 컴퓨터 그만하고 공부해야지?"

"네, 알겠어요. 엄마."

아이는 넙죽 대답해놓고는 또다시 컴퓨터 게임 삼매경에 빠집니다. 드디어 엄마는 감정이 폭발합니다.

"너는 만날 왜 그 모양이야? 남들은 죽어라 공부하는데, 한가하게 컴퓨터 게임을 할 때냐, 왜 좋은 말로 할 때 말을 안 들어서 엄마를 꼭 화나게 만드니?"

엄마는 거침없이 아이를 비난합니다. 얼핏 보면 공부는 하지 않고 컴퓨터만 하는 아이에 대한 불만을 털어놓는 것 같지만, 엄마의 대화는 그 수준을 넘어서고 있습니다. 어떤 특정한 작은 일에 불만을 털어놓는 것은 '불평'입니다. 그러나 상대방의 성품이나 성격에 문제가 있는 것으로 몰아가면 '비난'입니다. 컴퓨터를 하는 아이를 보고 "너는 만날 왜 그 모양이야?"라고 말하는 것은 단순한 불평 차원이 아닙니다. '너는' '너는 도대체 어떻게 된 애가'와 같이 아이 자체를 언급한다면, 컴퓨터를 한 상황보다는 아이 자체를 비난하는 것이 됩니다. 또한 '너는 만날 그 모양이야' 또는 '항상' '언제나' '늘' 등을 대화에 넣어 현재의 잘못된 행동만이 문제가 아니라, 늘 똑같은 잘못을 되풀이하는 아이로 치부해 버린 것입니다.

이렇게 상대방을 비난하면, 컴퓨터를 조금만 더 하고 공부하려고 했던 마음조차도 반발심이 생겨 보란 듯이 컴퓨터에 매달리게 됩니다. 비난하는 이유는 상대방이 잘못을 반성하고 바뀌기를 바라기 때문입니다. 하지만 비난은 하면 할수록 더 엇나가게 만듭니다. 특히 아이들은 부모로부터 비난을 들으면서 마음의 상처를 많이 받기 때문에 특별히 조심해야 합니다.

"네가 정신이 있니?" - 경멸하는 대화

"네가 정신이 있는 애니? 그러면 그렇지, 네가 언제 공부하던 애니? 싹이 노랗다, 노래."

이쯤 되면 경멸입니다. 아이를 비난하는 것도 모자라 아주 못난 사람 취급을 합니다. 또한 상대방을 은근슬쩍 조롱하고 비웃으면서 비난보다 훨씬 강하게 상대방의 기분을 나쁘게 만듭니다. 경멸의 말을 들은 아이가 부모의 사랑을 신뢰할 리 없습니다. 어떤 상황에서도 경멸의 대화는 금물입니다. "꼴에 잘난 척은" "어쭈~" "주제 파악이나 하셔" "너는 어째 동생만도 못하냐?" 등은 경멸의 대화에 자주 등장하는 말로 모두 상대방에게 모욕감을 주고 깊은 상처를 남깁니다.

말 한 마디 하지 않고도 경멸할 수 있습니다. 왼쪽 입꼬리를 볼 쪽으로 끌어올리면서 피식 비웃거나 눈을 위로 치뜨면서 굴리는 것입니다. '어이구~ 주제 파악이나 해. 바보짓 좀 그만해'라는 메시지를 담고 있는 표정입니다.

경멸은 아주 강한 독과 같습니다. 가트맨 박사는 경멸은 사람의 관계에 황산을 뿌리는 것처럼 독성이 강하다고 합니다. 지속적으로 경멸을 받은 사람은 4년 안에 감염성 질병에 걸린다는 연구 결과가 있을 정도로 경멸의 독은 깊고 오래갑니다. 경멸로 인해 파괴된 관계를 복구하려면 호감, 존중, 감사, 배려의 마음을 5배는 더 표현해야 겨우 풀린다고 합니다. 그만큼 경멸은 아주 위험합니다.

'없는 사람 취급하기' - 담쌓기

상대방에게 무시를 당하는 것도 비난이나 경멸을 당하는 것 못지않게 깊은 상처를 남깁니다. 상대방을 아주 강력하게 무시하고 배척하는 것을 담쌓기라고 합니다. 보통 담쌓기는 부부 관계에서 많이 일어나는데, 부모와 아이 사이에서도 담쌓기를 하는 경우가 적지 않습니다.

담쌓기는 여러 형태로 나타납니다. 상대방의 말을 아예 못 들은 척 대꾸를 하지 않기도 하거나 아이가 배가 고파 "엄마, 배고파. 먹을 것 좀 없어?"라고 이야기하는데, 휴대전화기만 들여다보거나 대꾸 없이 휙 방을 나가버리는 것도 담쌓기의 또다른 모습입니다.

아이가 말하는데 쳐다보지 않거나, 대꾸하지 않으면 아이는 유령 취급을 당하는 기분이 들지도 모릅니다. 부모의 무반응에 아이는 주눅이 들 수밖에 없습니다. 자신은 부모에게 소중하지 않은 존재여서 무시를 당한다고 생각하면서 점차적으로 부모와 멀어집니다.

"다 너 잘되라고 그러는 거야" - 방어하는 대화

"넌 왜 하라는 공부는 안 하고 만날 컴퓨터만 끼고 사니?"

"제가 언제 컴퓨터만 했다고 그래요?"

부모가 아이를 비난하고, 아이는 방어를 합니다. 비난을 받으면 아이는 대부분 방어를 합니다. 그러면 부모가 조금 더 강도를 높여 비난을 하고, 아이도 방어의 수위를 높여 맞받아칩니다. 이렇게 비난과 방어를 주고받으면 문제는 전혀 해결이 안 되고 대화만 격해집니다.

방어는 아이만 하는 것이 아닙니다. 부모도 알게 모르게 방어를 많이 합니다. 부모에게 야단을 맞은 뒤 속이 상해 울거나 토라져 있는 아이에게 흔히 하는 말이 있습니다.

"내가 야단치는 것은 다 너 잘되라고 그러는 거야."

"네가 스스로 알아서 잘하면 내가 왜 잔소리를 하겠니?"

"너나 잘해. 부모 탓하지 말고."

'너 때문에 못 살겠다' '너 때문에 집안이 조용한 날이 없다'처럼 노골적으로 모든 문제가 아이에게 있고 부모에겐 없는 것처럼 말하는 형태가 아니어서 그런 말이 '방어'인 줄도 모르는 부모가 많습니다. 실제로 아이가 잘되기를 바라는 마음, 걱정스러운 마음에서 야단을 친 것이기에 대화에 문제가 있음을 더더욱 느끼지 못합니다. 하지만 정작 아이는 자신을 걱정하는 부모의 마음을 느끼지 못하고 말로만 위해 주는 척한다고 느끼거나, 모든 게 자기 탓인 양 자책감을 느끼며 마음의 문을 닫게 됩니다.

"네가 그랬지" - 단정 짓는 대화

대화는 서로의 마음을 알아가는 과정입니다. 그런데 대화를 하면서도 상대방의 이야기에는 아랑곳하지 않고 단정 짓는 투로 말하는 사람이 있습니다. 이런 대화는 상대방이 더 이상 말을 하고 싶지 않도록 만듭니다. 특히 아이와 대화할 때 상황을 단정 지어 말하면, 아이는 더욱더 마음의 문을 꼭꼭 닫아 잠그게 됩니다.

예를 들면 초등학교 교실에서 아이들이 놀다 거울을 깨뜨렸습니다. 아이들은 혼이 날까 봐 두려움에 떨고 있습니다. 이때 선생님이 들어와 아이를 한 명 한 명 지목하며 "네가 그랬지"라고 말하면 어떨까요? 아이들은 무서워서 "거울 제가 깬 거 아니에요"라며 자신을 방어하기 급급합니다. 아이들은 불안감이 증폭되고, 자신이 하지도 않은 일을 했다고 단정 짓는 선생님이 밉고 원망스럽습니다.

단정적인 대화는 대화 자체를 불가능하게 만듭니다. 이미 다 알고 있다고 확신하는 사람과 나눌 수 있는 대화란 없습니다. "너 학교 갔다 집에 곧바로 오지 않고 PC방에서 놀다 왔지" "네가 동생 또 때렸지"처럼 단정 지어 말하면 아이는 그것이 사실이라 해도 거짓말을 하게 됩니다. 또한 사실이 아니라면 억울해서 더 엇나갈 수 있습니다. 따라서 섣불리 단정 지어 이야기하지 않도록 주의해야 합니다.

"너 때문이야!" - 죄책감과 불안감을 조장하는 대화

하임 기너트 박사에 따르면 아이에게는 크게 두 가지 원초적 감정이 있다고 합니다. 바로 죄책감과 불안감입니다. 불안감은 아이가 어른이 될 때까지는 혼자서 독립적으로 살 수 있는 존재가 아니기 때문에 느끼는 감정입니다.

그런데 어른들은 아이가 떼를 쓰거나 말을 듣지 않으면, "너 말 안 들으면 경찰 아저씨가 잡아간다" 또는 "그렇게 울면 갖다 버릴 거야" 등의 말을 종종 합니다. 어린아이는 말을 있는 그대로 믿기 때문에 정말 버려질까 봐 불안해합니다. 조금 커서 장난기가 담긴 농담이라는 것을 알아듣는다 해도 이런 말을 여러 번 들으면 아이는 부모를 더 이상 신뢰하지 않습니다.

아이의 죄책감을 부채질하는 대화도 안 됩니다. 죄책감도 불안감과 더불어 아이의 원초적인 감정입니다. 그래서 아이는 나쁜 상황이 일어나면 자기 때문이라고 생각하는 경향이 있습니다.

엄마가 다른 사람에게 화를 내도 자기 때문에 화를 낸다고 생각하고, 부모가 이혼해도 자기 때문이라는 죄책감이 생깁니다. 동생이 교통사고로 다친 경우, 자신이 그날 동생을 돌보지 않고 놀러 나갔기 때문이라고 생각하며 괴로워합니다. 어린이의 인지 특성상 자기중심적으로 현상을 이해하기 때문입니다. 이런 죄책감이 오래 지속되면 여러 가지 심각한 심리적인 문제를 일으킬 수 있습니다.

이처럼 원초적인 죄책감을 갖고 있는 아이에게 "너 때문이야"라고 말한다면, 아이의 죄책감은 더욱 크고 깊어질 수 있습니다. 아이의 원초적인 불안감과 죄책감을 부채질하지 않으려면 아이가 안전감을 느끼고, 보호받고, 사랑받고 있다는 것을 확인해 주는 것이 필요합니다.

"당장 그만둬! 빨리 해!" - 명령하고 훈계하는 대화

부모와 아이가 멀어지는 가장 큰 이유 중 하나가 아마도 아이를 하나의 온전한 인격체로 인정하지 않기 때문이 아닐까 합니다. 부모는 아이가 정신적, 육체적으로 미숙한 존재이기 때문에 끊임없이 관심을 갖고 이끌고 가르치지 않으면 안 된다고 생각합니다.

이런 부모의 마음은 아이와 대화할 때 고스란히 묻어납니다. 노골적으로 명령하고 훈계하는 부모도 많고, 겉으로는 대화를 하는 척 포장을 하지만 결국 '이래야 한다, 저래야 한다' 등 내용은 명령과 훈계인 경우가 많습니다.

명령과 훈계조의 대화는 아이의 반발심을 일으킬 뿐입니다. 그만 놀고 공부하려고 했는데 "이제 그만 놀고 공부해!" 하고 엄마가 명령한다면, 아이는 공부할 마음이 싹 사라집니다. 동생을 때린 뒤 잘못했다고 생각하고 있는데 "어린 동생을 때리면 되니! 동생을 보호하고 감싸줘야 형이지" 하고 훈계를 한다면, 방금 전까지 동생에게 미안해하던 마음은 사라지고 동생에 대한 질투와 엄마에 대한 미움이 그 자리를 대신하게 마련입니다.

❖ 서로 다가가는 좋은 대화법

대화를 하다 보면 '아' 다르고 '어' 다르다는 것을 종종 느낍니다. 아주 사소한 말의 차이가 상대방의 마음을 활짝 열기도 하고 닫기도 합니다. 서로 다가가는 좋은 대화법은 거창한 것이 아닙니다. 대단한 기술을 요하는 것도 아닙니다.

상대방의 마음을 상하게 만드는 대화를 하지 않도록 주의하면서 몇 가지 큰 원칙만 지키면 성공입니다. 그 원칙 중에서도 기본은 '경청'과 '수용'입니다.

"아, 그렇구나" - 경청하는 대화

대화의 기본은 상대방의 말에 귀 기울이는 것입니다. 이것만 잘해도 아이의 마음을 반은 열 수 있습니다. 내가 하는 말을 누군가가 열심히 듣고 있다는 것만으로도 힘이 나고, 울적했던 기분이 풀리기도 합니다. 또한 상대방이 듣기만 할 뿐 별다른 조언을 하지 않더라도, 얘기를 하면서 스스로 복잡했던 생각을 정리하고 해결책을 찾을 수도 있습니다. 이처럼 경청의 힘은 대단합니다.

경청은 감정코칭을 할 때도 기본이 되어야 합니다. "아, 그렇구나" "그래서 어떻게 됐니?" 하고 중간중간에 추임새를 넣어주면서 경청을 하면 아이는 마음의 문을 활짝 엽니다. 꼭 말로 추임새를 넣지 않고 고개만 끄덕끄덕해도 충분합니다.

"많이 힘들었겠구나" - 수용하는 대화

이야기를 열심히 들어주는 것만으로도 신이 나는데, 마음까지도 이해해 주면 아이는 천군만마를 얻은 듯 든든해합니다. 아이가 화가 나 있거나 슬퍼할 때 "지금 화가 많이 났구나" "많이 슬프구나" 하고 말하면서 아이의 상태를 있는 그대로 수용해 주는 것이 중요합니다. 예를 들어 아이가 "엄마, 배고파. 먹을 것 좀 없어?"라고 말할 때, "우리 희선이 배가 고프구나. 뭐가 먹고 싶어?" 하고 말하는 대화법이 수용하는 대화법입니다. 이것 역시 감정코칭을 할 때 아주 유용한 대화법입니다.

하지만 부모들은 자신도 모르는 사이에 수용하는 대화의 원칙을 까맣게 잊고, 아이의 마음을 닫게 만드는 말을 합니다. "너는 공부만 하려고 하면 배가 고프니? 책상 앞에 10분도 앉아 있지 못하네" "그렇게 만날 먹을 것만 찾으니 살이 찌지" 등 '관계를 망치는 대화'로 아이의 마음을 상하게 하는 말을 던집니다.

부모가 기대하는 것과 다른 모습을 보일 때는 더더욱 아이 말을 수용하기가 어렵습니다. 아이가 학원에 가기 싫다고 투덜거릴 때 "학원에 가고 싶지 않구나" 하고 편안하게 받아들일 수 있는 부모는 드뭅니다. 당장 "또 학원에 가기 싫다고? 돈이 남아돌아 학원 보내는 줄 알아?"와 같은 소리가 나오기 쉽습니다.

어떤 상황에서든 수용이 먼저입니다. 그래야 무엇 때문에 학원에 가기 싫은지, 혹시 학원에서 무슨 일이 있었는지, 학원에 가지 않으면 어떤 방법으로 공부할 것인지 등 다음 이야기를 풀어갈 수 있습니다.

아이의 속마음을 이해하는 대화

아이들은 종종 속마음을 전혀 엉뚱한 말로 표현해서 어른들을 어리둥절하게 만듭니다. 이때 아이의 속마음을 이해하지 못하고 아이가 한 말만 듣고 대화를 하면 낭패를 볼 수 있습니다.

아이를 처음 유치원에 데리고 간 날, 아이가 벽에 걸려 있는 그림을 보고 뚱딴지같이 "누가 이렇게 그림 못 그렸어요?"라고 말했습니다. 엄마는 아이의 말을 듣고 당황스러울 것입니다. 혹시 다른 아이 엄마라도 들으면 어쩌나 불안해하며 "무슨 소리야? 너는 이렇게도 못 그리잖아" 하고 핀잔을 줍니다.

왜 아이가 그런 말을 했을까요? 아이의 속마음은 '나도 그림 못 그리는데, 이렇게 그림 못 그려도 괜찮아요?'라고 묻고 싶은 것입니다. 아이들은 대부분 집을 떠나 다른 곳에 있을 때 불안함을 느낍니다. 집이 아닌 다른 곳에 있어야 하니 겁이 덜컥 나고, 혹시라도 그곳에서 어울리지 못할까 봐 불안해합니다. 그런 불안감을 엉뚱한 말로 표현할 것입니다. 그런 속마음을 읽지 못하면 아이의 불안감은 더 커집니다.

그렇다면 어떻게 아이의 속마음을 알 수 있을까요? 아이가 한 말보다 아이의 기분을 먼저 살펴줍니다. 그런 다음 대화를 풀어나가면 아이가 왜 그런 말을 했는지 알 수 있습니다.

> 엄마 : 기분이 어때?
> 아이 : 걱정돼.
> 엄마 : 어떤 게 걱정이 되니?
> 아이 : 나는 그림 못 그리는데, 여기 못 다닐까 봐 걱정이 돼.

아이가 그렇게 속마음을 드러낼 때, "엄마도 예전에 그림을 못 그렸거든. 그래도 유치원을 재미있게 다녔단다"라고 말해 주면 좋습니다. 그러면 '아이는 그림을 못 그려도 괜찮구나' 하고 느끼며 안도하게 되고, 엄마와의 유대도 돈독해집니다.

❖ 상처받은 아이의 마음을 풀어주는 대화법

EBS〈교육마당〉에 나왔던 초등학교 6학년 우석이는 무기력한 아들의 행동으로 속상해하던 어머니의 신청으로 상담을 했던 사례입니다. 아들이 집에서 뒹굴뒹굴하고 아무것도 하기 싫다고 하고, "아니요""몰라요""싫어요"를 반복하자 어머니는 분노와 절망감을 느끼고 전문가의 도움을 받아 보기로 하셨던 것입니다. 상담을 통해 우석이는 초등학교 3학년 때 가장 친했던 친구를 사고로 잃었던 일종의 심리적 외상(트라우마) 후 스트레스 증후군을 앓고 있다는 것이 밝혀졌습니다.

이를 모르던 어머니의 질책과 비난은 마치 피부에 화상을 입은 아이에게 뜨거운 목욕을 시키는 것처럼 더 큰 고통을 주었던 것입니다. 우석이는 엄마를 회피하고 혼자 있으려 했고 어린 동생이 가까이 오면 화와 짜증을 냈는데 마음에 3도 화상을 입은 상태였다는 것을 알면 이해가 되는 반응이었지요.

상담 후 우석이의 어머니는 친한 친구의 죽음으로 인한 상실의 고통과 충격 같은 외상성 사건은 몇 년이 흐른 뒤에도 영향을 미칠 수 있다는 것을 알고 우석이에게 부드럽게 대하기 시작했습니다. 우석이는 점차 회복이 되어 이제는 장래에 의사가 되어 아픈 사람을 고쳐주고 싶다는 꿈을 갖게 되었습니다.

비난, 경멸, 방어, 무시하는 말을 들은 아이는 마음의 상처를 입습니다. 이런 말을 듣고 상처를 입은 아이는 마음의 문을 굳게 잠그고, 웬만해서는 문을 열지 않습니다. 상처 입은 짐승처럼 혼자 깊은 굴속에 숨어 있으려 할지도 모릅니다. 처음부터 마음을 여는 대화로 아이와 돈독한 유대관계를 맺으면 좋겠지만, 대화의 기술이 서툴러 본의 아니게 아이에게 상처를 입혔다면 대화법에 더욱더 신경을 많이 써야 합니다.

상처받은 아이는 공격적입니다. 말 한 마디도 곱게 하지 않습니다. 날을 세우고 거칠게 말을 내뱉는 아이와 대화를 하다 보면 부모도 감정이 상해 상처 주는 말을 더 하게 됩니다. 그러면 악순환의 연속입니다. 악순환의 고리를 끊고 아이의 상처도 회복시켜줄 수 있는 대화법이 있습니다. 어찌 보면 사소한 말의 차이처럼 여겨지지만 이후 대화가 흘러가는 방향은 180도로 달라집니다.

목소리 톤을 낮추고 부드럽게 이야기한다

화가 나서 상대방을 비난할 때는 저절로 목소리가 커집니다. 비난하는 것만으로도 아이에게 치명타를 입히는데, 목소리까지 크면 아이와의 긍정적인 대화는 더욱 어려워집니다. 크고 격한 목소리는 아이의 전두엽을 마비시킵니다. 가뜩이나 아이의 전두엽은 완성이 되지 않아 이성적으로 접근했을 때 대화가 잘 안 됩니다. 그래서 감정의 뇌를 통해 이성의 뇌와 연결되어야 대화를 잘 할 수 있습니다.

크고 격한 목소리를 들으면 감정의 뇌도 생각의 뇌도 아니라 뇌의 제일 하부 구조인 생명의 뇌, 즉 파충류의 뇌로 피가 몰립니다. 파충류의 뇌가 집중적으로 활성화된다는 얘기이지요.

파충류의 뇌가 자극되면 반응이 단순합니다. 이성적인 생각을 하지 못하고, 본능적으로 살아남는 것에만 신경을 씁니다. 살아남으려면 전력을 다해 싸우거나 도망가는 것 두 가지 방법밖에 없습니다. 즉 상대방의 말에 신경을 곤두세우고 공격적으로 말을 하거나, 아예 입을 닫고 대화를 피합니다. 따라서 아이와 대화를 하려면 부드러운 억양과 말로 시작해야 합니다.

방어에 급급해하지 말고 조금만 인정한다

"엄만 잘 알지도 못하고 만날 나만 가지고 그래."

아이가 이렇게 비난을 하면 엄마도 본능적으로 방어를 합니다.

"내가 언제 만날 그랬어. 네가 잘못했을 때만 야단치지."

이런 식으로는 아이와 부모 모두 상처를 입고 관계가 악화되기 쉽습니다. 상대방이 비난할 때 바로 맞받아치며 방어하지 말고 조금만 인정을 해도 대화를 전혀 다르게 끌고 갈 수 있습니다.

"음, 엄마가 이번 일은 잘 모른 채 네 탓부터 했구나."

일부 그런 면이 있다는 점을 조금만 인정해도 아이는 마음이 누그러집니다.

"그래, 이번에는 엄마가 상황을 제대로 알지 못했네."

이렇게 말하면 아이도 자신의 잘못을 일부 인정합니다.

그런데 "엄마는 원래 그런 사람이야. 그걸 이제 알았니?"라고 말한다면, 이는 진정으로 인정하는 것이 아닙니다. '난 원래 그래. 그래서 어쩔 건데' 하면서 상대방을 조롱하고 공격하는 가짜 '인정'입니다. 진심으로 인정을 해야 효과가 있습니다. 방어식 대화는 상대방의 반항심을 불러일으켜 '싸워 이겨야겠다'는 생각을 하게 만드는 반면, 인정식 대화는 자기를 수용해주는 느낌을 주기 때문에 정상적으로 이야기를 하고 싶은 마음이 들게 합니다.

호감과 존중을 표현한다

독이 되는 대화 중에서 가장 큰 독은 '경멸'입니다. 경멸로 상처받은 아이의 마음을 풀어주기란 정말 어렵습니다. 하지만 방법은 있습니다. 평소 집안 분위기를 호감과 존중이 감도는 문화로 바꾸는 것입니다. 부부 사이에도 작은 일에 감사하고, 노고와 가치를 인정하고, 장점을 먼저 보는 습관을 들인다면 문화는 자연스럽게 바뀔 수 있습니다.

보통 대화를 할 때 상대방에 대한 호감과 존중을 표현하면, 설령 대화의 기술이 서툴러도 대화가 잘 될 수 있습니다. 이미 경멸을 당해 마음을 닫고 있는 상태라도 호감과 존중의 표현을 평소의 5배 이상 한다면, 상처받은 아이의 마음을 치유하고 열린 대화를 할 수 있습니다.

호감과 존중이 얼마나 큰 힘을 발휘하는지를 보여주는 좋은 사례가 있습니다. 초등학교 5학년 남자아이 찬호(가명)가 엄마 손에 이끌려 상담실로 왔습니다. 담임선생님으로부터 다른 학생들이 보는 앞에서 크게 꾸지람을 들은 뒤 학교에 가지 않겠다며 엄마 속을 썩인다고 했습니다.

찬호의 이야기를 들어보니, 선생님이 자기만 미워하고 아이들 앞에서 자주 꾸지람을 하셨다고 합니다. 그런데 며칠 전에는 찬호가 좋아하는 여학생 앞에서 벌세우는 망신을 주셔서 더 이상 학교에 가고 싶지 않다며 2주 가까이 학교에 가지 않았다고 합니다. 찬호 어머니는 초등학교도 졸업하기 전에 벌써부터 학교를 그만두고 싶다고 하니 앞으로 어떻게 할지 대책이 서지 않는다고 했습니다.

먼저 감정코칭을 해서 찬호의 입장에서 이해한 상황과 주관적 감정을 경청하고 수용한 다음, 찬호에게 학교 가는 것에 대해 어떻게 느끼느냐고 물었습니다. 찬호는 자신도 집에서 보름 가까이 혼자 지내니 무척 심심하고 친구들과도 놀고 싶은데, 선생님 얼굴은 보기가 싫다고 했습니다. 그렇지만 만약 다른 반으로 옮기거나 전학을 간다면, 학교에 다시 다니겠다고 했습니다. 우선 학교에 다시 다녀보겠다는 것만으로도 큰 발전이지만 학기가 거의 끝날 무렵에 반을 옮기거나 전학을 가는 것은 현실적으로 어려움이 있다고 했습니다.

"다른 방법은 없을까?" 하고 물었더니, "잘 모르겠어요" 하고 대답했습니다. 그래서 "찬호가 학교 가서 친구들과 놀고 공부하는 것 자체는 괜찮은데 선생님이 찬호만 미워하는 것 같고, 특히 찬호가 좋아하는 여학생 앞에서 망신을 주셔서 학교 가는 게 싫다는 뜻이지? 내가 제대로 이해했니?" 하고 물었더니, 찬호는 그렇다고 수긍했습니다.

"찬호가 선생님에 대한 거부감을 줄일 수 있는 방법이 있는데, 내가 한번 제안해 봐도 좋겠니?" 하고 말하자, 찬호는 눈을 반짝 빛내며 "그런 방법이 있어요?" 하고 물었습니다.

"있긴 있는데, 쉽게 할 수 있는 일은 아니란다. 그래도 하면 반드시 좋은 효과를 볼 거야" 하고 말했습니다. 그러고는 먼저 찬호의 장점을 50가지 적어본 다음에 담임선생님의 장점도 50가지만 적어보라고 했습니다. 찬호는 처음에는 "저 장점 없어요!" 하고 단호하게 말하다가 차츰 한두 가지씩 장점을 떠올리기 시작했습니다. 먼저 찬호의 장점을 50가지 쓰고 나니까 선생님의 장점을 찾는 게 훨씬 수월했습니다.

찬호는 그 장점 리스트를 들고 학교에 갔습니다. 찬호 엄마의 말씀으로는 처음에는 약간 경계의 태도를 보이던 담임선생님께서 찬호가 적어온 선생님의 장점 50가지 리스트를 읽으시더니 눈물을 흘리며 찬호를 꼭 안아주셨다고 합니다.

지금 중학교 2학년인 찬호는 학교 친구들 사이에서도 인기가 많을 뿐 아니라, 전반적으로 학교생활을 잘하고 있다고 합니다. 찬호 엄마도 감정코칭을 배운 뒤로는 찬호의 장점 50가지를 찾아 적고, 그 리스트를 수십 장 복사해서 냉장고 문에도 붙여놓고 신발장, 현관, 찬호 책상, 심지어는 자동차 창문 안쪽에도 작게 붙여두었다고 합니다.

찬호 엄마는 아이에게 화가 나고 실망스러울 때가 있더라도 장점 리스트를 바라보면 말이 좀더 곱게 나오고 감정코칭을 하기 쉬워지더라고 했습니다. 이후 찬호와 한결 가까워졌으며, 찬호도 엄마를 잘 이해하고 지지해 주어서 아들이 커갈수록 힘이 덜 들면서 든든하다고 했습니다.

찬호가 5학년 때 선생님과 잘 지내지 못한다고 학교를 그만두었거나 설령 전학을 갔다면, 아마도 많은 문제가 파생되었을지 모릅니다. 하지만 찬호와 선생님과의 관계를 선순환으로 돌리는 데 엄마의 감정코칭과 찬호의 '장점 찾기'가 지렛대 역할을 해서 결과적으로 만족스러운 변화를 이끌어 냈습니다.

어떤 분은 왜 장점 찾기 과제를 내줄 때 꼭 50가지를 적어야 하는지 묻습니다. 사실 이에 관해 과학적 연구가 진행된 것은 아니지만, 임상적으로 그 정도를 써야 효과가 있기 때문입니다. 평소에 호감, 존중, 감사, 배려를 자주 하던 사이라면 하루에 서너 가지씩만 장점을 말해도 관계는 좋게 유지가 됩니다.

하지만 대개 사이가 나쁘거나 많은 비난과 경멸을 당해오던 소위 '문제아'들은 정서적으로 매우 고갈되어 있고 자존감도 아주 낮습니다. 마치 펌프에 물을 끌어올리려 할 때 늘 쓰던 펌프라면 물 두어 바가지 정도 부으면 되지만, 오래도록 쓰지 않고 바짝 말라 있는 펌프라면 한두 동이로도 모자라 큰 통으로 대여섯 번 정도 쏟아부어야 물이 콸콸 나오는 것과 비슷한 이치라 할 수 있습니다.

일반적으로 관계가 좋게 유지되려면 긍정성 대 부정성의 비율이 5 : 1 정도는 되어야 하고, 관계가 깨가 쏟아질 듯 좋은 '달인'이 되려면 20 : 1이 넘어야 합니다. 그러니 50가지 이상 더 찾아보면 다다익선일 것입니다. 이보다 더 중요한 것은 습관적으로 긍정성을 먼저 보는, 호감과 존중의 문화를 가정이나 학교에서 만들어나가는 것입니다.

2

칭찬하고 꾸짖을 때도
원칙이 중요하다

감정코칭을 잘하려면 아이의 말을 경청하고
공감해 주어야 합니다. 그런데 경청과 공감의 의미를 '아이의 모든 상황을
무조건 이해하고, 아이의 어떤 말도 다 들어주어야 한다'는 의미로 오해하
는 분들이 있습니다. 감정은 그것이 어떤 감정이든 다 받아주어야 하지만
아이의 잘못된 행동이나 바람직하지 않은 말투까지 다 받아줄 필요는 없
습니다. 잘못한 것에 대해 따끔하게 지적하고, 옳지 않은 행동도 바로잡아
주어야 합니다.

다만 아이를 꾸짖을 때도 여전히 대화의 기술은 필요합니다. 감정을 실
어 야단을 치면 아이는 부모가 드러내는 감정에만 주목할 뿐, 부모가 말
하는 내용에는 관심을 두지 않기 때문입니다. 따라서 대화의 목적이 궁극

적으로 아이의 잘못된 행동이나 말투를 개선하는 데 있는 만큼, 부모가 대화하는 방법에 더더욱 신경을 써야 합니다.

칭찬의 역효과

칭찬은 아무리 해도 과하지 않다고 믿는 부모가 많습니다. 아이는 기대하는 만큼 성장하기 때문에, 아무리 작은 일이라도 아낌없이 칭찬을 해주어야 뭐든 할 수 있다는 자신감을 갖는다고 믿습니다. 칭찬은 고래도 춤추게 한다면서 칭찬을 많이 할 것을 추천하는 사람도 많습니다.

하지만 칭찬이 마냥 좋기만 한 것일까요? 과연 칭찬이 아이에게 늘 도움이 되는 것일까요? 꼭 그렇지는 않습니다. 먼저 칭찬과 상은 다르다는 점을 분명히 말하고 싶습니다. 아이들에게 시험을 잘 보거나 그림을 잘 그린 대가로 상을 준다면, 아이는 진정 공부하는 즐거움이나 그림 그리는 것 자체를 좋아하기보다 상을 받기 위해 하는 것 같아 오히려 하기 싫어질 수도 있습니다.

미국의 진보적 교육자인 알피 콘Alfie Kohn은 2009년 9월 14일《뉴욕타임스》에 칭찬이 오히려 아이에게 해가 될 수 있다는 글을 기고했습니다. 상으로 보상을 해주거나 타임아웃(정해진 자리에서 정해진 시간만큼 반성의 시간을 갖는 것) 등의 벌주기는 어른이 아이에게서 기대하는 행동이나 만족감을 얻기 위해 아이를 조종하는 것이 될 수도 있다고 경계합니다. 정작 중요한 것은 아이가 그 일을 할 때 느끼는 감정, 목표, 취향, 개성, 호기심, 성취감, 욕구 등입니다. 그런데 상과 벌에 의해 움직이다 보면 아이는 자기 자신을 잃어버리게 된다는 것입니다. 알피 콘은 아이가 어떤 행동을 잘하거나 성취하였기 때문에 사랑받을 자격이 있다고 느껴서는 안 되며, 아이 그 자체만으로도 사랑받을 자격이 있음을 충분히 느낄 수 있도록 조건 없는 사랑을 주는 것이 부모의 궁극적 역할이라고 합니다.

특히 물질적인 보상으로 주는 칭찬은 주의해야 합니다. 단기적으로는 효과가 있을지 모르지만 장기적으로는 같은 효과를 얻기 위해 점점 더 큰 상을 주어야 하거나, 아이의 순수한 자기 성장감과 몰입의 즐거움을 빼앗을 수 있습니다. 따라서 굳이 칭찬을 한다면 과정에 참여하면서 부모의 긍정적 정서를 함께 나누는 것이 더 중요합니다.

하지만 모든 칭찬이 좋은 것도 아니고 또 나쁜 것도 아닙니다. 도움이 되는 칭찬과 역효과를 내는 칭찬의 차이를 알고 균형 있게 하는 것이 중요합니다. 칭찬도 도움이 되는 칭찬과 도움이 되지 않는 칭찬이 있습니다. 즉 칭찬을 잘못했을 경우 오히려 아이에게 해를 끼칠 수 있으므로, 제대로 칭찬하는 방법을 알아두도록 합니다. 이에 대해서는 감정코칭의 원조라 할 수 있는 하임 기너트 박사의 제안이 매우 적절하다고 봅니다. 이하는 하임 기너트 박사의 『부모와 아이 사이』에서 든 예를 정리한 것입니다.

성격이나 인격에 대해 칭찬하지 않는다

"우리 아이는 참 착해요. 동생하고도 잘 놀아주고, 엄마 말도 잘 듣고, 말썽을 피우는 적이 없어요."

기껏 착하다고 칭찬을 했는데, 갑자기 아이가 발로 동생을 뻥 차 울리는 경우가 있습니다. 얌전하고 말썽을 피우지 않는다고 칭찬을 했는데, 느닷없이 휴지통을 엎어버리거나 시끄럽게 뛰어다니기도 합니다.

이처럼 아이의 성격이나 인격에 대해 칭찬을 하면, 아이들은 곧잘 칭찬한 내용과는 반대의 행동을 해 부모를 당황스럽게 합니다. 그 이유는 뭘까요? 하임 기너트 박사는 아이들이 부담스럽게 느끼기 때문이라고 합니다. 아이가 스스로 생각할 때 자신은 착하지 않고 동생이 미워 없어지기를 바라기도 하는데, '착하고 동생도 잘 본다'고 칭찬을 하니 그렇지 않다는 것을 보여주고 싶은 것입니다.

자신의 성격이나 인격을 다른 사람으로부터 규정당하는 일은 어른에게도 부담스럽습니다. 하물며 어린아이는 말할 것도 없습니다. 따라서 "너는 천사 같구나" "너처럼 정직한 아이가 그럴 리가 없지" 등 아이의 인격이나 성격과 관련한 칭찬은 하지 않도록 합니다.

결과보다는 노력이나 행동에 대해 칭찬한다

"우리 경아가 1등 했네. 정말 잘했네."

"와, 그림 정말 잘 그리는구나. 그림 대회 나가면 1등은 문제없겠다."

과정보다는 결과를 중시하는 사회 분위기 때문인지, 부모들도 결과에 대한 칭찬을 많이 합니다. 하지만 이런 칭찬 역시 아이에게 도움이 되지 않습니다. 결과보다는 그러한 결과가 있기까지 아이가 노력한 과정이나 행동을 칭찬해야 합니다.

"그동안 열심히 공부하더니 성적이 많이 올랐구나. 네가 정말 자랑스러워."

"엄마가 손님이 와서 정신이 없었는데, 동생이랑 잘 놀아줘서 고마워."

이렇게 칭찬을 해야 아이도 부담을 느끼지 않고, 더 잘하고 싶은 마음이 듭니다. 1등을 한 결과를 놓고 칭찬한다면 '다음에 1등 못하면 어쩌나' '그림을 잘 그리지 못하면 어쩌나' 하고 부담스러워합니다. 혹시라도 부모의 기대치에 미치지 못할까 봐 불안해합니다.

적절한 타이밍에 칭찬한다

칭찬을 할 때도 타이밍이 중요합니다. 아이가 바람직한 행동을 했을 때 즉각 반응을 해주는 것이 가장 좋습니다. 하필이면 그때 부모의 기분이 엉망진창이어서 무심코 지나쳤다가, 나중에 기분이 풀리거나 상황이 조금 수습이 되었을 때 새삼 칭찬을 하는 경우가 있습니다. 하지만 이는 아이에게 혼란을 줄 수 있습니다. 불가피하게 즉시 반응을 해주지 못했을 때는 나중에라도 칭찬을 하는 것이 좋은데, 이때도 하루를 넘기지 않는 것이 좋습니다.

아이의 시간 개념은 어른과 사뭇 다릅니다. 아이는 대개 '지금 여기here and now'를 순간으로 느끼며 살아갑니다. 아이에게 먼 훗날이라는 개념은 의미가 없습니다. 기억은 대개 상황 속에서 감정과 함께 저장되는데, 당시의 상황과 감정에서 한참 벗어난 후의 칭찬은 상황적 기억으로 남기 어렵습니다. 따라서 부모가 아이에게 해줄 수 있는 것은 감정적 상황에 함께 있어주는 것입니다.

요즘은 맞벌이 부부도 많고, 유치원이나 학원처럼 부모와 떨어져 있는 시간과 공간에서 아이들의 많은 경험이 이루어지기에 경험과 감정을 공유하는 기회가 적은 게 안타깝습니다. 주말이나 방학만이라도 함께 지내는 시간을 갖고, 아이의 성장과 발전에 동참하며 보람과 즐거움을 느낀다면, 꼭 말이나 상으로 칭찬하지 않아도 그 자체가 아이에게 자부심과 긍지의 자양분이 될 것입니다.

칭찬의 이유를 구체적으로 설명한다

두루뭉술하거나 무조건적인 칭찬은 아이에게 빈말처럼 들릴 수 있습니다. '참 잘했어요' '뭐든 잘한다' '훌륭해' 같은 칭찬은 모호합니다. 부모가 잘했다고 여긴 것과 전혀 다른 엉뚱한 것에 대해 칭찬받는 줄 착각할 수도 있습니다. 예를 들어 아빠는 아이가 오늘 낮에 영어 단어를 10개나 외웠다고 자랑한 엄마의 말을 기억했다가 퇴근 후에 "참 잘했네" 하고 아이를 칭찬했습니다. 그런데 마침 아이가 우유를 엎지른 직후였다면, 아이는 우유 엎지른 것에 대한 칭찬인 줄 착각할 수 있습니다.

무엇에 대해 어떤 점을 잘했는지 좀더 구체적으로 이야기해 주는 것이 좋습니다.

"오늘 영어 단어를 10개나 외웠다니, 열심히 했구나. 아빠에게 기억나는 것 몇 개만이라도 말해 보겠니?"

"수학을 그렇게 열심히 공부하더니 지난 번 시험 때보다 두 문제나 더 맞혔네."

"강아지를 초록색으로 그렸네, 어떻게 이런 기발한 생각을 했을까?"

"책을 읽고 나서 책꽂이에 가지런히 꽂았네."

이런 식으로 구체적인 부분을 인정하고 칭찬해 줍니다.

❖ 제대로 꾸중하기

아이도 자기가 혼날 행동을 해서 꾸중을 들었다고 스스로 인정하면 상처를 덜 받습니다. 그런데 분명 부모 입장에서는 아이가 잘못해서 꾸중을 한 것인데, 아이가 반성은커녕 더 엇나가는 경우가 많습니다. 꾸중을 제대로 하지 못했기 때문입니다. 꾸중을 하는 데도 칭찬을 할 때와 마찬가지로 기술이 필요합니다. 어떻게 꾸중을 하느냐에 따라 아이가 부모의 의도대로 좋은 모습으로 변할 수도 있고, 반대로 굉장히 부정적인 감정만 쌓여 관계가 나빠질 수도 있습니다.

인격이나 성격에 대해 꾸짖지 않는다

인격을 건드리면 부작용만 생깁니다. 하지만 부모들은 은연중 아이의 성격이나 인격을 건드리며 꾸짖습니다. 아이가 실수로 우유를 엎질렀을 때 "너는 왜 그렇게 조심성이 없니?" 하며 야단치고, 친구에게 책을 빌리고 제때 돌려주지 않은 아이에게 "너는 친구한테 책 돌려주기로 한 날이 한참 지났는데, 어쩜 그렇게 미적거리냐. 무책임하기 짝이 없구나. 또 까먹은 거니?"라고 말합니다. 모두 아이의 인격이나 성격을 건드리는 굉장히 잘못된 꾸중의 전형적인 예입니다.

이런 방식으로 꾸짖으면 아이가 잘못을 깨닫고 문제를 해결하기는커녕 '아, 나는 잘 잊어버리는 애' '나는 무책임한 애' '나는 나쁜 애' '나는 아빠가 미워하는 애' '나는 말썽만 피우는 한심한 애' '나는 이기적인 애' '나는 아무것도 잘하는 게 없는 무능한 애'라는 부정적인 자아를 갖게 됩니다.

상황에 대해 말한다

아이의 인격이나 성격을 건드려 상처를 주지 않고도 얼마든지 꾸짖을 수 있습니다. '상황'에 초점을 맞추면 됩니다.

친구에게 책을 제때 돌려주지 않는 아이에게도 쓸데없이 꾸짖는 말을 할 필요가 없습니다. "책 돌려주겠다고 한 날짜가 지났구나(상황). 엄마는 네가 친구와 약속을 지키지 못할 때 신용을 잃을까 봐 걱정이 된다(기분). 빌린 책은 약속한 날에 돌려주면 좋겠다(요청)"라고 말합니다.

상황 중심으로 말하면 훈계나 인격에 대한 비난을 하지 않고도 아이가 스스로 깨닫습니다. '아, 다음부터는 약속한 날짜를 어기면 안 되겠구나. 지금이라도 갈까?' 하는 생각이 들 것입니다.

이런 방식은 아이가 스스로 문제를 해결할 수 있는 능력을 키워줍니다. 아이는 주눅이 드는 것이 아니라 제대로 된 가르침을 받고 성장할 수 있는 것입니다.

❖❖ 화난 감정 제대로 표현하기

감정코칭을 할 때 부모의 감정을 드러내면 안 된다고 생각하는 분이 많습니다. 하지만 감정코칭은 감정을 위장하고 쇼나 연기를 하는 것이 아닙니다. 아이가 명백히 잘못을 해서 화가 날 때는 감정을 말해도 됩니다. 그런 감정 표현은 정당한 것입니다.

단, 감정을 표현할 때 아이를 비난, 경멸, 조롱하면 안 됩니다. 감정을 표현하되, 차분하게 이야기해야 효과적입니다. 또한 이때도 '아이'가 아닌 '부모'의 관점에서 아이의 행동이 부모에게 어떤 영향을 미쳤는지 이야기합니다. 그러면 아이는 반감을 갖지 않고 자신의 행동을 돌아보게 됩니다.

몇 가지 예를 들어보겠습니다. 아이가 거짓말을 했습니다. 거짓말이 뻔히 보이는데도 대놓고 엄마를 속이려고 듭니다. 이때 "어디서 잔머리를 굴려? 네가 그런다고 엄마가 모를 줄 알아? 정말 속상해 죽겠네"라고 아이를 비난하며 감정을 표현하면 역효과만 납니다.

"엄마가 좀 속은 기분이 드는데, 어떤 일이 있었는지 사실을 말해 줄 수 있겠니?"

그러면 아이는 "속이려고 했던 것은 아니고… 사실은…" 하면서 진실을 털어놓습니다.

아이가 약속을 어겼을 때는 "혹시 약속을 지키지 못할 특별한 상황이 있었니? 아빠는 좀 실망스럽구나" "아빠는 화가 났어" "엄마는 걱정이 돼" 식으로 감정을 솔직하게 표현하는 것이 좋습니다.

또한 아이가 연락도 없이 늦게 들어오면 당연히 걱정스럽고 화가 납니다. 이때 "지금 몇 신데 이제 들어와?" 하고 다그치면 아이는 혼나는 게 두려워 방어하거나 거짓말로 둘러댑니다.

이럴 때는 "엄마는 네가 늦으면 사고가 난 것은 아닌지 몹시 걱정이 돼" "요즘 유괴나 범죄가 많아서 네가 늦게 들어오면 너무 불안해"와 같이 '부모'의 관점에서 아이의 행동에 대해 어떤 기분이 드는지 이야기하면 아이는 부모의 심정을 조금이라도 이해할 수 있고, 염려를 끼치지 않도록 유념할 것입니다.

🌸 먼저 사과하기

부모도 사람인지라 완벽할 수는 없습니다. 대화를 하다 격하게 감정을 보이기도 하고, 상황을 잘못 알고 아이를 야단치는 실수를 저지를 수도 있습니다. 이럴 때는 부모가 실수를 인정하고 먼저 사과를 하는 것이 중요합니다. 가트맨 박사는 부모가 실수를 인정하는 것은 아이에게 굉장히 긍정적인 교훈을 준다고 말합니다.

부모가 먼저 실수를 인정하면, 아이는 실수가 실패가 아니라는 것을 배웁니다. 부모가 잘못했을 때 인정하는 것은 아이에게 좋은 역할 모델을 보여주는 것이 됩니다. 아이에게 있어 엄마, 아빠는 세상에서 가장 위대한 사람입니다.

그런 어른이 실수를 인정하면 '아, 어른들도 실수를 하는구나. 실수를 할 때는 저렇게 고칠 수 있구나'라고 생각하며, 실수를 했을 때 어떻게 행동해야 하는지도 배웁니다. 반면 실수를 인정하지 않으면 '아, 내 잘못을 결코 인정하면 안 되는 거구나'라고 잘못 배웁니다.

실수를 인정할 줄 아는 아이는 변명을 하지 않습니다. 실수를 두려워하지도 않습니다. 실수를 해도 다시 올바른 방향으로 고칠 수 있다는 것을 경험을 통해 배웠기 때문입니다.

실수를 인정하고 긍정적으로 개선하는 능력은 사실 생존 능력과도 같습니다. 살면서 실수를 하지 않을 수는 없고, 누구나 끊임없이 크고 작은 실수를 하면서 삽니다.

아이는 부모를 통해 살아가는 법을 배웁니다. 실수를 인정하고, 자신의 실수에 대해 사과하는 모습을 보여주는 것도 부모의 역할입니다. 인간은 완벽하지 않기 때문에 실수를 할 수 있다는 것, 하지만 실수를 했을 때는 인정하고 개선하려고 노력해야 한다는 점을 부모가 모범이 되어 보여주는 것이 중요합니다.

여자는 여자끼리, 남자는 남자끼리

굳이 지적하거나 정정해서
억지로 어울리게 해서는 안 된다

만 24개월부터 36개월가량의 아이들은 동성끼리 노는 것을 선호합니다. 여자애들끼리 소꿉놀이를 하고, 남자애들끼리 자동차놀이를 하는 걸 남녀 섞여서 노는 것보다 더 좋아합니다. 그 이유는 무엇일까요?

이는 매우 자연스러운 현상이며 대부분의 문화에서 보편적으로 나타나므로 어른이 "준서야, 왜 민아랑 놀지 않니?" 하고 굳이 지적하거나 정정해줄 필요가 없다고 합니다. 만일 억지로 남녀 아이들이 함께 어울려 놀도록 할 경우, 대부분의 아이가 동성끼리 놀 때보다 덜 행복해한다고 합니다. 왜 그럴까요?

남자아이들은 대개 격하고 짓궂게 놀기를 원하고 경쟁적이며 지배적인 놀이를 하는 데 반해 여자아이들은 남을 돌보고 협동하는 놀이를 좋아하기 때문이라고 합니다. 남녀 아이들이 섞이면 재미가 없을 게 뻔할 뿐 아니라, 남자아이들과 노는 것이 여자아이에게 오히려 해가 되기도 합니다.

여자아이들은 놀면서 격려와 지지를 통해 남을 '할 수 있게enabling' 해줍니다. 반면 남자아이들은 겁을 주거나 반대하거나 과장하는 식으로 경쟁하는 것을 놀이로 삼기 때문에 여자아이들의 놀이 방식이 이해되지 않습니다.

또한 여자아이들은 감정 표현이나 의사 전달을 부드럽고 예의 있게 하는 데 비해 남자아이들은 노골적이고 분명하게 하지 않으면 알아듣지 못하기 때문에 의사소통이 잘 안 돼 힘들어한다는 것입니다.

　이런 특성의 차이로 인해 여자아이들은 종종 남자아이들이 자신의 의견을 무시한다고 느낍니다. 또한 여자아이들은 갈등과 문제를 해결하려 노력하지만, 이마저도 남자아이들에게는 통하지 않아 상처를 입을 수 있습니다.

　이런 패턴은 아동기와 사춘기, 성인기를 통해 전 생애에 걸쳐 지속된다고 합니다. 부부가 함께 의사소통을 원활하게 하면서 맞춰 사는 것이 왜 힘든지 두세 살 때 이미 그 조짐이 보이는 건 아닐까요?

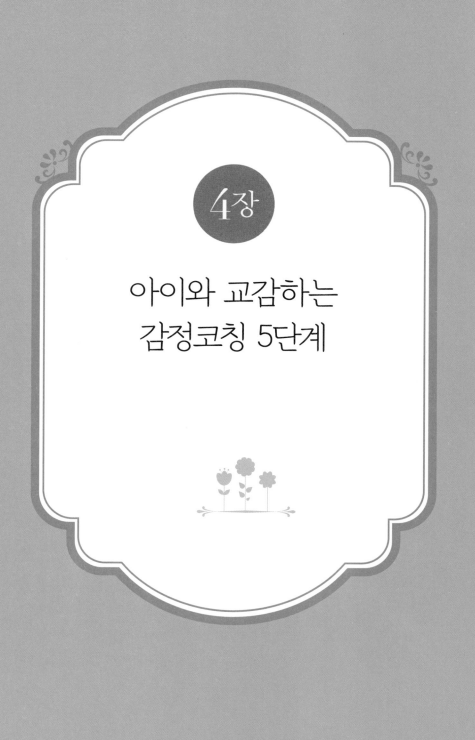

4장

아이와 교감하는
감정코칭 5단계

감정코칭 1단계,
아이의 감정 인식하기

감정코칭은 아무 때나 하는 것이 아닙니다. 아이가 아무런 감정을 보이지 않는데 다가가서 "우리 아이 행복하구나" "화났구나" 하고 아무렇게나 감정을 읽는 것은 아무 의미도 없습니다. 아이가 감정을 보일 때 하는 것이 감정코칭입니다. 그러려면 아이의 감정을 잘 감지하고 포착할 수 있어야 합니다.

감정코칭 1단계는 '아이의 감정을 인식하는 것'입니다. 아이를 사랑하고 관심을 많이 기울이는 부모는 아이의 감정을 알아차리는 것을 간단하게 생각할 수 있습니다. 그러나 그렇게 쉽지만은 않습니다. 사람은 은연중 보고 싶은 것만 보려는 속성이 있기에, 평소 관심을 두지 않는 것은 눈에 잘 들어오지 않습니다. 자기와 연결되어 있는 것, 관심이 있는 것, 좋아하는 것이 더 빨리 눈에 들어올 수밖에 없습니다.

아이의 감정도 보려고 노력하지 않으면 놓치는 것이 많습니다. 때론 꼭 읽어주었어야 하는 중요한 감정을 놓쳐 본의 아니게 아이에게 큰 상처를 주는 경우도 종종 있습니다. 아이의 모든 감정을 읽어주는 것은 불가능하지만 적어도 아이가 누군가 감정을 알아주기를 간절히 바랄 때 이를 놓치지 않도록 노력해야 합니다.

❖ 작은 감정을 보일 때 재빨리 알아차려라

말 못하는 아기는 불편한 감정을 울음으로 표현합니다. 배가 고프거나 기저귀가 젖어 울 때 빨리 알아차리고 우유를 주거나 기저귀를 갈아주면 아기는 금방 울음을 그치고 방실거리며 웃습니다. 그런데 엄마가 바쁘거나 아이 울음소리를 잘 듣지 못해 시간을 끌면 아기의 울음소리는 점점 더 커집니다.

좀더 시간이 지나면 아기는 금방 숨이 넘어갈 것처럼 자지러지게 웁니다. 그때는 뒤늦게 허둥지둥 젖병을 물리거나 기저귀를 갈아줘도 아기가 쉽게 진정하지 못합니다. 한참을 달래도 울음을 그치지 못하고, 울다 울다 더 이상 울 기력이 없어 지칠 때까지 울어댑니다.

이처럼 감정은 제때 읽어주지 않으면 걷잡을 수 없을 정도로 증폭됩니다. 그런데 아이의 감정이 점점 격해지는 이유가 빨리 감정을 읽어주지 않았기 때문이라는 것을 잘 모르는 부모가 많습니다. 아이의 감정을 빨리 알아차리지 못해 그렇다는 것도 모르고, 아이가 괜히 성질을 부린다며 속상해합니다.

일단 감정이 너무 격해지면 감정을 추스르는 데는 시간이 많이 걸리고, 무엇보다 아이가 너무 힘이 듭니다. 감정을 표현하는 데는 에너지가 많이 소모되기 때문입니다. 너무 기쁘고 좋아도 에너지가 많이 소모되어 지치는데, 불편한 감정이 심할 때는 두말할 것도 없습니다. 그러니 아이가 작은 감정을 보일 때 재빨리 알아차려서 아이의 감정이 격해지는 것을 막아야 합니다.

🌸 행동 속의 숨은 감정에 주목하라

아직 언어 구사력이 부족한 아이들은 말보다는 몸 전체로 표현합니다. 따라서 아이의 행동을 관심 있게 살펴봐야 감정을 놓치지 않습니다. 특히 성격이 소극적이어서 감정을 잘 드러내지 못하는 아이라면 더더욱 주의를 기울여야 합니다. 화가 나서 울거나 장난감을 집어던지는 등 분명한 행동으로 감정을 표현하면 알아차리기가 쉬운데, 표정을 살짝 찡그리거나 조용히 자기 방에 들어가버리면 아이의 감정을 놓칠 수 있습니다.

온몸으로 표현하는 감정을 알아차리기란 생각만큼 쉽지 않습니다. 행동은 눈에 바로 보이고 감정은 그 안에 숨어 있기 때문에 부모도 모르는 사이에 감정보다는 행동에 대해 먼저 이야기를 하게 됩니다. 예를 들어 아이가 화가 나서 문을 쾅 닫았을 때 '아, 아이가 화가 났구나'라고 생각하기보다는 문을 쾅 닫은 행동이 괘씸해 부모도 화가 나기 쉽습니다. 그래서 "너, 어디서 버릇없이 문을 쾅 닫아" 하고 목청을 높이며 야단을 칩니다.

행동만 보면 그 안에 숨어 있는 감정을 읽을 수 없고, 감정을 읽어주지 못하면 행동은 더 격해집니다. 그야말로 악순환의 연속입니다. 악순환의 고리를 끊기 위해서는 행동보다 감정에 먼저 주목해야 합니다. 행동 속에 숨은 감정을 포착하는 것, 바로 이것이 감정코칭의 1단계입니다.

❀ 감정에도 다양한 색깔이 있다

인간에게는 나라, 언어, 인종과 상관없이 누구나 느낄 수 있는 보편적인 감정이 있다고 합니다. 기쁨, 슬픔, 화, 놀람, 경멸, 공포, 혐오가 바로 보편적인 감정이며 말이 통하지 않아도 표정만으로 느낄 수 있습니다. 그러나 일곱 가지 보편적인 감정만이 있는 것이 아니라 문화적인 영향으로 파생되는 다양한 감정 표현들이 있습니다. 문화적으로 학습된 후천적 표정은 얼굴만 보아서는 쉽게 알아차리기 어렵습니다.

인간의 감정은 선천적인 것과 후천적인 것이 합쳐져 매우 다채롭습니다. 기쁨에도 잔잔한 기쁨, 행복감, 극치감 등 다양한 감정이 있습니다. 화에도 분노, 불쾌감, 시기심, 짜증, 불만, 격노, 좌절, 열받음 등 정도가 서로 다른 여러 종류의 감정이 존재합니다.

인간의 보편적인 일곱 가지 감정은 생존에 필요한 최소한의 감정이라 할 수 있습니다. 말이 통하지 않는 낯선 부족을 만났을 때 살아남으려면 빨리 우호적인 표정을 지어 싸울 의사가 없음을 전달해야 합니다. 적대적인 감정을 드러내면 싸워 이기거나 도망갔을 것입니다.

생존에 꼭 필요한 일곱 가지 보편적 감정만으로는 삶을 좀더 풍요롭고 다채롭게 꾸미기 어렵습니다. 다양한 감정을 경험하면 할수록 삶은 더욱 풍요롭고 깊은 묘미가 더해집니다. 그런데 간혹 좋은 감정이면 몰라도 분노, 질투, 미움과 같은 부정적인 감정까지 굳이 경험해야 할 필요가 있느냐고 묻는 분들이 있습니다. 그림을 그릴 때 검은색이나 회색이 어둡고 칙칙해서 사용하지 않는다면 그 그림이 어떨까요? 아무리 다른 색을 많이 써도 왠지 무언가 모자란 듯한 느낌이 들 것입니다.

경험해도 좋은 감정과 그렇지 않은 감정이란 없습니다. 모든 감정은 소중합니다. 감정을 잘못 처리하는 것이 문제지, 감정 자체는 그것이 어떤 것이든 의미가 있습니다. '공포'를 예로 들어보겠습니다. 사람에게 공포라는 감정이 없다면 어떨까요? 사람은 공포를 느끼면 본능적으로 자기를 보호하려는 반응을 합니다. 만일 아이가 공포심이 없다면 15층 아파트에서 뛰어내려도 재미있을 거라 여기고 조심하지 않을 수 있습니다. 가파른 절벽을 오를 때 공포를 느끼기 때문에 떨어지지 않으려고 더욱 조심하게 됩니다.

이처럼 모든 감정은 삶에 자기만의 색깔로 기여를 합니다. 그러니 아이가 다양한 감정을 느낄 수 있도록 도울 필요가 있습니다.

❖ 아이의 감정을 인식하기 어렵다면 물어본다

표정만 봐도 아이의 감정을 분명하게 알 수 있을 때가 있습니다. 눈물을 흘릴 때는 뭔가 슬픈가 보다 짐작할 수 있고, 주먹을 쥐고 숨을 몰아쉬면서 씩씩거린다면 화났음을 알 수 있습니다. 그럴 때는 '슬픈가 보다' '화가 났나 보다' 하는 식으로 아이의 감정을 인식하면 됩니다. 하지만 표정이나 몸짓만으로 상대방의 감정을 정확하게 읽기란 그리 쉬운 일이 아닙니다.

인간의 보편적인 기본 감정은 표정만 봐도 비교적 쉽게 짐작할 수 있지만, 아주 미묘한 감정의 차이도 표정으로 나타나는데 사실 숙련된 표정 전문가가 아니면 표정만 보고 정확하게 그 사람의 감정을 읽어내기는 어렵습니다.

물론 일반적인 표정은 있습니다. 보통 흥미로울 때는 눈이 커지고 표정이 밝아집니다. 창피할 때는 얼굴이 빨개지기도 하고, 얼굴을 가리거나 고개를 숙이기도 합니다. 슬플 때는 입꼬리가 내려가고, 반대로 행복할 때는 입꼬리가 올라갑니다. 화가 날 때는 입 주변에 힘을 꽉 주거나 양미간을 찌푸리기도 합니다.

그렇지만 이런 보편적인 표정에도 예외가 있을 수 있기 때문에 표정만 보고 아이의 감정을 단정해서는 안 됩니다. 표정으로 감지한 감정에 확신을 가지면 오히려 감정코칭이 어려워질 수 있습니다.

아이에게 직접 물어볼 때는 "지금 화났어?"와 같은 닫힌 질문이 아니라 "지금 기분이 어때?"와 같은 열린 질문으로 해야 합니다. "지금 화났어?"라고 물으면 대답할 수 있는 말은 "예" "아니요" 두 가지밖에 없습니다. 하지만 "지금 기분이 어때?"라고 물으면, "졸려요" "짜증이 나요" "답답해요" "내일 시험 못 볼 것 같아 걱정돼요" "불안해요" "속상해요" 등 많은 답이 나올 수 있습니다.

감정 표현에 서툰 아이에게 사용하면 좋은 '감정 날씨 차트'

그런데 "기분이 어때?"라고 물으면 "몰라요" 또는 "그저 그래요"라고 대답하는 아이가 꽤 많습니다. "몰라요"나 "그저 그래요"는 다양한 의미를 함축하고 있습니다. 말 그대로 기분이 별로 좋지도 않고, 그렇다고 썩 나쁘지도 않아 그저 그렇다고 말할 수도 있습니다.

또한 어떤 아이들은 '말하기 싫어서' 또는 '말꼬리 잡혀서 혼날까 봐', 대화를 짧게 끝내고자 "그저 그래요"라고 대답하기도 합니다. 더 어린 아이들은 뭔가 감정은 있지만 말로 표현할 만큼 언어 구사력이 미숙하기도 합니다.

어떤 경우에는 자기감정이 어떤지 몰라서 또는 어떻게 표현할지 몰라서

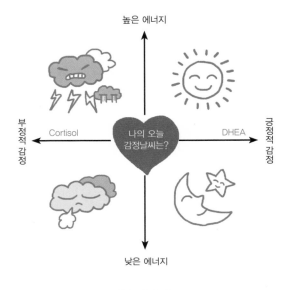

높은 에너지

부정적 감정 ← Cortisol

나의 오늘 감정날씨는?

DHEA → 긍정적 감정

낮은 에너지

감정 날씨 차트

출차: HD행복연구소, 2013

그럴 수 있습니다. 이럴 때는 '감정 날씨 차트'를 보여주면서 지금 자신의 기분이 어느 그림에 가까운지를 손으로 짚어보라고 하면 쉽게 말할 수 있습니다. 이렇게 함께 감정 날씨 차트를 만들어 "지금 기분이 어디에 가까운 것 같아?" 하고 물어도 좋습니다. 그러면 아이가 자신의 감정을 이해하고 표현하기가 한결 쉽습니다.

감정코칭 2단계,
감정적 순간을 좋은 기회로 삼기

아이의 감정을 알아차렸다면, 감정코칭에 들어갈 것인지 아니면 모른 척하고 그냥 넘어갈 것인지를 선택해야 합니다. 보통 부모들은 아이가 감정이 격해 있으면 대화가 안 되기 때문에 아이의 감정이 어느 정도 진정된 다음 대화를 하려 합니다. 또는 아이의 언짢은 표정을 보는 순간 부모 마음이 불편해져서 피하고 싶은 기분이 들기도 합니다. '또 시작이군. 아이구 지겨워. 모른 척하고 피해버리자…' 하고 말입니다.

하지만 가트맨 박사는 감정코칭은 감정을 보이는 순간에 하는 것이 좋고, 특히 강한 감정을 보일 때가 감정코칭을 하기 좋은 때라고 말합니다. 아이들이 노골적으로 감정을 드러낸다는 것은 그만큼 누군가의 도움을 간절하게 원한다는 의미입니다. '내가 이렇게 감정이 격해져 어떻게 해야 할지 힘이 드니 도와 달라'는 신호와도 같습니다. 그런데 아이의 감정이 누그러질 때까지 기다릴 요량으로 그 순간을 놓치면 아이는 더 힘들어합니다.

감정코칭형 부모들은 아이의 미세한 감정도 잘 포착하여 아이가 더욱 힘들어하기 전에 빨리 감정을 수용하므로 아이와 부모 모두 더욱 과격한 행동을 할 필요가 없습니다.

위기는 기회입니다. 아이가 감정을 보이는 순간은 아이와 친밀한 유대관계를 쌓고 아이가 감정을 조절하도록 도와줄 수 있는 절호의 기회입니다. 따라서 아이가 화를 내면 '아, 우리 아이가 감정코칭을 원하는구나'라고 생각하면서 감정코칭에 들어가야 합니다.

❖ 감정이 격할수록 좋은 기회이다

아이가 감정을 보일 때가 감정코칭하기 좋은 때라고 해도, 정작 아이가 감정을 너무 격하게 보이면 과연 감정코칭을 해야 할 것인지 말 것인지 혼란스러울 수 있습니다. 아무리 자기 아이라도 아이가 이성을 잃고 파괴적인 행동을 보일 때는 부모도 자신감을 잃고 맙니다. 한편으론 두렵고 싫은 마음이 생겨 선뜻 아이에게 다가서지 못할 수도 있습니다.

감정코칭 상담을 하면서 지금껏 수많은 사람을 만났습니다. 한 분 한 분 모두 특별한 인연이지만, 특히 더 소중한 인연이 있습니다. 초등학교 1학년 남자아이가 바로 그 주인공입니다. 석진이(가명, 8세)는 자신의 머리를 뜯고, 칼로 팔을 자해하고, 높은 곳에서 뛰어내리고, 창문을 깨기도 했다고 합니다. 만 4세 때부터 주의력결핍 과잉행동장애ADHD 정신과 약을 복용하는 중이었습니다. 석진이의 행동에 깜짝 놀라 석진이 엄마가 병원에 데려갔더니 당장 정신과 병동에 입원시켜야 한다고 했답니다. 적어도 한 달이상은 약물 치료를 해야 한다고 해서 지푸라기라도 잡는 심정으로 상담을 받으러 왔던 것이지요.

"어떤 진단을 받으셨어요?"라고 물었더니, 석진이 엄마는 "정신분열증…"이라고 모기만한 목소리로 대답했습니다. 엄마도 큰 충격을 받은 듯했습니다. 안 온다고 버티는 아이를 엄마가 억지로 질질 끌고 온 터라 석진이는 씩씩거리며 고개를 푹 숙인 채 앉아 있었습니다. 먼저 말을 걸었습니다.

"지금 기분이 어때?"

그제야 석진이는 "나빠요" 하며 제 얼굴을 흘깃 쳐다보더니 고개를 떨어뜨렸습니다.

"기분이 굉장히 나쁘구나. 선생님이 봐도 기분이 굉장히 나쁜 것 같은데, 무엇 때문에 기분이 나쁜지 얘기해줄 수 있겠니?"

다시 대화를 이어갔습니다.

"화가 나요. 병원에 오기 싫단 말이에요."

석진이는 볼멘소리로 말했습니다.

"그랬구나. 병원에 오는 것이 싫어서 화가 났구나."

석진이의 말을 경청하여 거울식 반영법으로 조용히 답해 주었더니, 그제야 석진이는 화를 누그러뜨리며 제 얼굴을 바라보았습니다.

"뭘 하면 기분이 좋아질 것 같아?"

"바다에 가고 싶어요."

"바다에 가고 싶어?"

"네!"

석진이의 표정이 환하게 밝아졌습니다.

"바다에 가고 싶구나. 바다에 가면 뭐하고 싶어?"

"낚시."

석진이의 감정은 완전히 누그러졌지만, 정말 정신병원에 가야 하는 것인지 정확한 진단을 하기 위해 밤샘 관찰을 해보고 싶다고 어머니에게 말했습니다. 초등학교 1학년 아이를 정신과 병원에 입원시켜 한 달간 치료하는 것은 최후의 수단일지언정 처음부터 선택할 일은 아닌 것 같았습니다. 좀 더 정확한 진단과 평가가 필요했습니다. 석진이가 원하는 대로 인천 바닷가로 갔습니다. 어머니의 허락을 얻은 것은 물론입니다.

바닷가에서 낚시를 할 만한 곳을 찾았지만 아이용 낚싯대가 없어 낚시를 하기가 어려웠습니다. 그래서 "우리 그냥 낚시하는 것 구경할까?"하고 물었습니다. 석진이는 그러겠다고 순순히 고개를 끄덕였고, 할아버지들이 잡은 물고기를 구경했습니다. 조금 전만 해도 그렇게 씩씩거리던 아이가 지극히 정상적이고 활발하게 자신의 의사를 정확히 표현하며 잘 따랐습니다. 석진이는 할아버지 옆에서 구경하며 "할아버지, 이 고기는 언제 잡았어요?"하고 묻기도 하고, 밥도 잘 먹고 집으로 왔습니다.

석진이와 함께 집에 돌아온 시간이 밤 10시 정도였습니다. "오늘 어땠어?" 하고 물어보니 아이는 천진난만하게 웃으며 "좋았어요"라고 답했습니다.

"그래? 그럼 우리 좋았던 것을 일기로 써볼까?"

석진이는 학교에서도 번번히 벌서고 꾸지람을 들었고, 한글을 미처 떼지 못한 상태였습니다. 글로 쓰는 일기는 어려울 것 같아 그림일기는 어떻겠느냐며 크레파스랑 스케치북을 주었더니 그림일기를 정말 멋지게 그렸습니다. 물고기 비늘 하나하나를 얼마나 정교하게 그리는지 감탄이 절로 나왔습니다. "물고기 색깔도 예쁘고, 비늘과 눈이 살아 있는 것 같아" 하고 제 소감을 말하니 아주 좋아했습니다.

석진이와 30분가량 게임도 하며 친밀감을 쌓은 뒤 "바다에 가고 싶다고 했는데, 언제부터 가고 싶었어? 낚시하면 어떤 기분이 들 것 같았어?" 등을 물었습니다. 석진이가 바다에 가고 싶었던 이유는 아빠와의 추억이 그리웠기 때문이었습니다.

어릴 때부터 가정불화가 심했던 석진이의 부모님은 이혼을 했습니다. 이후 엄마가 무작정 석진이를 데리고 서울로 올라왔고, 석진이는 부산에서 살면서 익숙했던 모든 것과 갑자기 결별해야 했습니다. 그중 아빠와 헤어지는 것이 너무 싫었습니다. 아빠가 보고 싶은데 만날 수 없으니 아빠와 함께 바다에 갔던 일, 낚시를 했던 기억을 떠올리며 바다에 가고 싶어 했던 것입니다.

석진이는 아빠를 보고 싶은 마음을 어떻게 표현해야 할지 몰라 울고 떼 쓰고 심술을 부렸던 것입니다. 그럴수록 점점 꾸지람만 받게 되고 급기야 창문에서 뛰어내리고 자해를 하는 형태로 표출했다는 것을 알 수 있었습니다. 주의력결핍 과잉행동장애도 아니었고, 정신분열증은 더더욱 아니었습니다.

부모가 이혼할 때 서로 칼부림을 할 정도로 격렬하게 싸웠는데, 석진이가 그 모습을 다 목격했다고 합니다. 어른들은 아이가 어려서 기억하지 못할 거라 생각하지만 석진이는 그때의 일을 선명하게 기억하고 있었습니다. 그리고 석진이의 마음에 큰 상처로 남았던 것입니다. 석진이 어머니에게 아이의 상태를 설명해 주고, 석진이가 그림을 아주 잘 그리니 그림으로 숫자와 한글을 배우도록 지도하면 좋겠다고 말했습니다. 이후 석진이는 그림을 아주 잘 그려 상을 여러 차례 받았고, 학교생활에도 잘 적응했습니다. 지금은 그 또래의 아이처럼 평온한 일상을 살고 있습니다.

석진이 어머니는 만약 석진이가 자해를 하며 격하게 감정을 보였던 그때를 감정코칭의 기회로 삼지 않았다면, 지금 자신과 석진이는 어떻게 되었을까 생각하기조차 끔찍하다고 했습니다. 초등학교 1학년 아들이 정신병원에 격리 수용되어 자신의 감정을 이해받지 못하고 엄마마저 자신을 버렸다는 마음으로 상태가 더 악화될 수도 있었다는 생각을 하면 등골이 서늘해진다고 했습니다.

하지만 감정코칭을 배운 뒤 석진이와 신뢰감을 회복하고부터는 석진이에게 저절로 고마운 마음이 우러나온다고 했습니다. 예전에는 자기 아빠를 닮아 고집이 세고 난폭하고 미운 짓만 골라 한다고 생각했답니다. 그러나 감정코칭을 하고 보니까 석진이가 여리고 총명하며 사랑이 넘치고 재능이 풍부한 아이라는 것이 너무 감사하다고 했습니다.

❖ 작은 감정의 변화를 포착하라

감정이 격해질 때가 감정코칭하기에 좋은 시기임은 분명합니다. 하지만 감정코칭의 효과를 극대화하기 위해 일부러 아이의 감정이 고조되기를 기다리는 것만큼 어리석은 일도 없습니다.

감정코칭의 기본은 아이의 작은 감정을 알아차리고 읽어주어 감정이 격해지지 않도록 하는 것입니다. 작은 감정을 하나둘씩 만나 익숙해지면, 좀 더 큰 감정을 만났을 때의 충격을 최소화할 수 있습니다.

다섯 살 은혁이가 사는 동네는 은혁이 또래의 아이가 많지 않습니다. 윗집에 사는 여섯 살 수빈이가 은혁이의 유일한 친구입니다. 둘 다 형제자매가 없어 유치원에 갔다 오면 거의 붙어 지냅니다. 그런데 어린아이들이 다 그렇듯 잘 놀다가도 걸핏하면 싸움이 납니다. 은혁이가 한 살 어려서 그런지 주로 울음을 터트리는 쪽은 은혁이입니다.

팔이 안으로 굽는다고 은혁이 엄마는 은혁이가 울면 속이 상하고 수빈이가 미워지기도 하지만 그때마다 '애들은 싸우면서 큰다'고 믿으며 그냥 넘어갑니다. 은혁이도 수빈이가 없으면 놀 친구가 없다는 것을 아는지 울다가도 수빈이가 집에 간다고 하면 가지 말라고 붙잡습니다.

싸움의 원인은 주로 장난감입니다. 이상하게도 아이들은 많은 장난감 중 꼭 하나를 두고 쟁탈전을 벌입니다. 보통 때라면 어느 정도 실랑이를 벌이다 은혁이가 양보를 하는 편인데 그날은 유난히 고집을 부렸습니다.

"안 돼, 내 거야."

은혁이가 자동차 장난감을 움켜쥐고 뺏기지 않으려고 결사적으로 애를 씁니다.

"잠깐만 갖고 놀다 줄게. 너 자꾸 그러면 나 집에 간다."

언제나처럼 수빈이가 또 집에 가겠다고 협박 아닌 협박을 합니다. 그런데도 은혁이는 울면서 장난감을 내놓지 않습니다.

"은혁아, 수빈이 형이 잠깐만 갖고 놀다 준다잖아. 우리 은혁이 착하지?"

은혁이 엄마가 사태를 수습하고자 나섰지만 은혁이는 "싫어, 싫어"를 외치며 더욱 크게 울었고, 머쓱해진 수빈이는 자기 집으로 가버렸습니다. 은혁이가 놓지 않았던 장난감은 사실 은혁이가 제일 좋아하는 것이었습니다. 다른 장난감은 다 양보하더라도 그것만큼은 친구에게 뺏기고 싶지 않은 마음이었던 것입니다. 그 마음을 자기편이라 믿었던 엄마조차 알아주지 않았으니 은혁이가 서럽고, 화가 나고, 속상한 것은 당연합니다.

뒤늦게 은혁이 엄마가 미안하다고 말하며 은혁이를 달래도 마음은 쉽게 누그러지지 않습니다. 게다가 은혁이는 자기편을 들어주지 않았던 엄마도 밉지만 수빈이 형이 더욱 미운 모양이었습니다.

"이제 다시는 수빈이 형이랑 안 놀 거야."

수빈이 엄마 얘기를 들어보니, 수빈이도 은혁이가 늘 장난감을 잘 안 주고 걸핏하면 울어서 은혁이랑 놀고 싶지 않다고 합니다. 두 아이 모두 감정이 크게 상한 모양입니다. 비록 자주 토닥거리기는 했지만 잘 지냈던 두 아이의 사이가 벌어질 수도 있는 위기 상황입니다. 물론 이 시점에도 감정코칭으로 두 아이의 관계를 원래대로 회복시킬 수는 있습니다. 하지만 두 아이의 마음이 다치기 시작한 지는 꽤 오랜 시간이 흘렀고 미리 그 불씨를 감지하고 감정코칭을 했다면 아이들이 그렇게 격한 감정을 보이며 싸우지는 않았을 겁니다.

은혁이 엄마의 경우 일부러 아이의 감정이 고조되기를 기다렸다고 보기는 어려울 수도 있습니다. 하지만 아이의 기분을 충분히 예상하면서도 아이의 기분을 방치하는 동안 아이 마음속에는 조금씩 친구에 대한 미움이 쌓였고, 어느 순간 폭발해 버리고 만 것입니다.

이런 상황이 오기 전에 미리 감정코칭을 해서 미움이 쌓이지 않도록 하는 것이 현명합니다. 단서는 아이의 표정, 음성, 몸짓에서도 얼마든지 찾을 수 있습니다. 단서에서 감정이 느껴지면 바로 "지금 기분이 어때?" 하고 3단계로 들어가야 합니다.

감정코칭 3단계,
아이가 감정을 말할 수 있게 도와주기

 감정코칭 1, 2단계까지는 부모가 아이의 감정
을 알아차리고, 감정코칭을 할 것인가 말 것인가를 결정하는 단계입니다.
아직까지는 부모의 마음 안에서 일어나는 단계, 즉 본격적으로 아이와의
실제적인 대화를 시작하기 전 단계입니다. 아이와의 본격적인 대화는 3단
계부터 시작됩니다.

3단계는 아이가 감정을 말할 수 있게 도와주는 단계입니다. '나는 네가 말
하지 않아도 네 감정을 다 알고 있다'는 식으로 접근해서는 안 됩니다. 아이
의 감정이 어떤지 짐작이 가더라도 아이 스스로 자기감정을 들여다보고 이
야기할 수 있도록 묻고 들어줍니다.

감정에는 수많은 색깔이 있습니다. 아이가 그 무한한 감정의 색깔을 혼

자서 구분하기는 어렵습니다. 똑같은 화라도 스스로 못났다는 생각이 들어 화가 날 수도 있고, 남들보다 잘할 수 있다고 자신했는데 결과가 좋지 않아서 화가 날 수도 있습니다. 앞의 경우가 열등감에 의해 화가 난 것이라면, 뒤의 경우는 자만심 또는 경쟁심으로 인해 화가 난 것입니다. 이 둘을 똑같은 화로 정리한다면, 아이는 감정이 깨끗하게 정리되지 않고 뭔가 개운치가 않습니다.

감정을 명확하게 알지 못하면 그만큼 처리하기가 어렵습니다. 따라서 아이가 혼란스러워하는 감정의 색깔이 어떤 것인지 명료하게 알려줄 필요가 있습니다. 이것이 감정코칭의 3단계입니다.

❖ 감정에 이름 붙여주기

감정을 느끼도록 하는 것은 '우뇌'의 역할입니다. 우뇌에서 무언가 감정을 느끼고 신호를 보내면, 좌뇌는 그 신호를 받아들여 어떻게 대응할 것인지를 준비합니다. 그런데 감정에 분명한 이름이 없으면 좌뇌는 우뇌가 보내는 신호가 무엇인지 알아차리기 어렵습니다.

결국 감정을 어떻게 처리해야 하는지 몰라 혼란스럽고 대처 방법을 찾기가 어렵습니다. 이런 혼란을 없애려면 감정에 분명한 이름을 붙여주어야 합니다. 형체도 없는 감정에 이름을 붙여주면 감정을 알아차리고 대처하기가 한결 편합니다.

가트맨 박사는 감정에 이름을 붙여주는 것은 '감정이라는 문에 손잡이를 만들어주는 것'으로 비유합니다. 우뇌가 감지한 감정을 언어적 처리를 하는 좌뇌와 연결시켜준다고 볼 수 있습니다. 손잡이가 없는 문은 열거나 닫기가 힘듭니다. 그 방이 싫어 문을 열고 나가고 싶은데 손잡이가 없으면 문이 잘 열리지 않아 빨리 나갈 수 없습니다. 즉 손잡이가 있으면 감정의 문을 열고 닫기가 편해진다는 뜻입니다.

감정도 마찬가지입니다. 아이는 자기 마음속에 일어나는 알 수 없는 복잡한 감정들에 대처하여 안정을 찾고 싶어 합니다. 그런데 그 감정이 뭔지 모르면 대책이 없습니다.

그래서 감정에 이름을 붙여주는 작업은 꼭 필요합니다. 문에 손잡이를 달아주듯 감정에 이름을 붙여주면, 아이는 어떤 감정을 어떻게 처리해야 할지 생각과 판단을 명료하게 할 수 있습니다. 또한 이후 비슷한 상황을 겪고 비슷한 감정을 느끼면 '아, 이런 감정을 느꼈을 때 이렇게 하면 됐지' 하고 방법을 찾을 수 있습니다. 그러면서 어떤 감정을 만나든 당황하지 않고 현명하게 대처할 수 있는 힘을 갖게 됩니다.

✤ 아이 스스로 자기감정을 표현할 수 있도록 돕기

아이가 자기감정이 어떤 것인지 잘 모를 때는 부모가 대신 감정에 이름을 붙여줘도 괜찮습니다. 하지만 가능한 한 아이가 스스로 자기감정을 표현할 단어를 찾도록 돕는 것이 더 좋습니다. 감정코칭을 할 때 "기분이 어때?"라고 물으면 아이는 아이 수준에서 자기감정에 적합하다고 생각하는 단어로 감정을 표현합니다. 그렇게 아이 스스로 표현한 감정들을 구슬을 실로 꿰듯이 연결해 주기만 해도 감정을 정리하는 데 도움이 됩니다.

다음의 예를 보겠습니다. 승원이, 민규 형제가 저녁을 먹고 공부를 하고 있습니다. 승원이가 컴퓨터를 켰는데, 민규가 갑자기 코드를 빼버렸습니다.

승원이가 화가 나 민규를 때리고, 민규도 맞받아 승원이를 때리면서 싸움
이 벌어졌습니다.

> 엄마 : 승원아, 울고 있네. 무슨 일이 있었는지 엄마한테 자세히 말해 줄
> 수 있겠니?
> 승원 : (울면서) 민규가 컴퓨터 코드를 갑자기 빼버렸어요.
> 엄마 : 그래. 컴퓨터를 갑자기 꺼버렸구나.
> 승원 : 네. 나에게 물어보지도 않고 컴퓨터를 꺼버렸어요.
> 엄마 : 그래, 너에게 물어보지도 않고 마음대로 컴퓨터를 꺼버렸구나. 그
> 때 기분이 어땠어?
> 승원 : 무시당하는 것 같아 화나고, 속상하고, 분했어요.
> 엄마 : 민규가 마음대로 컴퓨터를 꺼버려서 무시당하는 것 같아 화도 나
> 고 분하기도 했다는 얘기지?
> 승원 : 네. 엄마.

이처럼 아이가 말한 상황과 감정을 죽 연결해 주면 아이는 자기감정을
인정받았다고 여기며, 자기의 감정을 어떻게 표현했는지 상황을 좀더 객관
적으로 볼 수 있습니다.

아이가 자기의 언어로 감정을 표현했을 때의 효과는 기대 이상입니다.
가트맨 박사의 연구에 따르면 아이가 자기의 언어로 감정을 말하면 좀더
쉽고 빠르게 진정이 된다고 합니다. 따라서 더 격한 행동으로 감정을 표현
할 필요가 없게 되지요.

다음은 아이 스스로 자기감정을 표현할 수 있는 언어를 찾도록 도와주

슬프다	지루하다	질투난다	당황스럽다	압박감이 든다	불안하다	절망스럽다
화난다	안전하지 않다	외롭다	부끄럽다	만족하다	반갑다	편안하다
기쁘다	걱정된다	초조하다	행복하다	거부당한 느낌이 든다	긴장된다	무기력감이 든다
반갑다	열받는다	신난다	안전하다	소외당한 느낌이 든다	무섭다	압도감이 든다
짜증난다	혼란스럽다	억울하다	고맙다	우울하다	놀라다	사랑받는 느낌이 든다

는 효과적인 방법입니다. 5세 미만의 아이에게는 두 가지 감정 중 하나를 말해 보게 할 수 있습니다. 예를 들어 은혁이에게 "지금 기분이 어때? 화난 거야, 슬픈 거야?" 아니면 "지금 싫은 거야, 놀란 거야?"라고 물어 주면 자신의 감정을 말로 표현하기가 쉬워집니다.

6세 이상의 아이라면 연령에 따라 감정 어휘를 늘여갈 수 있습니다. 위 표는 여러 단어를 나열한 것이며 글을 읽을 수 있는 초등학생 이상에게 보여주고 그중에 자신의 감정이 어떤지 골라 보게 할 수 있습니다. 한 가지 감정만 아니라 여러 감정을 있는 대로 말해도 된다고 허용하면 좋습니다.

감정코칭 4단계,
아이의 감정을 공감하고 경청하기

아이의 감정은 그것이 어떤 것이든 공감해 주어야 합니다. 아이의 감정에 어떤 편견을 두어서는 안 됩니다. 그런데 실제로 감정코칭을 하다 보면 부모도 모르는 사이에 아이의 감정에 선입견이나 편견이 앞설 때가 있습니다. 또는 너무 격한 감정 표현에 놀라거나 걱정되거나 심한 거부감이 들 수도 있습니다. 주로 아이가 분노의 감정을 격하게 보일 때입니다.

친구와 놀다 크게 싸워 화가 났을 때 아이들은 "그애 정말 미워! 확 죽어버렸으면 좋겠어. 다시는 안 보게"와 같이 격하게 감정을 표현할 수 있습니다. 동생에게 부모의 사랑을 빼앗겨 질투와 섭섭함을 느낄 때도 아이들은 이와 비슷한 말을 합니다. 아이 입장에선 죽는다는 것이 무얼 의미하는

지도 모르고 그저 자기 눈앞에서 사라졌으면 좋겠다는 마음을 표현한 것인데, 어른들이 받아들이기엔 편치 않습니다.

아이가 저런 마음을 가져도 되나 싶은 마음에 "못써, 그런 말을 하면" 또는 "어쩜 그런 무서운 말을 하니"라는 말이 저절로 튀어나옵니다. 이러면 감정코칭은 시작도 하기 전에 실패입니다. 설령 아이가 다소 격한 어투로 감정을 드러내도 감정 그 자체는 공감을 해주어야 합니다.

"그래, 우리 정재가 친구에 대해서 화가 많이 났구나."

"그렇구나. 우리 예나가 동생이 없어졌으면 좋겠다는 생각이 들 정도로 엄마한테 섭섭함을 느꼈구나."

그렇게 아이의 감정을 읽어주고 공감해 주어야 합니다. 물론 아이가 친구나 동생이 죽기를 바라는 마음은 좋은 마음이 아닙니다. 친구나 동생이 미워 때리거나 어떤 형태로든 해코지를 하는 것도 잘못된 행동입니다. 하지만 먼저 아이의 감정을 공감해 주지 않는다면, 어떤 것이 옳고 그른지 아이가 알 수 있는 기회 자체가 없어집니다. 자기 마음을 몰라주는 부모가 섭섭해 더욱 속상하고 화가 날 뿐입니다.

부모들이 감정을 있는 그대로 공감해 주는 데 어려움을 느끼는 이유는 감정을 좋은 감정과 나쁜 감정으로 구분하기 때문입니다. 여기서 말하는 좋은 감정은 기쁨, 즐거움, 행복, 편안함 등의 감정입니다. 나쁜 감정은 슬픔, 외로움, 미움, 분노, 화, 질투, 공포 등을 의미합니다. 좋은 감정은 아이를 행복하고 편안하게 만들어 아이가 긍정적으로 성장할 수 있도록 돕지만, 나쁜 감정은 아이를 힘들게 하고 부정적으로 성장하게 한다고 믿습니다.

이처럼 감정을 좋은 감정과 나쁜 감정으로 구분하는 부모는 아이의 나쁜 감정을 인정하지 않거나 빨리 없애주려고 노력합니다. 억압형 부모들은 아이가 소위 그들이 생각하는 나쁜 감정을 가질 때 야단을 치거나 훈계를 합니다. 키우던 강아지가 죽어 슬퍼하는 아이에게 "강아지 좀 죽었다고 그렇게 찔찔 짜냐. 누가 보면 할머니라도 돌아가신 줄 알겠다"는 식으로 감정을 무시합니다. 축소전환형 부모라면 "뭘, 그까짓 일로 우니? 엄마가 더 예쁜 강아지 사줄게"라고 말하며 빨리 슬픈 감정에서 빠져나오기를 바랍니다.

억압형이나 축소전환형 부모 모두 아이가 나쁜 감정을 빨리 극복하고 더 강하게, 행복하게 살기를 바라는 마음에서 나쁜 감정을 부정합니다. 하지만 의도와 달리 나쁜 감정을 억압하거나 부정하도록 강요받은 아이는 그런 감정을 느낄 때 죄책감을 갖거나 부끄러워합니다. 누구나 다 느낄 수 있는 감정인데도 자기만 나쁘거나 이상하거나 부족해서 그런 감정을 느끼는 것으로 오해합니다.

감정코칭을 하려면 감정에 좋은 감정과 나쁜 감정이라는 줄을 그어서는 안 됩니다. 아이의 감정을 있는 그대로 편견 없이 공감해 줄 때 비로소 감정코칭을 할 수 있습니다.

❖ 아이 자신도 모르는 복합적인 감정도 받아준다

감정은 언제나 똑 떨어지는 분명한 형태로 나타나지 않습니다. 여러 가지 감정이 복합적으로 섞여 나타날 때가 더 많습니다. 어른들은 오랜 경험을 통해 다양한 감정이 한꺼번에 밀려올 수 있다는 것을 알지만 아이들은 그렇지 않습니다. 아이들은 한편으론 좋으면서도 다른 한편으론 무섭고 두려운 감정을 어떻게 받아들여야 하는지 몰라 불안해합니다.

초등학교 5학년 은지가 여름 캠핑을 떠날 때의 일입니다. 3박 4일 일정의 리더십 훈련을 위한 캠핑이었습니다. 캠핑에 대한 제안은 부모가 먼저 했습니다. 은지의 소극적인 성격을 바꿔주고 싶었던 부모에겐 기대가 되는 캠프였습니다. 그렇지만 억지로 강요를 했던 것은 아닙니다. 은지도 재미있을 것 같다며 흔쾌히 캠프를 가겠다고 했습니다.

그런데 캠프를 떠나기 하루 전에 일이 터졌습니다. 갑자기 은지가 캠프를 가지 않겠다며 울먹였습니다. 이런 경우 부모들은 대부분 "도대체 왜 그래? 네가 가겠다고 했잖아. 캠프가 얼마나 재미있는데 그래. 왜 우는지 이해할 수 없네"라고 말합니다.

하지만 그렇게 이야기하면 아이는 더욱 주눅이 듭니다. 남들은 다 즐거워하는데 자기만 불안해하니 '내가 비정상인가 봐' '내가 모자라나?' '내가 겁쟁이인가 봐' 하고 생각할 수 있습니다.

사실 캠프가 즐겁기만 한 것은 아닙니다. 캠프에 대한 호기심과 설렘이 있지만 다른 한편으론 두렵고 불안하고 걱정스러운 마음도 듭니다. 이는 지극히 자연스러운 감정입니다. 그렇게 복합적인 감정이 일어날 수 있다는 것을 공감해 주어야 합니다.

정작 아이는 여러 감정이 섞여 있어 자기감정이 어떤 것인지 잘 모를 수 있습니다. 그럴 때는 부모가 먼저 아이의 감정을 정리해 주어도 좋습니다. "엄마가 보기에는 은지가 설레기도 하면서 두려울 것 같은데…" 또는 "엄마도 처음 수학여행 갈 때 좋으면서도 두려웠어"라고 말해 준다면, 아이는 안심하고 공감합니다. 그렇게 복잡하게 여러 감정을 느껴도 괜찮다고 생각하면서 말입니다.

❖ 감정을 공감할 때는 진정성 있게

감정을 공감할 때는 아이의 마음이 되어 진지하게 공감해 주어야 합니다. 그런데 종종 어른들은 아이의 감정을 조금은 장난스럽게 받아들이곤 합니다.

"아이가 너무 사랑스러워요. 화를 내거나 우는 모습조차 얼마나 귀여운지…."

소저 엄마는 거의 마흔이 가까운 나이에 소저를 얻었습니다. 결혼도 늦은데다 임신이 잘 안 돼 결혼한 지 3년 만에 소저를 낳았습니다. 그때 나이가 서른여덟 살. 기다리고 기다리던 아기를 출산하자 그녀는 세상을 다 얻은 듯한 기쁨에 젖어 꿈같은 하루하루를 보냈습니다. 너무도 귀한 아기라서 어떤 모습이든 예쁘기만 했습니다.

소저는 식탐이 있는 편이라 먹는 것을 좋아하는데 특히 아이스크림을 좋아해 제재를 하지 않으면 하루에 7~8개도 거뜬히 먹습니다. 그렇게 아이스크림을 많이 먹은 날은 배탈이 나서 꼭 설사를 하기 때문에 소저 엄마는 아이스크림을 감춰놓고 웬만하면 주지 않으려고 합니다. 그럴 때마다 소저는 속이 상해 애가 탑니다.

"엄마, 엄마, 아이스크림 주세요. 네?"

고사리만한 두 손을 모아 달라고 조르는 모습이 그렇게 귀여울 수가 없습니다. 아이스크림을 너무 많이 먹으면 좋지 않다는 것을 알면서도 불쌍한 표정으로 간절하게 아이스크림을 달라고 쫓아다니는 모습을 보면 절로 웃음이 나옵니다. 한참을 사정해도 아이스크림을 주지 않으면 화를 참지 못하고 씩씩거리거나 울어버립니다.

"아이고, 우리 소저, 엄마가 아이스크림을 안 줘서 속상하구나."

말로는 소저의 감정을 읽어줍니다. 하지만 표정은 속상해하고 화내는 아이가 귀엽고 사랑스러울 뿐이라고 말합니다. 아이의 감정보다는 아이를 보는 엄마의 감정이 앞서 있습니다.

소저 엄마뿐 아니라 많은 부모가 아이의 감정을 진지하게 공감하지 않습니다. 입으로는 "우리 미란이 화났어?" "어이구, 우리 영호 슬프구나" 하면서도 정작 아이가 느끼는 감정을 심각하게 받아들이지 않습니다. 그 이면에는 '저 쪼그만 애가 화가 나면 얼마나 났겠어' '저렇게 어린애가 진짜 슬픔이 뭔지 알 리가 있어?' 하며 아이의 감정을 대수롭지 않게 바라보는 마음이 있는 것입니다.

아이의 감정은 아이의 눈높이에서 함께 공감해 주어야 합니다. 어른들이 보았을 때는 아이스크림을 먹지 못해 화가 난 아이의 감정이 별것 아닌 것처럼 보일 수 있습니다.

그러나 아이 입장에선 어른들이 믿었던 사람에게 배신을 당했을 때 느끼는 분노와 절망감 수준의 감정일 수 있습니다. 그 정도로 마음을 어지럽게 만드는 감정인데, 부모가 웃거나 재미있다는 표정을 지으며 "화났구나"라고 말하면 아이는 혼란스러워합니다. 이럴 경우 아이는 자기감정을 제대로 이해하고 대응할 기회를 상실합니다.

어떤 경우에서든 감정코칭을 할 때는 아이의 감정을 진지하게 공감해 주십시오. 말로만 공감한다고 이야기한다면 아이는 진정으로 자기감정을 공감해 준다고 느끼지 못합니다. 아이의 마음속으로 들어가 그 감정을 있는 그대로 인정하고 공감하려는 노력이 필요합니다.

아이가 유치원에서 울면서 돌아옵니다. 이때 부모는 어떻게 반응할까요? 아침에 웃으면서 즐겁게 유치원에 갔던 아이가 왜 우는지 걱정스러워 급하게 아이에게 달려가 붙잡고 묻습니다.

"아니, 우리 민수 왜 울어?"

엄마는 우는 아이가 걱정스러워 한 말인데, "왜 울어?"라는 말을 듣는 순간 아이는 쉽게 대답을 하지 못합니다. '왜?'는 인지적인 사고를 요하는 질문입니다. 인지적인 사고는 전두엽에서 처리해야 하는데, 전두엽은 평균 27~28세는 되어야 완성됩니다. 그런데 고작 유치원생인 어린아이가 자기가 왜 우는지를 논리적으로 설명한다는 것은 불가능합니다.

"오늘 유치원에서 나보다 힘이 센 아이가 계속 나를 괴롭혔어요. 그래서 선생님한테 일렀는데, 선생님이 나를 괴롭힌 아이를 혼내주지 않고 친구들끼리 사이좋게 놀아야 한다면서 나한테만 뭐라고 했어요. 그래서 억울하고 속상하고 짜증이 나서 울고 있어요."

유치원생이 이렇게 설명할 수는 없습니다. 이렇게 설명하려면 10년은 족히 걸릴지도 모릅니다. 아이의 감정은 감정으로 읽어주어야 합니다. 아이가 눈물을 흘릴 때 "지금 뭔가 굉장히 슬픈 것 같은데…" 정도만 이야기해 줘도 아이는 엄마가 자신의 감정을 알아주었다는 데 안도하며 고개를 끄덕끄덕합니다.

아이의 기분을 잘 모를 때는 "기분이 어때?"라고 물어도 됩니다. 이는 감정을 묻는 것이므로 "화가 나요" "친구가 미워요" "슬퍼요" 등 여러 가지로 표현할 수 있습니다. 아이가 감정을 이야기할 때 "정말 밉겠네" "정말 화가 나겠네"라고 공감해 주면, 아이는 부모가 자기편이라고 믿으며 마음을 열고 마치 지원자를 얻은 듯 든든해합니다. 반대로 공감을 해주지 않으면 아이는 무시당한다는 느낌과 자신을 미워한다는 느낌을 받으며 자존감이 낮아집니다.

❖ '왜?' 대신 '무엇'과 '어떻게'로 접근하라

아이의 감정을 읽어주고 풀어주려면 왜 그런지 알아야 합니다. 왜 우는지, 왜 화가 나는지, 왜 짜증이 나는지를 알아야 그러한 감정을 어떻게 처리할 것인지 아이와 함께 찾아갈 수 있습니다. 그런데 '왜?'는 이성적인 사고를 요하는 질문이어서 가능한 피해야 하는 질문이라고 말했습니다. 그렇다면 어떻게 풀어야 할까요?

'왜?' 대신 '무엇'과 '어떻게'를 사용해 대화를 하면 됩니다. 감정코칭을 해보지 않은 부모라면 이 간단한 단어의 차이가 얼마나 큰지 실감하기 어렵습니다. 하지만 실제로 많은 아이를 감정코칭하다 보면, 단어 하나의 차이가 아이의 마음을 열게도 하고 닫게도 만든다는 걸 수시로 확인합니다.

다음의 감정코칭 사례를 살펴보겠습니다. '왜?'라는 질문 대신 '무엇'을 사용함으로써 감정코칭을 성공적으로 풀어낸 사례입니다.

초등학교 2학년 아이가 학교에서 내준 숙제가 너무 많다고 화를 내면서 들어옵니다. 신발도 제멋대로 벗어놓고 쿵쾅거리며 자기 방으로 들어갑니다. 얼굴에는 짜증이 가득합니다. 만일 '왜'라는 질문으로 이야기를 했다면 어떻게 전개되었을까요?

엄마 : 웅인아, 왜 쿵쾅거리며 들어오니? 왜 그래?

웅인 : 짜증이 나서 죽겠어.

엄마 : 왜 짜증이 나는데? 왜 짜증이 나는지 말해 보라니까.

웅인 : 몰라. 말 시키지 마! 더 짜증나니까.

엄마 : 너, 엄마한테 그게 무슨 말버릇이야? 학교 갔다 오는 게 무슨 큰 벼
슬이라고 유세야? 너만 힘든 줄 알아?

웅인 : 아이참. (문을 쾅 닫고 나가버린다.)

엄마 : 야! 너 문 다시 닫아! 어디서 성질부리고 그래! 이게 오냐오냐 하니
까 주제 파악을 못하네.

(이하 생략)

다음은 같은 상황을 '왜' 대신 '무엇'과 '어떻게'로 바꿔 물었을 때입니다.

엄마 : (먼저 감정을 읽어주며) 웅인이 뭔가 짜증나는 일이 있나 보구나.

웅인 : 짜증 나 죽겠어.

엄마 : 그래, 웅인이가 많이 짜증이 나 보이네. 학교에서 '무슨' 일이 있어
이렇게 짜증이 났을까?

웅인 : 오늘 학교에서 선생님이 숙제를 너무 많이 내주셨어요.

엄마 : 그렇구나. 오늘 학교에서 선생님이 숙제를 너무 많이 내주셨구나.

웅인 : 숙제가 많아서 정말 하기 싫어요.

엄마 : 숙제가 많아서 하기가 싫은 거구나.

웅인 : 네.

엄마 : '어떤' 숙제를 내주셨는지 엄마한테 말해 줄 수 있겠니?

웅인 : 국어 익힘책 두 장 쓰고, 수학 세 쪽 풀어야 하는 거예요.

엄마 : 그래, 엄마가 봐도 오늘은 다른 날보다 숙제가 많은 것 같네. 그런데 웅인아, 선생님께서 '무엇' 때문에 이렇게 숙제를 많이 내주었을까?

웅인 : 다음 주에 중간고사를 봐서 공부를 더 많이 하라고 일부러 많이 내주신 거예요.

엄마 : 그렇구나. 그러고 보니 다음 주에 중간고사가 있구나. 그래서 선생님이 일부러 숙제를 많이 내주신 것 같구나.

웅인 : 네.

엄마 : 웅인이는 공부하는 것이 '어떻게' 느껴져?

웅인 : 공부하는 것은 좋은데 숙제는 싫어요.

엄마 : '어떤' 면에서 숙제를 하기가 싫은지 엄마한테 말해 줄 수 있겠니?

웅인 : 글씨를 많이 쓰면 손이 아파요. 그리고 똑같은 걸 반복하니까 지루하고 재미없어요.

(이하 5단계는 생략)

웅인이 엄마는 '왜' 대신 '무엇'과 '어떻게'를 사용함으로써 웅인이가 차분하게 이야기할 수 있도록 도왔습니다. 엄마가 "무슨 일이 있어 이렇게 짜증 났을까?"로 말하지 않고 "왜 짜증이 났을까?"라고 물었을 때 웅인이는 쉽게 대답하지 못하고, 감정을 이성으로 설명해야 하니까 "몰라"라는 답이 나오면서 감정적으로는 더 짜증이 났던 것입니다. "어떤 면에서 숙제를 하기가 싫은지 엄마한테 말해 줄 수 있겠니?" 대신 "왜 숙제하기가 싫은지 엄마한테 말해 줄 수 있겠니?"라고 했을 때도 마찬가지입니다.

어른들에겐 너무나도 사소한 차이지만, 아이들에겐 아주 다른 느낌으로 받아들여진다는 점을 기억해두어야 합니다.

'왜?'라는 질문은 대학 교수나 연구원에게 하면 좋을 질문입니다. 지적 호기심과 관심을 더 파고들 때는 아주 좋은 질문이겠지만, 감정적인 상황에서는 신뢰감이나 유대감을 형성하려는 의도와는 전혀 반대의 결과를 가져올 수 있습니다.

처음 감정코칭을 할 때는 좀 어색하겠지만 약간 의식적으로 '왜' 대신 '무엇'과 '어떻게'를 사용하는 연습을 한다면 점차 물 흐르듯이 자연스럽고 익숙하게 될 것입니다.

아이가 하는 말을 미러링하면 감정 공감이 쉽다

아이의 감정을 공감해 주는데도 정작 아이는 공감을 받는다고 느끼지 못할 때가 있습니다. 감정코칭을 효과적으로 하려면 아이와 부모가 한마음이 되어야 합니다. 부모가 완전히 아이의 감정을 이해하고 공감하지 못하면 아이는 더 스트레스를 받습니다.

아이의 감정을 정확하게 이해하고 공감할 수 있는 좋은 방법이 있습니다. 일명 '거울식 반영법'으로, 영어로는 '미러링mirroring'이라고 합니다. 아이가 감정을 이야기하면 그대로 따라서 한 번 말해 주는 방식입니다. "아, 화가 났구나" "기분이 나쁘고 속이 상했구나"라고 아이 말을 따라 해주면, 아이는 감정을 인정받았다고 생각하며 안도합니다.

때로는 아이가 앉아 있는 자세나 몸짓을 미러링할 수도 있습니다. 장난치듯 흉내내는 것이 아니라 그런 자세와 몸짓으로 아이와 자연스럽게 암묵적으로 조율하는 것입니다.

거울식 반영법(미러링)을 하면 아이의 감정이나 상황을 올바르게 이해했는지 확인할 수 있습니다. 아이는 단지 화가 나 속상했던 것인데 "그렇구나. 그래서 화가 나서 친구가 미웠구나" 하고 거울식 반영법을 했다면, 아이는 "아니에요. 친구가 미운 것은 아니었고 그냥 화가 났어요"라며 정정을 합니다.

흔히 감정이 격해 있는 상태에서는 자기감정을 제대로 인식하지 못할 것이라 생각하기 쉽습니다. 하지만 감정을 공감해 주어 아이가 마음을 연 상태에서는 더 과장하거나 축소하지 않고 있는 그대로 자기감정을 표현합니다. 거울식 반영법이 중요한 것도 이 때문입니다.

조용하게 공부해야 할 자습시간에 초등학교 1학년 남자아이들이 서로 자기 자리에 침범한다고 다투고 있습니다. 그중 한 아이가 심하게 흥분해 있어서 따로 불러 감정코칭을 시작했습니다.

선생님 : 상수야, 선생님이 보기에 상수가 조금 흥분한 것 같은데 무엇 때문에 그러는지 이야기할 수 있을까?

상수 : (고개를 끄덕이며) 네…. (울먹이며) 내가 공부하는데 훈이 공책이랑 지우개가 내 자리로 넘어왔어요.

선생님 : 그렇구나. 상수가 공부하는데 훈이 공책이랑 지우개가 상수 자리로 넘어왔구나. 그래서 상수 기분이 나빠 보였던 거구나.

상수 : 네. 그리고 훈이가 자꾸 나 공부 못하게 팔로 쳤어요.

선생님 : 그랬어? 훈이가 상수 공부하는데 팔로 쳤구나. 어디 보자. (아이 팔뚝을 보며) 어머 진짜로 많이 아팠겠다. 팔이 살짝 부은 것 같은데…. (아이 팔뚝을 어루만져주며) 상수가 많이 아팠겠다.

상수 : 네. 많이 아팠어요. 그래서 공부하기도 싫어요.

선생님 : 그래, 상수가 팔이 아파서 공부하기가 싫었구나. 선생님도 공부하는데 누가 옆에서 공부를 못하게 방해하면 짜증이 나고 화가 났을 거야.

상수 : 네. 짜증 나요.

선생님 : 그랬구나, 속상했겠다. 그런데 상수야, 선생님이 뭐 하나 물어봐도 돼?

상수 : 네.

선생님 : 상수 공부하는데 훈이가 매일 방해하니?

상수 : 네…. (작은 목소리로) 아니요.

선생님 : 아, 매일 방해하는 건 아니야?

상수 : 네. 하지만 내가 공부할 때마다 방해하는데요.

선생님 : 그렇구나, 상수가 공부할 때마다 방해했구나. 속상했겠다. 그럼 상수야, 선생님이 궁금해서 그러는데 뭐 하나 또 물어봐도 될까?

상수 : 네.

선생님 : 훈이가 상수 공부 방해했을 때 상수가 훈이에게 어떻게 했는지 이야기해 줄 수 있을까?

상수 : 나도 훈이 발로 찼는데요.

선생님 : 상수도 훈이 발로 찼구나. 상수가 훈이를 발로 찼을 때 기분이 어땠어?

상수 : 속 시원했어요.

선생님 : 정말? (상수의 눈을 바라본다.)

상수 : 네. 조금은 시원했는데 사실은 기분이 나빴어요.

선생님 : 아, 상수도 훈이 발로 차고 기분이 좋지 않았구나.

상수 : 네. 기분이 좀 나빴어요.

아이들은 상대방이 자기감정을 읽어주고 자기편이 되었다고 생각할 때 더 솔직해집니다. 매일 친구가 자기를 방해하는 것은 아니고, 자기 또한 친구를 발로 차서 속이 시원하면서도 기분이 좋지 않았음을 솔직하게 풀어냅니다.

거울식 반영법은 아이의 감정을 공감하고 있다는 강력한 표현입니다. 그런데 감정코칭을 할 때 계속 거울식 반영법을 하면 "왜 자꾸 내 말을 따라 하세요" 하며 거부감을 나타내는 아이가 있을 수 있습니다. 감정적으로 충분히 아이와 공감하지 않고 앵무새처럼 아이가 한 말을 따라서 반복할 때, 아이는 직감적으로 공감받지 못하고 있다는 것을 느끼기 때문입니다. 거울식 반영법의 핵심은 아이의 감정을 공감할 수 있도록 조율해가는 '과정'이지, 단순모방의 '기술'이 아닙니다.

5

감정코칭 5단계,
아이 스스로 문제를 해결할 수 있도록 하기

◈ ✿ ─────── 아이의 감정을 읽어주고 감정에 이름을 붙이고 공감했다면, 다음은 문제를 해결해야 할 차례입니다. 감정코칭을 하게 되면 궁극적으로 아이가 처한 감정적 상황에서 유연하고 지혜롭게 해결책을 찾기가 쉬워집니다. 5단계가 잘 진행되지 않는다면, 억지로 밀고 나가기보다 4단계로 돌아가 충분히 감정을 공감해 주는 과정이 필요합니다.

5단계는 ① 한계 정하기, ② 욕구 확인하기, ③ 해결책 찾아보기, ④ 해결책 검토하기, ⑤ 아이가 스스로 해결책을 선택하도록 돕기로 구분할 수 있습니다. 단계가 상당히 복잡해 보이지만 실제 해보면 물 흐르듯이 자연스럽게 진행됩니다.

부모는 아이가 가장 좋은 해결책을 찾을 수 있도록 도와주고 싶은 마음에 자신의 생각과 판단을 은연중 강요하는 실수를 저지르는 경우가 많습니다. 하지만 어디까지나 문제 해결의 주체가 '아이'라는 점을 잊어서는 안 됩니다.

❖ 먼저 공감하고 행동의 한계를 정해준다

아이의 감정은 다 받아주어야 하지만 행동까지 모두 받아주어서는 안 됩니다. 동생이 애써 만든 블록을 망가뜨려 속상하고 화나는 감정이야 충분히 공감해 주어야 하지만 그렇다고 동생을 때리거나 꼬집거나 발로 차는 행동을 허용할 수는 없습니다.

또한 엄마가 동생만 예뻐한다고 분노와 질투심에 사로잡혀 아이가 엄마에게 욕을 한다면, 당연히 잘못된 행동임을 분명하게 지적해 주어야 합니다.

행동에 한계를 그어줄 때는 아이의 감정이 아니라 행동이 잘못되었다는 점을 깨닫게 해주는 것이 중요합니다. 그러기 위해서는 행동에 대해 이야기하기 전에 감정부터 공감해 주어야 합니다.

"동생이 네가 애써 만든 블록을 망가뜨렸구나. 정말 속상했겠다. 엄마라도 화가 많이 났을 거야. 그렇지만 화가 났다고 어린 동생을 때리는 건 안 돼. 다른 방법은 없었을까?"

"엄마가 동생만 예뻐한다고 화가 났구나. 질투도 나고. 엄마도 어렸을 때 할머니가 언니만 예뻐해서 질투를 느낀 적이 있어. 하지만 그렇다고 엄마한테 심한 욕을 하면 되겠니? 우리 집에서는 부모에게 욕하는 행동은 허용하지 않는다. 욕을 하지 않고 네 감정을 표현할 다른 방법은 없었을까?"

이처럼 감정을 공감해 주고 행동을 지적해야 아이가 거부감 없이 자신의 행동이 잘못되었음을 받아들입니다. 공감 없이 잘못된 행동만 야단을 치면, 아이는 감정이 잘못된 것인지 행동이 잘못된 것인지 몰라 더욱 상처를 받을 수 있습니다.

그렇다면 행동의 한계는 어떻게 그어주는 것이 좋을까요? 아이가 쉽게 이해하고 다양한 상황에서도 일관되게 적용할 수 있도록 아주 단순한 원칙 두 가지를 권하고 싶습니다. 즉 남에게 피해를 입히는 행동과 자신에게 해를 입히는 행동은 한계를 그어주어야 한다는 점입니다.

세세한 부분까지 한계를 정해놓으면 누구라도 이를 지키기가 어렵습니다. 예를 들어 교실에서는 떠들면 안 되고, 복도를 다닐 때는 발뒤꿈치를 들고 조용히 걸어야 하고, 점심시간에 밥을 먹을 때도 제자리에 앉아 조용히 먹어야 하고 등 일일이 규칙을 만들어놓으면 이를 다 기억하기도 어렵고 지킬 엄두도 나지 않습니다.

어떤 형태로든 자신과 타인에게 피해를 입히는 행동은 안 된다는 원칙만으로도 아이는 해도 괜찮은 행동과 그렇지 않은 행동을 얼마든지 구분할 수 있습니다. 예를 들어 '동생을 때리는 것은 안 된다' '엄마에게 욕하는 것은 안 된다' 정도로 간단히 한계를 그어주면 됩니다.

특히 '우리 집(학교)에서는 서로의 의견을 존중하고, 폭력은 허용하지 않는다'고, 집이나 학교에서 기대하는 최소한의 기준이나 한계를 말해 주는 것이 필요합니다. 때리거나 욕하는 방법 말고도 자신의 감정을 표현할 수 있는 행동은 무궁무진하고, 그중에 현재 아이의 연령과 상황에서 비교적 바람직한 방법을 선택하면 됩니다.

❖ 아이가 원하는 욕구 확인하기

동생이 블록을 망가뜨려 아이가 화가 났습니다. "화가 많이 났구나. 어떻게 했으면 좋겠어?"라고 물으면 아이는 "동생 갖다 버렸으면 좋겠어" "엄마가 동생 한 대 때려주고 혼내줬으면 좋겠어" "동생이 내가 만든 블록 다시는 망가뜨리지 않았으면 좋겠어" 등 여러 대답을 할 수 있습니다.

이때 동생을 때리거나 갖다 버리는 것은 안 된다는 한계를 분명히 정한 다음, 아이가 원하는 바를 확인해야 합니다. 이 경우 '동생이 앞으로 블록을 망가뜨리지 않게 하는 것'이 아이가 원하는 일이 될 수 있습니다.

이처럼 아이 스스로 자신이 무엇을 원하는지 욕구를 확인하는 일은 매우 중요합니다. 그래야 그 욕구를 이루기 위한 해결책이 어떤 것이 있는지 찾아 볼 수 있습니다. 욕구를 찾아 성취하지 못하고 감정만 누그러뜨리는 것은 바람직한 문제 해결 방법이 아닙니다.

시우의 경우를 보겠습니다. 놀이터에서 친구들과 구름사다리 건너기 경기를 마치고 시우가 울고 있습니다. 엄마가 엉엉 우는 시우를 안아주고 토닥거려주었더니 울음소리가 조금 잦아들었습니다.

엄마 : 무엇 때문에 울었는지 이야기해 줄 수 있겠니?

시우 : 나는 그냥 빼빼로가 먹고 싶어서 열심히 했는데….

엄마 : 시우야 조금 자세히 이야기해 줄 수 있을까?

시우 : 이모가 구름사다리 건너기 제일 잘하는 사람한테 빼빼로를 준다고 했어요. 나는 빼빼로가 먹고 싶어서 진짜 열심히 했는데 2등 해서 못 받았어요.

엄마 : 아, 그것 때문에 울었구나.

시우 : 네….

엄마 : 많이 속상했나 보네.

시우 : 네. 기분도 나쁘고 2등 해서.

엄마 : 아, 2등 해서 기분도 나쁘고 속상해서 울었던 거구나.

시우 : 아니요. 2등 해서가 아니라 빼빼로를 못 받아서요.

엄마 : 아, 우리 시우 빼빼로 정말 좋아하지.

시우 : 네. 맛있어요. 초콜릿 묻어 있는 부분은 더 맛있고요. 먹을 땐 재미
있어요.

엄마 : 그럼 시우가 속상해서 울지 않을 방법이 없을까?

시우 : 음…. 엄마가 간식 사올 때 빼빼로 사오면 안 돼요?

시우의 욕구는 좋아하는 빼빼로를 먹는 것입니다. 이를 확인했다면, 그 다음 어떻게 빼빼로를 먹을 수 있는지 해결책을 찾아보면 됩니다.

하지만 언제나 해결책이 있는 것은 아닙니다. 친한 친구가 이사를 갔다든가 반려동물이 죽었을 때, 아이는 친구가 다시 돌아오거나 반려동물이 살아나기를 원할 수도 있지만 이는 불가능한 일입니다.

이런 경우에는 슬픈 감정을 위로받는 것 자체가 가장 필요한 욕구일 수 있습니다. 더 나아가 비록 멀리 이사 간 친구지만 서로 연락하거나 만날 수 있는 방법을 찾아보거나, 죽은 동물을 소중하게 기억할 수 있는 방법을 찾는 것도 욕구 충족이 될 수 있습니다.

❖ 해결책 찾아보기

이제 아이와 함께 문제를 어떻게 해결할 것인지 방법을 찾아볼 차례입니다. 일반적으로 아이는 자기 수준에서 해결책을 찾습니다. 어른들은 머릿속에서 더 좋은 해결책이 떠오르면 개입하고 싶겠지만 섣불리 아이보다 앞서 해결책을 제시하면 안 됩니다.

우선은 아이 스스로 다양한 해결책을 찾도록 질문만 하는 것이 좋습니다. 그래야 아이가 스스로 해결책을 찾으려는 노력을 하고, 좋은 생각이 떠올랐을 때 자신이 해결책을 찾아냈다는 자부심도 들고, 하고 싶은 동기도 생기며 자기효능감과 자기성장감을 느낄 수 있기 때문입니다.

초등학교 5학년 유진이가 친구와 게임을 하는데 친구가 자꾸 속임수를 써서 기분이 상했습니다. 친구가 속임수만 쓰지 않으면 얼마든지 게임에서 이길 수 있을 것 같습니다. 그런데 친구가 속임수를 써 번번이 지자 화가 단단히 났습니다. 유진이는 다시는 친구와 게임을 하고 싶지도 않고, 같이 놀기도 싫다며 속상해합니다.

아이의 감정을 읽어주고 명료화하고, 충분히 공감한 다음(감정코칭 4단계까지), 어떻게 해결하는 것이 좋을지 묻습니다.

"유진이가 속상해하지 않고 게임을 재미있게 할 수 있는 방법은 없을까?"

"걔하고는 게임 안 하면 되죠."

아이 수준에서 나름대로의 해결책을 내놓습니다. 초등학교 고학년이라면 여러 가지 해결책을 제시할 수 있지만, 열 살 미만의 어린아이들은 대개 한 번에 하나밖에 해결책을 내놓지 못합니다. 또는 적당한 해결책을 찾지 못해 난감해할 수 있습니다. 그럴 때는 부모가 두세 개의 선택을 제안해도 괜찮습니다.

감정코칭이 잘 이루어져 아이와 부모 간의 유대감이 돈독해졌다면 아이는 부모가 자기편이라고 믿기 때문에 부모의 제안을 잘 따릅니다. 유진이의 예를 계속 살펴보겠습니다.

> 엄마 : 친구랑 게임을 안 할 수 있겠니?
>
> 유진 : 글쎄요. 심심하면 잊어버리고 또 게임을 하게 돼요.
>
> 엄마 : 심심하면 잊어버리고 게임을 하게 되고, 그러면 유진이가 또 화나고 속상할 텐데…. 더 좋은 방법은 없을까?
>
> 유진 : 음…. 잘 모르겠어요.
>
> 엄마 : 그럼 엄마가 한 가지 제안해볼까? 하지만 이것만이 정답은 아니야. 그냥 제안하는 거야. (팁! 엄마의 답이 정답이 아니라 아이가 생각해 볼 수 있는 여지와 가능성을 열어주는 것입니다.)
>
> 유진 : 네. 엄마가 좋은 생각이 있으면 말해 주세요.
>
> 엄마 : 친구에게 편지로 유진이 마음을 전하면 어떨까?
>
> 유진 : 어떻게요?
>
> 엄마 : 유진이의 마음을 어떻게 전하면 좋을까? (팁! 아이의 '어떻게요?'라는 질문에 엄마는 바로 답을 말해 주고 싶겠지만, 아이가 다시 한 번 스스로 생각해 볼 수 있도록 '어떻게'라는 질문을 되묻는 것이 좋습니다.)
>
> 유진 : '친구야, 즐겁게 게임도 하고 친하게 지내고 싶은데, 게임을 할 때 속임수는 쓰지 않았으면 좋겠어' 하고 쓰면 좋을 것 같아요.
>
> 엄마 : 좋은 생각이네. 유진이가 편지를 보내면 친구가 어떤 반응을 보일지 엄마도 궁금하니까 나중에 말해 줄 수 있겠지?

유진 : 네.

아이가 스스로 해결책을 충분히 생각할 수 있도록 "다른 방법은 없을까?" 또는 "더 좋은 방법은 없을까?"라고 질문을 던져주는 것이 중요합니다. 그리고 아이가 제시한 해결책 어느 하나라도 하찮게 생각해서는 안 됩니다.

해결책을 제시할 때마다 "그거 좋은 생각이네" "아! 그런 방법이 있었구나"라고 말하며 긍정적인 반응을 보여주는 것이 좋습니다. 설령 아이가 생각한 해결책이 다소 현실 가능성이 없거나 최상의 해결책이 아니더라도 일단은 진지하게 경청하고 해결책 목록에 넣어두는 것이 바람직합니다.

❖ 해결책 검토하기

아이와 함께 문제를 해결할 수 있는 방법을 궁리했다면, 그때까지 나온 해결책을 점검할 필요가 있습니다. 아이가 생각한 해결책들은 다 의미가 있지만 그렇다고 모두 시도해 볼 수는 없습니다. 따라서 어떤 해결책을 최종 선택하기 전에 모든 해결책을 하나하나 살펴보며 평가를 하는 작업이 필요합니다.

이때도 역시 아이가 스스로 해결책을 살피도록 돕는 것이 중요합니다. "이 방법은 성공할 수 있을까?" "할 수 있겠어?" "그 방법이 옳다고 생각하니?" 하면서 해결책의 성공 가능성, 실현 가능성, 효과 등을 생각해 볼 수 있도록 질문하면, 아이는 해결책에 대해 다시 한 번 고민하는 시간을 가질 수 있습니다.

❖ 아이가 스스로 해결책을 선택하도록 돕기

해결책에 대해 부모가 의견을 제시하거나 비슷한 상황에서의 경험을 이야기해 줄 수는 있습니다. 그러나 최종적으로 어떤 해결책을 선택할 것인가는 아이의 몫입니다.

소위 '문제아' '말썽꾸러기'라는 아이들조차도 어른들이 알고 있는 것보다 훨씬 지혜로운 답을 생각해내는 경우가 수없이 많습니다. 때로 서너 살된 아이도 감정이 순화되고 마음이 편한 상태에서는 어떤 해결책을 선택하는 것이 가장 좋은지 잘 알 수 있습니다. 그런데도 부모들은 아이 혼자서는 올바른 선택을 할 수 없으리라 판단해 선택을 대신하려 듭니다.

아이를 믿지 못하면 감정코칭은 성공할 수 없습니다. 아동 보육시설에서 감정코칭을 많이 한 황미례(가명, 37세) 보육 교사의 사례입니다. 그 선생님은 5, 6, 7세 어린이 8명을 맡고 있었습니다. 중간에 황 선생님 반으로 합류한 아이가 한 명 있었는데, 주의력결핍 과잉행동장애를 진단받은 아이였습니다. 아이는 약물 치료, 미술 치료, 인지 치료 등을 받았는데 유난히 짜증을 잘 내고 사소한 일에도 크게 울었습니다.

처음에는 왜 이런 아이가 우리 반에 왔을까 원망할 정도로 힘들었다고 합니다. 감정코칭 수업을 받은 후 아이들에게 적용을 할 때도 다른 아이들은 잘 따라왔지만 그 아이는 아무리 노력해도 마음을 열지 않았습니다.

황 선생님은 왜 그 아이만 안 되는 건지 깊이 고민했습니다. 그리고 마침내 황 선생님 자신에게 문제가 있었음을 깨달았다고 합니다. 내색은 하지 않았지만 황 선생님의 마음 한구석에는 늘 '그래, 너는 문제아야'라는 생각이 있었다는 것입니다. 감정을 읽어주고 믿어주었더니 아이가 변하기 시작했고 아이는 마음을 열고 다가왔습니다.

어느 날 한 선생님이 아이에게 사탕을 줬는데 사탕을 받으면서 "감사합니다"라고 하더니 "그런데 우리 교실에는 8명의 친구와 형들이 있어요. 8개를 주시면 안 되나요?" 하고 말했다고 합니다.

이전까지 다른 아이의 장난감을 빼앗고 못 살게 굴면서도 아무렇지도 않던 아이가 감정코칭으로 친구들을 배려하는 아이로 변했던 것입니다. 아이가 선생님을 믿고 원하는 바를 명확하게 표현할 수 있게 되었기에 가능했던 일입니다. 이 아이의 변화를 본 다른 보육시설 선생님들이 이구동성으로 감정코칭의 효과에 감탄했다고 합니다.

아이가 스스로 해결책을 선택할 수 있으려면 아이를 믿어주는 것이 무엇보다 중요하다는 점을 강조하고 싶습니다. 아이를 믿어주지 않으면 아이는 해결책을 선택할 때마다 부모의 눈치를 살피면서 스스로 선택하기를 포기합니다.

설령 아이가 최선의 선택을 하지 못했어도 괜찮습니다. 아이의 실수 또한 성장의 한 과정입니다. 아이가 선택한 방법이 그다지 효과가 없는 것이라도 일단 시도해 보게 하고, 아이가 직접 그 결과를 확인하도록 하는 것이 좋습니다.

선택한 방법이 효과가 없다면 다른 방법을 시도해 보면 됩니다. 이러한 과정을 통해 아이는 해결책이 효과가 없어도 실망하지 않고 다른 시도를 해볼 수 있고, 문제를 해결할 수 있는 방법이 하나가 아니라 여러 가지일 수 있다는 점을 배우게 됩니다.

감정코칭을 하지 말아야 할 때

아이가 감정을 보이는 순간을 놓치지 말라고 했지만 언제나 감정코칭을 할 수 있는 것은 아닙니다. 다음은 감정코칭을 하지 말아야 할 때입니다.

다른 사람이 있을 때

시어머니 앞에서 떼를 쓰는 아이에게 감정코칭을 해야 할까 말아야 할까요? 답은 'No!'입니다. 꼭 해야 한다면 아이를 다른 사람이 없는 방으로 데려간다든가, 공원에 데리고 나가는 등 아이와 단둘이 있는 상황을 만들어야 합니다.

감정코칭을 제대로 하려면 부모와 아이가 진심으로 마음을 열고 소통을 해야 합니다. 그런데 다른 사람, 즉 청중이 있으면 자기도 모르는 사이에 청중을 의식하게 되고 부모와 아이 모두 진정으로 소통하기 어렵습니다.

엄마와 단둘이 있을 때는 말도 잘 듣고 정서적으로 안정되어 있던 아이가 다른 사람과 함께 있으면 떼를 쓰는 경우가 많습니다. 예를 들어 집에서는 과자 사 달라는 소리를 안 하던 아이가 할아버지나 할머니 집에 가면 사 달라고 떼를 쓸 수 있습니다. 과자를 너무 많이 먹으면 이도 썩고 건강에도 좋지 않다고 설명해도 소용이 없습니다. 절대적으로 자기편인 할아버지와 할머니를 등에 업은 아이는 무조건 자기 요구 사항을 관철시키려고 합니다.

학교에서도 마찬가지입니다. 다른 학생들 앞에서 한 학생과 감정코칭을 한다면, 다른 학생들은 모두 관객이 되고 선생님과 학생은 일종의 배우 역할을 맡게 됩니다. 누가 무슨 말을 하며 관객에게 어떻게 비쳐질까를 의식하게 되므로 진정성이 결여되고, 마치 연극을 하는 것처럼 될 수 있습니다. 지하철 안이나 공공장소에서도 감정코칭을 하기 어려운 상황입니다.

시간에 쫓길 때

맞벌이를 하는 부부에게 가장 괴로운 시간은 아침에 아이와 떨어져야 하는 순간입니다. 엄마와 떨어지기 싫어 아이는 어린이집이 떠나가라 대성통곡을 하고, 그런 아이를 놓고 출근을 해야 하는 엄마의 마음도 미어집니다. 격하게 우는 아이를 보며 엄마는 감정코칭을 할 것인가, 아니면 모른 척하고 출근을 할 것인가를 갈등합니다.

무조건 아이를 떼어놓고 도망치듯 출근을 하는 것보다는 아이의 감정을 읽어주고 공감해 주는 것이 백번 옳습니다.

실제로 우는 아이를 감정코칭으로 마음을 안정시키는 데는 생각보다 오랜 시간이 걸리지 않습니다. 보통 짧으면 5분, 길어도 15분 이상을 넘지 않습니다. 하지만 워낙 시간에 쫓겨 이 정도의 시간을 내기도 힘들 때가 많습니다.

엄마가 시간에 쫓겨 마음의 여유가 없을 때는 감정코칭이 잘 되지 않습니다. 감정코칭을 할 때는 오롯이 아이의 마음을 읽고 공감해 주는 데 집중해야 합니다. 그런데 머릿속에 '아이를 빨리 진정시키고 출근을 해야 한다'는 생각이 가득 차 있는 상태에선 아이의 감정을 더 상하게 할 수 있습니다.

따라서 시간에 쫓길 때는 감정코칭을 하지 않는 편이 좋습니다. 차라리 15~30분 정도 출근을 늦출 요량으로 여유를 갖고 시작하든가, 아니면 나중에 퇴근 후 시간적 여유가 있을 때 말해 보자고 하는 편이 낫습니다.

아이의 안전이 최우선일 때

아빠가 자동차에 열쇠를 꽂아놓은 채 잠시 편의점에 다녀오는 동안, 아이가 운전대에 앉아 시동을 켜려고 한다면, 누구라도 당장 말려야 할 것입니다. 아이의 안전이 최우선이기 때문입니다.

마찬가지로 아이가 길가로 굴러가는 공을 따라 찻길로 뛰어가려 한다면, "공을 줍고 싶구나"라고 감정코칭을 할 게 아니라 "안돼요" "파란 신호등이 켜질 때까지 기다려야 돼"라고 막아야 할 것입니다. 이처럼 아이가 확실한 위험에 처했을 때는 안전부터 확보해야 합니다.

감정코칭을 해야 할 사람이 몹시 흥분했을 때

감정코칭을 해야 할 사람이 몹시 화가 나 있거나 불안한 상태라면 감정코칭을 하지 말아야 합니다. 남의 감정을 잘 읽어주기란 그리 쉬운 일이 아닙니다. 내 마음이 흥분된 상태에서 남의 마음이 제대로 읽힐 리 만무합니다. 자기도 모르는 사이에 감정을 담아 상대방에게 전달하므로 오히려 역효과가 나기 쉽습니다.

감정코칭을 하기 전에 먼저 흥분했던 마음을 가라앉히는 것이 순서입니다. 쉽게 진정이 안 된다면 다른 사람에게 감정코칭을 부탁하는 것도 괜찮습니다.

제가 우리나라에서 가장 먼저 감정코칭을 소개하고 교사 훈련을 했던 서울의 한 초등학교에서는 감정코칭만 전담하는 교사를 두었습니다. 한 분이 상담실에 항상 대기하고 있다가 필요할 때마다 즉각 아이의 감정을 읽어줌으로써 교사와 아동에게 큰 도움이 되고 있습니다.

수업 시간에 떠들거나 장난을 쳐서 수업을 방해하는 아이를 보면, 선생님 입장에선 감정을 읽어주기가 현실적으로 어렵습니다. 뭔가 불만이 있어 수업에 집중하지 못한다고 생각을 하더라도 수업을 진행해야 하니 주의를 주게 됩니다.

"이민정, 너 왜 그렇게 떠들어. 조용히 해."

보통은 주의를 받으면 비록 잠시 동안이더라도 조용히 하는데, 간혹 반발하는 아이가 있습니다. 뭔가 억울한 사연이 있는 아이인 경우입니다. 옆 친구가 떠든 것인데 선생님이 잘못 알고 엉뚱한 아이를 혼냈거나, 내내 조용히 하다 옆 친구가 말을 시켜 잠깐 대답한 것인데 지적을 받은 경우 등입니다.

"저 안 떠들었는데요."

억울한 마음에 퉁퉁 부은 얼굴로 목소리에 감정을 담아 선생님께 한마디 합니다. 이때 차분하게 "그래? 네가 안 떠들었구나. 미안하다"라고 말할 수 있는 선생님이 몇이나 될까요? 선생님도 사람인지라 감정이 상할 수밖에 없습니다. 아이가 대드는 순간, 정말 그 아이가 떠들었는지 아닌지를 판단하기보다 어린 학생에게 무시당한 느낌이 들면서 흥분할 수 있습니다. 겉으로는 화가 난 것을 감출 수 있어도 그런 상태에서 감정코칭을 하기란 불가능합니다.

이럴 때 감정코칭 전문 상담교사가 아이를 상담실에 데리고 가서 감정 코칭을 해주면 원만하게 상황을 해결할 수 있습니다. 감정코칭 전문 상담교사가 아이의 속상한 마음, 억울한 마음을 읽어주며 이야기를 듣고 감정을 읽어주자, 아이는 선생님이 이상하게도 학기 초부터 자기만 미워할 뿐만 아니라 다른 친구들도 떠들었는데 자기만 야단쳐서 속상하고 화가 난다고 말했습니다. 그래서 선생님께 화를 냈는데, 화를 내면서도 선생님한테 더 혼날까 봐 무섭고 친구들 보기도 창피했다고 털어놓았습니다.

감정을 아무 비판 없이 들어주자 아이는 곧 흥분을 가라앉혔습니다. 그러고는 스스로 선생님께 죄송하다고 말하면서 앞으로 수업에 좀더 열심히 참여하겠다고 말했습니다. 아이는 15분 만에 완전히 다른 아이처럼 고분고분 교실로 돌아갔고, 이후로는 말썽 피우는 일이 없어졌다고 합니다. 감정코칭 전문 상담교사를 통해 학생의 화를 가라앉히고, 교사와의 갈등까지 푸는 과정에서 학생 스스로 훌륭한 해결책까지 찾아낸 좋은 사례입니다.

자해 또는 타해와 같이 극단적인 행동을 할 때

아이들은 대개 감정을 조절하는 능력이 부족합니다. 그래서 격한 감정을 보일 때일수록 더욱 세심하게 감정을 읽어주고 공감해 주어야 하지만 너무 도가 지나칠 때는 감정코칭을 해서는 안 됩니다.

여덟 살 원빈이는 평소에는 얌전하지만 한번 성질이 나면 헐크처럼 공격적으로 변합니다. 원빈이가 헐크처럼 변할 때는 주로 놀림을 당할 때입니다. 그 또래 아이들은 대개 이름보다 별명을 많이 부르는데, 원빈이는 '방귀쟁이'라는 별명을 들으면 참지 못합니다. 속이 좋지 않아 방귀를 많이 뀌는 편인데, 원빈이 자신도 시도 때도 없이 방귀를 뀌는 게 싫습니다. 그래서인지 '방귀쟁이'라는 말만 들으면 죽일 듯이 달려듭니다.

그날도 친구 한 명이 원빈이에게 "원빈이는 방귀쟁이래요. 방귀쟁이…"라며 놀렸습니다. 처음 한두 번은 얼굴이 빨개져서 그만하라고 했는데, 친구가 계속 하자 갑자기 달려들어 팔을 물었습니다. 어찌나 세게 물었는지 간신히 떼어놓고 보니 친구 팔뚝에 이 자국이 선명했습니다.

싫어하는 별명을 자꾸 부르는 친구가 밉고 화가 나는 원빈이의 감정은 충분히 이해할 수 있습니다. 하지만 감정이 격해 친구의 팔을 물어뜯는 것처럼 남을 해치는 행동을 할 때는 단호하게 대처해야 합니다. 아이의 감정을 읽어주는 것보다 두 아이의 안전에 우선순위를 두고 둘을 떼어놓아야 합니다.

부모가 자신의 목적을 달성하려는 의도가 있을 때

부모가 자신이 원하는 방향으로 아이를 끌고 가고자 감정코칭을 이용하는 경우도 많습니다. 아이가 피아노 치기가 싫다며 학원에 가지 않겠다고 할 때, "우리 준영이가 피아노 치기가 싫구나"라고 감정을 읽어주면서도 "그래도 준영이가 학원에 가지 않으면 선생님이 우리 준영이 보고 싶어 할 텐데" 또는 "우리 준영이 피아노 참 잘 치는데…"라고 살살 달래 피아노를 치도록 유도합니다.

아이도 부모가 정말 자기감정을 읽어주는 것인지, 아니면 어떤 다른 의도를 가지고 감정을 읽어주는 척하는 것인지 다 압니다. '저 어린아이가 뭘 알까?' 하고 무시하며 부모 의도대로 아이를 끌고 가려다간 오히려 신뢰감을 잃을 수 있습니다. 즉 아이가 부모의 다른 좋은 행동들마저도 자신을 조종하려는 의도가 담긴 것은 아닌지 오해할 수 있다는 것입니다.

또한 감정코칭에서 얻고자 하는 자발적이고 순수한 자아 성장과는 반대로 타의적이고 고의적인 기만과 불신을 키울 수 있습니다.

감정코칭은 진정성을 담보로 합니다. 진정으로 아이의 마음을 읽어주려고 노력해야 아이의 마음이 열리고, 아이 스스로 감정을 조절하는 방법을 배울 수 있습니다. 뻔히 보이는 의도를 가지고 감정코칭을 한다면, 아이는 부모가 감정코칭을 하려고 할 때마다 거부감이 들고 거짓말을 하거나 회피하려고 할 것입니다.

아이가 거짓 감정을 꾸며댈 때

아이도 가끔은 자기감정을 위장합니다. 얼마나 그럴듯하게 감정을 위장하는지 어른들이 깜빡 속아 넘어갈 때도 많습니다. 하지만 그 자체를 심각하게 생각할 필요는 없습니다. 거짓 감정을 꾸미거나 거짓말을 하는 것도 아이가 성장하면서 자연스럽게 겪는 과정 중 하나입니다.

아이가 거짓 감정을 꾸밀 때는 감정코칭을 해서는 안 됩니다. 거짓 감정에 속아 그 감정을 공감해 주면, 아이가 진솔한 감정을 느끼고 경험할 기회를 상실합니다.

아홉 살 호영이는 거짓말을 밥 먹듯 해서 부모의 애간장을 태웁니다. 숙제 다 하고 놀라고 하면 "네" 하고 방으로 들어가 10분도 안 돼 나옵니다. "숙제 다 했어?" 하고 물으면, 천연덕스럽게 "네" 하고 밖에 나가려 합니다. 확인해 보면 아니나 다를까 거짓말을 한 것입니다. 거짓말이 들통 날 때마다 따끔하게 혼을 냅니다. 그러면 아이는 "잘못했어요. 다음부터는 안 그럴게요" 하고 말하면서 펑펑 웁니다.

처음에는 아이의 눈물에 깜빡 속아 넘어갔습니다. 어찌나 구슬프게 우는지 그런 아이가 안돼 보이기도 합니다. 그래서 "엄만 우리 호영이 정말 믿어. 앞으로는 거짓말 안 할 거지?" 하며 위로와 격려를 아끼지 않았습니다. 하지만 언제부터인가 아이의 눈물이 진심이 아닐지도 모른다는 의심이 들기 시작했습니다. 진심으로 반성을 했다면 두 번 다시 거짓말을 하지 않아야 하는데, 날이 갈수록 아이의 거짓말은 늘어만 가는 것입니다.

이렇게 아이가 거짓말을 한 뒤 크게 혼나지 않고 빨리 상황을 수습하려고 거짓 눈물을 흘릴 때는 감정코칭을 해서는 안 됩니다. 거짓 감정을 공감해 줄 필요는 없습니다. 오히려 아이의 감정이 진심이 아닌 꾸민 감정임을 알고 있다는 점을 분명히 해야 합니다.

"네가 지금 혼나지 않으려고 억지로 우는 것 같이 느껴져. 그래서 엄마는 실망했어. 거짓말한 것만도 엄마가 힘든데, 거짓으로 울기까지 하니 엄마가 화나고 속상하다."

이때 중요한 것은 엄마가 '나-전달법'으로 엄마의 솔직한 감정을 말하는 것입니다. 반대로 '너-전달법'으로 꾸지람을 한다면 아이는 더욱 방어적으로 거짓말하거나 반박하려 들 것입니다. 예를 들어 '너 또 거짓말 하지?' '넌 어쩜 속이 빤히 보이는 거짓말을 그리도 천연덕스럽게 잘 하니?' '너 이렇게 연극으로 우는 게 벌써 몇 번째냐?'라고 말한다면 역효과와 악순환을 자초할 수밖에 없습니다.

엄마가 아이의 거짓 감정을 알고 있고 이에 대한 엄마의 생각이나 느낌을 '나-전달법'으로 전하면 아이는 잠시 당황할 수 있지만, 부모가 진솔하게 속상한 감정을 전달하면 이내 부모의 진심을 느낄 수 있습니다. 그러면서 더 이상 거짓 감정으로 상황을 모면 할 수도 없고, 거짓으로 감정을 꾸며대는 일이 나쁘다는 것도 깨닫습니다. 그래서 아이가 진심으로 반성하고 잘못했다고 하면 그때는 감정코칭을 제대로 해야 합니다.

"울지 않으면 엄마가 더 혼낼까 봐 일부러 우는 척했구나. 이제라도 솔직하게 얘기해 줘서 엄마는 정말 고맙구나."

감정을 읽어주면서 '정직의 중요성'과 '거짓말을 하는 것보다 거짓말하고도 반성하지 않는 것이 더 나쁜 것'이라는 점을 강조하면 아이는 달라질 수 있습니다.

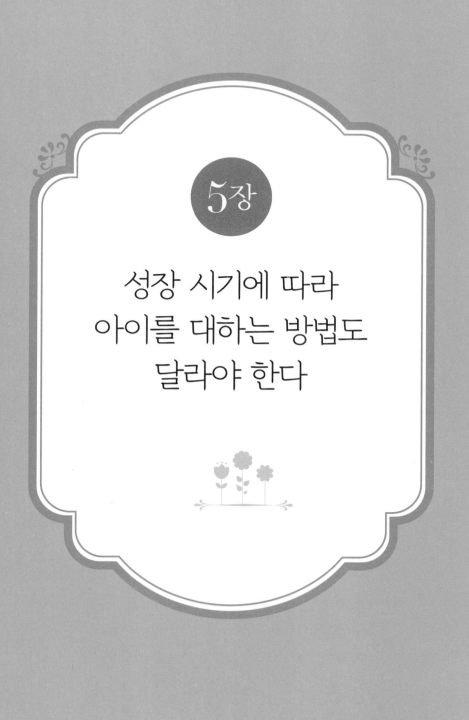

5장

성장 시기에 따라
아이를 대하는 방법도
달라야 한다

첫돌 전 아이,
눈 맞추고 감정도 나눈다

❀ ❀─────── 아이는 엄마 뱃속에서 세상으로 나오는 순간
부터 예전에는 겪지 못했던 낯선 느낌을 경험합니다. 엄마 뱃속에 있을 때
와 같은 따뜻한 느낌에 편안해하고, 뭔지 모를 낯선 느낌에 불안해하기도
하고, 기저귀가 축축하면 불쾌감에 울음을 터트리기도 합니다.

아이가 새로운 세상을 만나 알아가는 과정은 곧 낯설고 새로운 감정을
알아가는 과정이나 마찬가지입니다. 새로운 감정을 어떻게 만나느냐에 따
라 아이의 두뇌 회로가 다르게 연결됩니다. 예를 들어 종일 엄마와 지낼
때는 편하다가 밤늦게 남자 소리가 들리고(청각), 술 냄새가 나며(후각), 엄
마가 두려움에 떨면서 아기를 꽉 안고(촉각), 그 옆에 술에 잔뜩 취해서 엄
마를 때리는 아빠의 얼굴이 보인다면(시각) 어떨까요.

아이의 두뇌 회로 속에 아빠, 남자의 음성, 술 냄새, 큰소리, 엄마의 울음 등이 청각-후각-촉각-시각을 자극하고 이것이 부정적인 감정(공포와 불안)과 연결됩니다. 이후 이런 감각 정보 중 어느 한 가지라도 들어오면, 예를 들어 아빠의 얼굴만 보아도 아기는 연상 회로가 작동해 공포와 불안을 느끼게 됩니다.

반대로 종일 엄마와 잘 지내다가 저녁 때 아빠가 들어와 반갑게 아이를 안아주었다면 상황은 달라집니다. 엄마와는 다른 목소리(청각), 좀더 크고 높게 안아주는 손길(촉각), 아빠의 냄새(후각), 아빠의 웃는 얼굴(시각) 등을 통해 아이의 감각 회로들은 전자와는 전혀 다르게 연결되고 배치됩니다. 아이는 아빠의 발걸음 소리만 들어도 벌써 방긋 웃으며 기대감에 벅찰 것입니다.

이처럼 새로운 감정을 잘 만난 아이에게 세상은 밝고 믿을 만한 곳이 되며, 그렇지 않으면 불안하고 두려운 곳이 됩니다. 아이가 밝고 믿을 만한 세상을 만날 수 있게 도와주는 것이 부모의 역할입니다.

❖ 생후 0~3개월, 부모와 감정적 유대감 형성하기

아기는 출생 때 이미 생명 유지에 필요한 뇌인 뇌간이 완성되어 태어납니다. 그래서 태어나자마자 숨도 쉬고, 젖도 빨고, 체온 조절과 수면 조절 등을 할 수 있습니다. 그런데 이 뇌간이라는 부위는 그 구조와 기능이 파충류와 거의 비슷해 일명 '파충류의 뇌'라고도 부른다고 앞에서 설명했습니다. 신생아의 경우 생명을 유지하는 데 필요한 기능을 담당하는 '생명의 뇌' 또는 '파충류의 뇌'는 완성되어 있지만, 감정을 알고 조절하는 '감정의 뇌'는 미개척지나 다름없습니다.

신생아의 놀라운 능력

아기의 감각을 키우는 데는
아빠의 긍정적인 육아 참여가 중요하다

최근 신생아에 대한 연구가 활발해지면서 비록 아직 말도 못하고 혼자 돌아다닐 수도 없지만 아기의 능력은 매우 놀라운 수준이라는 것이 밝혀졌습니다. 실제로 신생아는 시시각각 세상과 연결하면서 어마어마한 양의 정보를 받아들이고 학습을 합니다. 이에 대한 몇 가지 정보만 보아도 왜 신생아 때부터 감정코칭을 해야 하는지가 분명해집니다.

태어나는 순간부터 아기는 감각을 통해 세상을 접합니다. 특히 아기의 중추신경계에서 숨쉬고, 빨고, 삼키는 감각이 가장 활동적입니다. 첫 3개월 동안 아기는 촉각, 미각, 후각, 시각, 청각, 평형감각 등을 통해 정보를 입수하기 때문에 감각이 아주 민감합니다. 아기는 혀와 잇몸의 촉각을 통해 주변에 대한 정보를 입수합니다. 그래서 뭐든지 입에 대고 빨아봅니다.

아기의 감각은 머리부터 발끝으로 발달하며, 만 5세에도 손보다는 얼굴과 입이 더 감각적으로 예민합니다. 아기의 미각은 수정 후 8주부터 형성되기 시작하며, 후각은 임신 28주에 이미 엄마가 먹고 마시며 흡입하는 것을 감지할 수 있을 정도로 발달합니다. 출생 직후에도 단맛, 신맛, 쓴맛을 구분합니다. 생후 열흘 된 아기도 자기 엄마의 가슴 패드에서 나는 냄새를 다른 엄마의 것에서 나는 냄새와 구분할 수 있으며, 엄마의 피부와 모유 냄새를 더 선호합니다.

미국의 발달심리학자 앤드류 멜조프Andrew Meltzoff에 따르면, 신생아의 시력은

25~30센티미터 정도의 앞만 볼 수 있을 만큼 시야가 매우 한정되어 있다고 합니다. 이 거리는 대개 품에 안은 양육자의 얼굴과 아기의 눈 사이 정도입니다. 신생아는 색깔이 화려한 것보다 흑백을, 정지된 것보다 움직이는 물체를 선호합니다. 생후 일주일밖에 안 된 아기도 사물보다 사람의 얼굴, 그중에서도 특히 엄마의 얼굴을 가장 선호하는 것으로 알려져 있습니다. 아기는 아직 눈, 코, 입 등 얼굴의 중심부보다 턱선, 이마, 머리, 귀 등 윤곽에 시선을 더 두면서 형체 파악을 하는 것으로 보입니다.

아기가 엄마 뱃속에 있을 때 엄마를 비롯하여 가족의 목소리를 들었다면 출생 직후 바로 엄마의 음성을 인식하고 며칠 안에 아빠와 형제자매의 음성도 인식할 수 있습니다. 하지만 다른 감각에 비해 청각은 거북이처럼 아주 느리게 발달되고, 특히 언어 인식은 매우 더딘 편입니다. 언어보다 음악(멜로디)을 쉽게 알아듣습니다. 그렇더라도 어른들처럼 배경 소리와 주요 소리 정보를 분리하지는 못합니다. 따라서 아기와 대화할 때는 텔레비전, 라디오, 음악을 끄고 눈을 맞추며 1 대 1로 하는 것이 좋습니다. 아기를 달랠 때는 반복적이며 편안함을 주는 리듬과 멜로디의 노래가 말보다 효과적입니다.

어른보다 아기에게 민감한 감각이 전정기관의 평형감각입니다. 아기의 움직임을 발달시키기 위해서는 안아주고 업어주며 흔들어주는 등 전정기관의 자극이 절대적으로 필요합니다. 이렇게 감각을 통해 세상과 접하는 아기의 놀라운 능력을 볼 때, 엄마 혼자 아기를 키우는 것은 아기의 욕구를 충족시켜주기에 역부족입니다. 아빠의 참여가 매우 중요합니다.

아빠가 참여했을 때와 아닐 때, 또한 긍정적인 참여와 부정적인 참여에 따라 아기의 성장에 지대한 영향을 미칩니다. 아빠가 긍정적으로 참여하면 효과가 몇 배 이상 커지지만 아빠가 무섭게 야단치고 통제하고 벌주는 형태로 육아에 참여한다면, 엄마 혼자서 육아를 담당했을 때보다 훨씬 좋지 않은 결과를 보입니다.

그렇다고 신생아가 감정이 없다는 말은 아닙니다. 비록 초보적인 수준의 감정이지만 신생아도 분명 감정이 있습니다. 생후 8시간밖에 안 된 아기도 암모니아 냄새를 맡게 하면 얼굴을 찌푸리고 고개를 돌리면서 혐오감을 나타냅니다. 갓난아기도 웃거나 우는 등 좋고 싫은 감정을 표현합니다. 따라서 감정코칭은 신생아 때부터 할 수 있습니다.

아기는 감정으로 자신의 욕구와 상태를 시시각각 표현하면서 점차 감정의 분화를 겪습니다. 아기가 감정을 보일 때 바로 반응하고 대응해 주면 감정의 뇌도 잘 발달하며, 부모와의 감정적 유대감도 생기기 시작합니다.

신생아는 아주 원초적인 두 가지 감정, 즉 '쾌감pleasure'과 '불쾌함distress'을 표현한다고 합니다. 이 두 가지 원초 감정은 아주 빨리 분화되며, 아기가 생후 8~9개월쯤이면 기본 7가지 감정을 다 보이고 분별할 수 있습니다.

신생아와 감정을 교류할 수 있는 2시간 24분을 놓치지 마라

신생아의 시력은 겨우 25~30센티미터 앞에 있는 물체만 볼 수 있을 정도로 매우 약합니다. 왜 하필 두 뼘 정도 거리밖에 못 보는 것일까요?

이 거리는 엄마 품에 안긴 아기가 엄마의 얼굴을 바라보는 정도의 거리입니다. 아직 두뇌 회로는 연결되지 않은 상태에서 가장 먼저 구축되어야 할 두뇌 회로가 바로 양육자와의 연결이기 때문이라고 해석할 수 있습니다. 오직 양육자와의 신뢰와 유대감이 아기에게 가장 중요한 것입니다. 생존이 직접 달린 문제이기 때문입니다.

한편 신생아는 대부분의 시간을 잠으로 보냅니다. 깨어 있는 시간이 별로 없습니다. 하지만 신생아 연구의 선구자라 할 수 있는 전 하버드 의대 소아과 교수 브래즐턴 박사는 신생아가 깨어 있는 동안 몇 가지 다른 상태가 있음을 알아냈습니다. 배가 고프거나 기저귀가 젖어 우는 것으로 생리적 욕구를 표현하는 시간, 욕구 충족이 안 돼 화가 나거나 보채는 시간, 졸린 상태 그리고 아기가 울지 않고 조용히 깨어 있는 시간으로 구분 지을 수 있다는 것입니다.

이 중에서 양육자와 유대감을 맺고 학습을 하기에 최적의 상태는 잘 때, 울 때, 화날 때, 졸릴 때가 아니라 '조용히 깨어 있는 상태'입니다. 이때 아기는 눈이 초롱초롱 빛나고 무엇이든 배울 준비가 되어 있습니다. 이 시간이 하루 총 24시간의 10퍼센트 정도입니다. 즉 2시간 24분 정도인데, 이 시간은 그야말로 부모와 아이가 감정적 유대감을 쌓을 수 있는 황금 시간입니다.

불행하게도 아이와 감정적 유대감을 쌓을 수 있는 2시간 24분은 연속적이지 않습니다. 하루 24시간에 걸쳐 조금씩 분산되어 있기 때문에 하루 종일 아이와 함께 있어야 '아기가 조용히 깨어 있는 순간들'을 포착할 수 있습니다.

그런데 대부분의 부모가 이 2시간 24분을 놓칩니다. 출산을 하면 산모도 몸이 극도로 쇠약해진 상태라 산후조리를 해야 합니다. 그래서 출산 후 최소 3주는 누군가가 대신 아기를 돌봐줍니다. 친정 부모님이나 시부모님이 애정과 관심을 갖고 정성스럽게 아기를 보살펴주는 경우는 그나마 괜찮습니다. 하지만 아기에게 별로 관심이 없는 사람의 손에 아기를 맡기는 경우는 '아기의 조용히 깨어 있는 시간'을 놓치기 쉽습니다.

한 사람이 여러 명의 아기를 돌봐야 하는 구조도 문제입니다. 아기마다 생체 리듬이 다를 수 있는데, 한꺼번에 여러 아기를 돌보려면 수유 시간에 맞춰 강제적으로 아기를 깨워야 하는 경우가 있습니다. 반대로 아기가 혼자 조용히 깨어 있을 때는 아무도 나타나지 않아, 유대감을 쌓고 새로운 것을 경험할 수 있는 절호의 기회를 놓치기도 합니다.

산모가 건강을 회복하는 것도 중요하지만 아기의 '조용히 깨어 있는 시간'을 놓치지 않는 것은 더욱 중요합니다. 처음 낯선 감정을 만나는 아기가 두려워하지 않고 감정에 적응할 수 있도록 가능한 한 '조용히 깨어 있는 상태'의 시간을 아기와의 감정 교류에 쓸 수 있도록 엄마와 아빠가 함께 노력해야 합니다.

아기가 조용히 깨어 있으면서 눈을 반짝이는 이 귀한 순간들을 모르고 지나친다면, 아기는 양육자와 유대감과 친밀감을 쌓을 황금 같은 기회를 갖지 못합니다. 졸릴 때나 배고플 때, 잠잘 때 등 아기의 생체 리듬과 무관하게 딸랑이를 흔들어대거나 안고 놀아준다면 오히려 아기는 자기 조율을 하기 어렵습니다.

안정감과 편안함을 주어 신생아의 불안함을 없앤다

신생아가 처음 만난 세상은 무척이나 낯설고 불안한 곳입니다. 그 불안감을 없애주고 안정감과 편안함을 주는 것이 양육자의 중요한 역할입니다. 그런데 요즘은 맞벌이 부부가 늘면서 안정적인 육아를 하지 못하는 가정이 많습니다. 아기를 믿고 맡길 데가 없어 이 사람 저 사람 손에 아기를 맡기니, 아기의 불안은 커질 수밖에 없습니다.

어떤 사람을 의지하며 '뿌리내리기'를 하려다가도 얼마 가지 않아 양육자가 바뀌면 뿌리가 송두리째 빠집니다. 또한 뿌리를 내릴 만하면 다른 양육자에게 맡겨지기를 되풀이하다 보면 아예 주 양육자와 애착 형성이 잘 안 되는 상황이 벌어집니다. 이렇게 신뢰감이 형성되지 않으면 유대감과 친밀감을 쌓기 어렵습니다. 자라서도 분리불안, 애착불안, 우울증, 주의산만, 고립과 은둔 등으로 사회 적응이 어려운 경우도 생깁니다.

하버드 의대 베리 브래즐턴 박사는 엄마와 영아들의 커뮤니케이션을 관찰한 결과, 친엄마와 아기 사이에 의사소통이 제대로 되지 않는 경우가 무려 70퍼센트에 달했다고 합니다. 소통이 제대로 되는 경우는 30퍼센트에 불과하다는 얘기입니다. 그만큼 아기와 제대로 의사소통을 하려면 수많은 시행착오를 겪어야 합니다.

이때 엄마의 태도가 매우 중요합니다. 아기의 욕구를 잘못 이해했을 때 바로 아기와 조율하려고 노력했던 엄마와 아기의 경우, 2년 뒤에 다시 관찰해 보면 아기와의 기초 신뢰감도 잘 형성되었고 엄마와의 갈등이 훨씬 적었습니다.

반면 영아기 때 의사소통이 잘 안 되어 무력감을 보이거나 짜증을 냈던 아기와 아기가 까다롭다고 힘들어하면서 잘못된 태도를 고치지 않았던 엄마의 경우, 2년 뒤에도 여전히 의사소통이 어려웠으며 기초 신뢰감이 형성되지 않았고 갈등 상황도 빈번했습니다.

이 시기에 가장 중요한 것은 안전감과 편안함입니다. 생명에 지장을 줄만한 위협과 불편함은 아기에게 공포와 불안을 불러일으키며, 이런 정보에 민감한 뇌의 편도체와 그 옆의 기억처리 부위인 해마의 구조와 기능에 영향을 주게 되어 아기를 스트레스에 취약하게 만들 수 있습니다.

❖ 생후 3개월, 본격적인 감정 교류를 시작하라

아기에게 나타나는 3가지 기본 감정은 무엇일까요? 기쁨, 분노 그리고 두려움으로 이 3가지 기본 감정은 색으로 치면 기본 3원색처럼 인종과 문화에 상관없이 나타납니다. 감정은 ① 주관적 느낌, ② 신체 생리적 변화, ③ 행동의 변화로 측정할 수 있습니다.

예를 들어 아기가 큰소리에 깜짝 놀랐다면 두려움(주관적 느낌)과 함께 심장의 박동이 빨라지고(신체 생리적 변화), '으앙~' 하고 울 것입니다(행동의 변화).

생후 2~3개월 된 아기도 엄마가 웃어주면 방긋 웃을 뿐 아니라 다른 사람을 보고 먼저 웃기도 합니다. 이를 '사회적 미소'라고 합니다. 때로는 웃으면서 나름대로 반기는 표시를 옹알이 비슷한 소리로 내기도 합니다.

생후 3개월쯤 되면 아기는 엄마, 아빠의 얼굴을 알아보기 시작합니다. 이때만큼 부모가 희열을 느끼는 순간도 없을 것입니다. 맑고 예쁜 눈을 반짝이며 엄마, 아빠를 쳐다보다 방긋 웃어주기라도 하는 날이면 부모는 세상을 다 얻은 것처럼 기쁩니다. 이때부터 아기는 부모의 표정을 관찰하고 모방하기 시작합니다. 부모가 약간 높은 톤으로 천천히 또박또박 말하면, 아기는 관심을 보이며 표정을 짓기도 합니다. 아기는 말은 못하지만 부모가 하는 말을 자기의 언어로 높이와 리듬을 비슷하게 표현하며 따라 합니다.

이처럼 아기가 부모의 얼굴을 알아보고 표정이나 말을 모방하기 시작하면, 좀더 적극적으로 아기의 감정을 읽고 반응해줄 필요가 있습니다. 아기는 부모의 반응을 보면서 관심을 받고 있다는 것을 느끼고 정서적 안정감을 얻기 때문입니다.

다만, 너무 과한 자극은 아기에게 좋지 않습니다. 이 시기의 아기도 신체적 흥분 반응을 조절하는 능력이 어느 정도 있기 때문에 자극이 과하면 신호를 보냅니다. 자극이 좋은 것이든 나쁜 것이든 아기는 지나친 자극을 받게 되면 고개를 돌리거나 무표정한 얼굴로 관심을 끊게 됩니다. 또한 얼굴을 찌푸리거나 손으로 밀쳐버리거나 울기도 합니다. 그럼으로써 뇌와 몸이 휴식을 취할 수 있도록 스스로 자기 조절을 하는 것입니다.

오감을 자주 자극해줘야 두뇌 발달이 빠르다며 너무 많은 장난감이나 장시간 자극을 주면 아기는 표정이나 몸짓으로 '그만!'이라는 표시를 합니다. 마치 아무리 맛있는 음식도 과식하면 괴로운 것처럼, 아기의 두뇌도 감당하기 어려운 것입니다.

이처럼 아기가 자극이 과해 힘들다는 신호를 보내면 잘 받아주어야 합니다. 그래야 아기도 자신의 감정을 조율할 수 있는 능력이 생깁니다. 아기가 보내는 신호를 무시하고 자극을 더 준다면, 아기는 감당하지 못할 뿐더러 어떻게 자극을 멈추게 할 수 있는지 배울 기회를 놓치게 됩니다.

아기와의 의사소통은 감각을 통해 하는 것이 좋습니다. 아기와 대화하는 엄마들은 대개 음고音高가 높은데 굳이 과학적인 연구 결과를 참고하지 않더라도, 낮은 저음보다 약간 고음으로 말할 때 아기가 더 잘 듣는다는 점을 엄마들은 거의 직감적으로 알기 때문일 것입니다. 눈을 맞추고 아기의 표정을 읽어주는 것도 아기에게 안정감과 친밀감을 느끼게 해주는 좋은 방법입니다.

❖ 생후 3~6개월, 긍정적인 감정 교류가 중요하다

아기가 태어나 처음 감정 교류를 하는 대상은 대부분 부모입니다. 그렇다 보니 부모의 감정 상태는 아기에게 많은 영향을 미칩니다. 생후 3개월 정도에는 아기가 슬픔을 나타낼 수 있는데, 특히 엄마가 놀아주다가 갑자기 중단하면 슬픈 표정을 보입니다.

분노는 대략 생후 4~6개월에 나타납니다. 스턴버그와 캠포스 박사의 연구에 따르면, 이 무렵 아기들은 먹을 것을 주었다가 빼앗을 때 분노를 나타냅니다. 이는 목표감이 생겼기 때문입니다. 예를 들어 아기가 집으려는 장난감을 누가 빼앗으면, 아기들은 거의 예외 없이 화를 냅니다. 목표가 좌절되어 분노를 느끼기 때문이지요.

또한 아기는 늦어도 생후 6개월부터는 타인의 감정을 분별할 줄 압니다. 아기는 행복하게 웃는 얼굴과 슬프거나 찡그린 얼굴을 구분합니다. 물론 이전에도 아기가 다른 표정의 감정에 반응하지만 이때부터는 자신의 감정을 상대의 감정에 맞춰 변화시킨다는 뜻입니다. 예를 들어 아기에게 웃는 얼굴로 얘기하면 아기도 웃고, 화나거나 슬픈 얼굴로 말하면 아기도 울거나 얼굴을 찌푸리거나 불편한 표정이 된다는 것입니다.

엄마의 표정이나 음성이 아이의 감정을 좌우한다

하버드대학의 에드워드 트로닉 박사의 '굳은 표정still face' 실험 결과를 보면 더욱 분명해집니다. 트로닉 박사는 3~6개월 된 아기와 엄마를 상대로 엄마의 표정에 아기가 어떻게 반응하는지를 실험했습니다. 이 실험을 처음 했을 1975년 무렵에는 영유아가 엄마의 얼굴 표정에 즉각적으로 민감하게 반응하리라는 것을 학자들도 거의 믿지 않았고, 아기의 감정 반응에 대한 연구조차 거의 없었습니다.

트로닉 박사는 엄마에게 평소처럼 아기와 상호작용을 하다가, 약 2분 동안은 전혀 감정을 나타내지 않는 무표정한 얼굴로 아기를 바라보기만 하라고 했습니다. 이때 비디오로 아기의 반응을 찍은 모습을 보면 놀랍습니다. 아기는 처음엔 놀란 표정을 짓다가 손바닥을 치기도 하고, 손가락으로 다른 곳을 지적해 보기도 하고, 혼란스러워하며 얼굴을 찡그리고 고성을 지르기도 하며, 자신이 할 수 있는 모든 방법을 동원해 엄마의 표정이 변하도록 애쓰면서 계속 엄마의 표정을 살핍니다.

하지만 2분 동안의 실험 도중 아기의 어떤 행동에도 반응하지 않고 굳은 얼굴로 무표정하게 있도록 지시받은 엄마가 감정을 표현하지 않고 반응하지 않자, 아기는 결국 고개를 돌리고 흐느껴 울면서 스트레스를 받고 고통스러워하는 모습이 역력했습니다.

이 실험은 그 후로도 여러 명의 아기를 대상으로 시행되었는데, 거의 예외 없이 아기들이 엄마의 무표정하고 굳은 얼굴에 매우 당황하고 고통스러워한다는 사실이 밝혀졌습니다. 아기는 엄마와 감정적으로 매우 긴밀하게 연결되어 있고, 엄마의 표정이나 음성 등에 즉각적으로 온몸과 마음을 다해 반응합니다.

엄마의 우울증은 되물림된다

단 몇 분간 엄마의 무표정에도 당장 아기가 혼란스럽고 고통스러운 반응을 보이는데, 엄마의 산후우울증은 대개 몇 주에서 몇 달 또는 몇 년 동안 지속되니 아기에게 미치는 결과는 훨씬 더 심각합니다.

최근 하버드대학 아동발달센터의 연구에 다르면, 엄마의 우울증은 아기에게 즉시 영향을 미치는 것은 물론 두뇌 회로 형성에도 관여해 아기가 자란 뒤에도 신체, 인지, 정서발달에 영향을 미친다고 합니다. 따라서 산후우울증 초기에 엄마에게 상담, 부부 교육 등을 연계하여 아기에게까지 피해가 가는 것을 예방하는 것이 중요합니다.

우울한 엄마 밑에서 자란 아기는 힘이 없고, 잘 놀지도 못하고, 쉽게 짜증을 내거나 화를 잘 냅니다. 엄마의 우울증이 1년 이상 지속될 경우 아기의 성장 발달에도 문제를 보여 아기는 뇌신경 회로 체계 발달이 현저하게 늦고, 감정 표현도 잘 하지 않습니다. 생후 3~6개월이면 옹알이를 비롯해 소리로 자기의 감정을 표현하는데, 우울증으로 고생하는 엄마를 둔 아기는 소리 표현이 적습니다.

결혼해서 남편과 함께 미국으로 건너가 그곳에서 아기를 낳은 한 엄마의 얘기를 들어보면, 엄마의 우울한 감정이 아기에게 어떤 영향을 미치는지 분명하게 알 수 있습니다. 그녀에게 미국 생활은 낯설고 외롭기만 했습니다. 남편은 박사학위를 받느라 매일 학교에서 살았고, 그녀는 늘 혼자서 집을 지켜야 했습니다. 아는 사람도 없고, 영어도 잘 못하는 그녀는 다른 사람을 만날 기회가 없어 날이 갈수록 외로움이 커졌습니다.

그러던 중 임신을 했고 임신을 해도 그녀를 챙겨줄 사람이 없었습니다. 그러다 보니 우울증이 생겼고, 임신 기간 내내 울면서 지냈다고 합니다. 아기를 낳은 뒤에도 우울증은 계속됐습니다. 아기를 낳고 몸도 마음도 힘든데 혼자서 아기를 돌봐야 하니 우울증은 더 깊어만 갔습니다. 약 66퍼센트의 산모가 산후 우울증을 겪는다고 합니다. 몇 년 뒤 그녀는 남편과 함께 한국으로 돌아왔고, 오랫동안 그녀를 괴롭혔던 우울증도 많이 좋아지고 있는 중입니다.

"지금 생각해 보면 아기에게 너무 미안해요. 아기가 처음 세상에 나와서 본 것이라곤 우는 엄마의 모습뿐이었어요. 아기가 울어도 안아줄 힘조차 없고, 그냥 물끄러미 바라보다가 방을 나간 적도 많아요. 그런 모습만 봐서 그런지 우리 아기도 우울증 증상을 보인대요."

그녀는 자신의 우울증이 아무것도 모르는 아기에게 우울증을 전염시켰다며 눈물을 흘렸습니다. 연구 결과에 따르면, 엄마가 우울하면 엄마의 우울한 뇌파와 아기의 뇌파가 흡사한 패턴이 됩니다. 불행히도 엄마의 우울한 감정이 그대로 아기에게 전달되는 것입니다. 엄마가 행복하면 아기도 행복한 감정을 느끼고, 엄마가 우울해하면 아기도 우울해합니다.

다행스러운 건 설령 엄마가 우울해하더라도 우울하지 않은 아빠나 다른 양육자가 아기를 돌봐줄 경우, 아기는 우울한 뇌파를 보이지 않는다는 점입니다. 아빠를 비롯한 가족과 친지들의 사랑·관심·지지와 따뜻한 도움은 산후 우울증을 극복하는 데 큰 도움이 됩니다.

아기는 부모의 감정에 큰 영향을 받습니다. 행복한 부모가 행복한 아기를, 우울한 부모가 우울한 아기를 만듭니다. 따라서 아기가 행복하게 자라기를 원한다면 아기와 긍정적인 감정 교류를 하기 위해 부부가 함께 노력해야 합니다. 따뜻하고 긍정적인 감정이 많이 전해질수록 아기는 정서적으로 안정감을 갖게 됩니다.

❖ 생후 6~8개월, 아기의 감정을 읽어주고 말해 주기

생후 6~8개월은 대발견, 대탐험의 시기라 불립니다. 아기는 그동안 무심히 지나쳤던 사물이나 사람을 유심히 관찰하면서 반응합니다. 감정을 느끼고 표현하는 방식도 달라집니다. 그동안은 느끼지 못했던 새로운 감정, 즉 호기심, 기쁨, 욕구 불만, 두려움, 좌절감 등을 알아갑니다. 또한 그런 감정들을 새롭게 표현하는 방법도 터득해갑니다.

이 시기는 부모와 감정 교류를 훨씬 더 많이 합니다. 장난감을 보고 흥미를 느낀 아기는 부모의 얼굴을 쳐다보며 놀아줄 것을 요구합니다. 자기 감정을 전달하는 능력만 발달하는 것이 아니라 부모의 말, 표정, 억양으로 부모의 감정을 인지할 수 있는 능력도 향상됩니다. 따라서 이때부터는 아기와 좀더 다양한 방법으로 활발하게 감정 교류를 할 수 있습니다.

낯가림 시기를 잘 넘길 수 있도록 돕는다

빠르면 생후 6개월 무렵부터 낯가림이 시작됩니다. 이는 낯선 이에 대한 두려움의 표현이기도 합니다. 할머니나 할아버지가 안아주려고 하면 고개를 돌리고 울먹이면서 엄마나 주 양육자에게 안아 달라고 두 팔을 뻗습니다.

낯가림은 대개 아기가 기어 다니기 시작할 무렵 시작되며, 생존에 도움이 되는 적응 발달 단계로 이해됩니다. 볼비 박사는 아기의 낯가림을 생물학적 생존과 결부하여 설명합니다. 인류 역사상 의학 기술이 덜 발전되었을 때 산모나 아기의 사망률이 요즘보다 높았고 아기들은 아무에게나 안겨도 방긋방긋 웃어야 살아남을 가능성이 높았을 것입니다.

모든 인류의 아기는 6개월 정도부터 기어 다니고 돌 전후로 걷기 시작합니다. 따라서 아기는 이 무렵 유독 한 사람과 독점적인 애착을 해야 안전하게 보살핌을 받을 수 있다는 걸 본능적으로 알고 있습니다. 즉 생물학적으로 젖니 나는 시기가 있듯이 낯가림은 이미 프로그램화된, 성장의 자연스런 단계라는 것입니다.

이후 만 2세가 지나면 혼자서도 주변을 돌아다니며 먹을 것을 찾을 수 있기에 주 양육자와 점차 쉽게 떨어지고, 다른 사람들과도 유대 관계를 형성할 수 있다는 것입니다. 문화인류학적으로 어느 종족이나 인종에게 돌 무렵 전후로 낯가림이 나타나는 것을 볼 때 이는 설득력 있는 설명입니다.

낯가림에 특히 영향을 주는 두 가지 요인을 알면, 아기가 낯가림 시기를 잘 넘기도록 도와줄 수 있습니다.

첫 번째, 익숙한 상황에서는 아기가 낯가림이 덜합니다. 예를 들어 자기 집에서 오랜만에 할머니를 볼 경우는 할머니 댁에서 처음 안길 때보다 낯가림이 좀 덜합니다. 두 번째, 낯선 이의 행동입니다. 낯선 이가 바로 아기에게 말을 걸거나 안아주려고 하면 아기는 매우 두려워하면서 웁니다. 그러나 먼저 아기 엄마와 다정하게 이야기하다가 아기에게 장난감 등을 주며 부드럽게 다가가면 낯가림이 덜합니다.

안정적인 애착 형성이 아기의 평생을 좌우한다

생후 6개월부터는 부모와의 분리에 민감한 시기이므로 더욱더 아기와의 정서적인 교감에 신경 써야 합니다. 이때부터 24개월까지는 애착이 형성되는 아주 중요한 시기입니다. 안정적으로 애착 형성이 잘된 아이들은 자신의 감정을 있는 그대로 애착 대상과 나누면서 도움을 구하고, 그러한 감정을 처리할 수 있는 좀더 효과적인 방법들을 배우고 발전시킵니다.

반면 애착 형성이 불안정한 아기는 정서적으로 불안하고, 쉽게 화를 내거나 포기하며, 감정을 적절하게 표현하는 방법을 몰라 너무 과도하게 표현하거나 억제하는 경향이 있습니다. 정서적으로 안정이 안 돼 조금만 불안해도 심하게 울면서 엄마에게서 떨어지지 않으려고 합니다. 보통 생후 8개월 전후로 아기들이 분리불안증을 느끼는데, 이것 역시 애착 형성에 문제가 있었기 때문에 나타나는 현상입니다.

이 시기에 가장 중요한 것은 최소한 한 명의 주 양육자가 충분한 시간을 아기와 함께 보내면서 안정적으로 애착을 형성하는 것입니다. 만약 부득이 한 사정으로 양육자가 바뀌어야 한다면 이 시기 이전이나 이후, 즉 생후 5개월 이전이나 24개월 이후에 할 것을 권합니다.

아기가 갑자기 양육자와 떨어질 때 일종의 트라우마(외상성 충격)를 겪으며, 특히 낯가림이 심한 생후 7~18개월 사이에 양육자와 갑자기 헤어질 경우 다른 시기에 헤어짐을 경험한 아기보다 더 분리불안이나 애착 장애를 일으키고 예후가 안 좋을 수 있다는 것입니다. 볼비 박사의 애착 이론은 아동발달 연구에 기념비적 업적으로 평가됩니다.

다양한 감정을 표현할 수 있도록 돕는다

생후 6~8개월 아기들은 감정 표현도 점차 다양해집니다. 아기가 다양한 감정을 느끼고 표현할 수 있도록 돕는 것 역시 부모의 역할입니다. 이 시기의 아기들은 부모의 표정을 보고 따라하는 모방놀이를 비롯하여 다양한 놀이를 즐깁니다.

따라서 아기와 함께 놀이를 하면서 다양한 감정을 경험할 수 있도록 도와주는 것이 좋습니다. 아기는 부모와 함께 즐겁게 놀면서 감정 표현을 좀더 풍부하게 하고, 호응해 주는 부모에게 깊은 유대감을 느낍니다.

신생아 때부터 부모와 지속적으로 감정 교류를 했던 아기라면, 이 시기에 부모의 감정을 읽는 데 더욱 익숙해집니다. 또한 비록 말은 못하지만 늘 자기를 보살펴주는 부모의 말을 알아듣습니다. 따라서 아기의 감정을 읽고 표정으로 반응해 주는 것뿐 아니라 말을 함께 해주는 것이 효과적입니다.

예를 들어 아기가 재미있어 하며 까르륵 웃음을 터트릴 때, 함께 웃으면서 "우리 아기, 재밌어?" 하고 말해 줍니다. 또는 화가 나서 울고 있으면 시무룩한 표정을 지으며 "우리 아기 화났구나, 많이 화났어?"와 같이 말합니다. 아기는 부모가 자기에게 관심을 갖고 있음을 충분히 느끼고 안도할 것입니다.

생후 9~12개월, 아기와 생각과 감정 나누기

아기가 9개월쯤 되면 다른 사람이 자신의 감정을 알아준다는 것을 인지합니다. 물론 그전에도 아기는 부모의 표정, 말, 억양 등으로 부모의 감정을 읽을 수 있었습니다. 하지만 그것이 자기의 감정에 반응해 주는 것이라고는 느끼지 못했습니다. 부모와 감정을 교류하기는 하지만 전면적인 쌍방 교류라고는 할 수 없습니다.

그런데 아기가 다른 사람과 생각과 감정을 나눌 수 있다는 사실을 인지하면 상황은 달라집니다. 이제 아기는 부모가 자신의 감정을 읽어준다는 걸 확실하게 알아차리고 반응합니다. 그전까지는 배가 고파서 우는 아기에게 "배가 고파? 배고파서 울었어?"라고 말해 주면 누군가가 자기를 봐주고 있다는 것에 막연한 안도감을 느꼈습니다.

하지만 이때부터는 아기가 말귀를 알아듣고 대답도 합니다. 아직 말을 할 단계는 아니므로 고개를 끄덕이거나 소리를 내 '그렇다'는 표현을 하고, 고개를 저으면서 '아니다'라는 표현도 할 수 있습니다. 이 정도만 되어도 아기와의 쌍방향 감정 교류가 얼마든지 가능합니다.

한편 이 시기의 아기는 사람이나 사물이 일정 시간 동안 없어지지 않고 존재한다는 것을 깨닫습니다. 엄마가 잠시 자기 곁을 떠났다고 해서 엄마가 영영 사라진 것은 아니며, 곧 돌아와 자기 곁에 있으리란 것을 압니다.

언제나 옆에서 자기감정을 받아주는 사람이 있다는 것에 안도하고 친밀감을 느낍니다.

쌍방향 감정 교류로 유대감을 쌓는다

생후 12개월 된 아기들은 엄마의 감정적 반응과 태도에 민감하게 반응합니다. 예를 들어 새로운 장난감을 보면서 엄마가 두려워하는 표정을 지으면 아기도 그 장난감을 갖고 놀려고 하지 않고, 반대로 새 장난감을 보며 엄마가 행복한 미소를 보이면 아기도 그 장난감을 좋아한다는 것입니다.

모세스 박사도 이와 흡사한 연구 결과를 얻었습니다. 즉 아기가 감지하는 부모의 표정이 매우 정확하다는 것입니다. 예를 들어 엄마가 어떤 장난감에 혐오스러운 표정을 지으면 아기도 그 장난감을 피하고, 반대로 좋아하는 표정을 지으면 그 장난감을 좋아한다는 것입니다. 이를 '사회적 참조social referencing'라고 하는데, 사회적 단서나 신호에 따라 자신의 감정과 행동이 적응하거나 변한다는 뜻입니다.

이처럼 아기가 쌍방향 감정 교류를 하면서 부모와 아이와의 유대감은 더욱 탄탄하게 강화됩니다. 안정적으로 유대감이 형성된 아기와 불안정하게 애착이 형성된 아기를 비교 연구한 결과, 안정적으로 유대감이 형성된 아기는 부모와 잠시 떨어졌다 만나면 반가워하고 꼭 안깁니다. 안정적으로 애착이 형성된 아기들은 부모와의 헤어짐을 잠시 비통해하다가 다른 양육자와 장난감을 갖고 잘 놀고, 다시 부모가 돌아왔을 때 반가워합니다.

그러나 애착 형성이 불안정적으로 된 아기들은 엄마와 떨어지면 몹시 울고 잘 달래지지 않습니다. 계속 불안해하면서 주변 환경을 탐색하거나 놀지 않으려고 하던 아기가 막상 엄마가 돌아왔을 때는 안아 달라고 하면서도 안기면 버둥대면서 뿌리치는 양가감정을 보입니다. 그러면서도 떨어지지 않으려고 지나치게 매달리는 모순된 모습을 보입니다.

세 번째 유형은 엄마가 떠나든 말든, 돌아오든 말든 상관하지 않고 제멋대로 행동하는 아기들입니다. 이런 유형을 '애착 결여'라고 말합니다. 이런 아이들은 나중에 유치원에 가거나 학교에 가서도 제멋대로 행동하고 눈맞춤도 하지 않으며, 또래 관계나 대인관계에 많은 문제가 있음을 발견했습니다.

아기가 정서적으로 불안감을 느끼지 않게 하려면, 아기에게 생각이나 감정을 적극적으로 표현해야 합니다. 그러지 않으면 8개월 전후로 나타나기 시작한 분리불안증이 더욱 심해질 수 있습니다.

예를 들어 한창 낯을 가려 부모와 떨어지기 싫어하는 아기를 다른 사람에게 맡기고 출근을 해야 하거나 외출을 할 때, 아기에게 '안심해도 괜찮다'는 확신을 주어야 합니다.

이런 경우 흔히 울고불고 매달리는 아기를 감당하지 못해 아이 몰래 도망치듯 집을 나오는데, 이는 좋은 방법이 아닙니다. 아이의 감정을 읽어주고, 생각이나 감정을 표현해 주는 것이 좋습니다. 말귀를 알아들을 수 있으므로 아이와 충분한 대화를 나누어 아이를 안심시키는 것이 중요합니다. 비록 부모의 말 내용을 다 이해하지 못하더라도 부드럽고 달래는 말투와 사랑이 느껴지는 행동에서 아이는 신뢰감을 느끼고 안정을 찾을 수 있습니다.

돌 전후의 분리불안은 특히 위험하다

돌 전후로 분리불안을 겪었던 아기는 성인이 된 뒤에도 유난히 헤어짐에 민감하게 반응할 수 있습니다. 몇 해 전, 미국에서 대학원을 다니는 남자가 치료를 받으러 온 적이 있습니다. 상담 동기는 우울과 불안이었습니다. 그의 부모님은 30년 전 미국에 이민 가서 자리 잡고 나름대로 성공했다고 자부하는 분들이었습니다. 그런 분들에게 아들의 갑작스러운 변화는 큰 충격이었습니다.

대학까지는 별 문제가 없었습니다. 그런데 대학원에 들어간 지 몇 달 지나지 않아 자퇴하겠다고 했고, 아무 일도 하지 못하며 우울해하고 불안해했습니다. 심지어는 죽고 싶은 충동을 느낀다고 했고, 취직도 하지 않고 집에만 있어 부모의 걱정이 이만저만이 아니었습니다.

언제부터 우울과 불안이 심했느냐고 물었습니다. 그는 대학원에 진학하느라 학부 때부터 3년간 사귀던 여자친구와 헤어졌는데, 그때부터 불안감이 생겼다고 했습니다. 싫어서 이별을 한 것이 아니라 여자친구가 멀리 떨어진 주에 있는 대학원에 진학해 예전처럼 자주 볼 수 없는 상황이었습니다. 그런데도 숨을 쉬지 못할 것처럼 고통스러웠고, 멀리 떨어져 있는 여자친구를 잃을 것 같아 불안하기만 했습니다. 그래서 하루에도 수십 번씩 전화를 했더니, 여자친구가 결혼도 안 했는데 벌써부터 의처증 증세를 보인다면서 헤어지자고 했다는 것입니다.

그녀가 떠날지 모른다는 불안감은 현실이 되었고, 극도의 불안은 심신의 에너지를 고갈시키며 무기력감과 공황, 상실의 고통을 낳았습니다. 그러는 와중에 그는 거의 폐인이 되어버린 것입니다.

그의 증상은 분리불안으로 인한 것으로 보였습니다. 매우 안정적인 가정에서 자란 그가 대체 어떤 경험을 했기에 이토록 극심한 분리불안을 일으켰는지 의아했습니다. 혹시 부모님이나 중요한 사람과 갑자기 떨어진 적이 있었는지, 특히 돌 무렵 전후로 그런 일이 있었는지 물었습니다.

그가 한두 살 때의 일을 기억할 리 만무해 미국에 계신 부모님께 도움을 요청했습니다. 부모님도 처음에는 기억을 잘 못했습니다. 한참 기억을 더듬은 끝에 아들이 13개월 때 잠시 부모와 떨어진 적이 있다는 사실을 이야기했습니다. 부부가 크리스마스 휴가로 유럽에 한 달간 가게 되어 이모님 댁에 맡겼다고 합니다. 그때 아기가 어찌나 우는지 이모님이 참 별난 애라며 혀를 내둘렀다고 했습니다. 처음 2주 동안은 하루도 쉬지 않고 울어댔다고 합니다. 우유를 다 토할 지경으로 울더니 나머지 2주는 아기도 지쳤는지 좀 조용해졌다고 합니다.

이때 조용해진 상태를 아동 전문가가 보았다면 '소아우울증'으로 진단했을 것입니다. 극도의 분리불안으로 스트레스를 겪다가 에너지가 탈진되고 울어도 소용없다는 것을 알고는 좌절과 절망, 무기력감으로 우울증에 빠진 상태였을 것으로 짐작됩니다. 한 달 뒤 드디어 부모와 상봉한 아기는 반기며 엄마 품에 안길 줄 알았는데, 시무룩하게 엄마를 쳐다보았다고 합니다.

이후 아이의 성격이 바뀐 것 같다고 했습니다. 슈퍼마켓에 가거나 잠시 밖에만 나가도 누가 뾰족한 것으로 몸을 찌르는 것처럼 비명을 지르며 울어서 유치원에 보낼 때도 아주 힘들었고, 초등학교와 중학교에 입학할 때마다 적응 기간이 유난히 길고 어려웠다고 합니다.

두 살 때 개에 물렸던 사람은 비록 의식적으로 기억을 하지 못하더라도 커서 개에 대해 민감하게 반응합니다. 길을 가다 저쪽에서 개가 컹컹 짖는 소리만 나도 심장이 쿵쾅거리며, 반사적으로 도망가거나 싸울 태세를 취합니다.

그 대학원생의 분리불안도 이와 비슷합니다. 의식적으로 기억하지는 못해도 감정적으로 해마에 입력된 외상성 사건과 현재의 상황이 유사한 것으

0~12개월 무렵 아이와의 놀이법

아이들은 놀면서
감각이 깨어난다

우선 놀이를 할 때는 가능한 한 아기와 시선을 맞추는 것이 중요합니다. 아기와 노는 시간에는 휴대전화, 텔레비전, 라디오 등을 모두 꺼놓으세요.

① 시각놀이

생후 5~6주부터 아기는 미소 짓기를 하며, 3개월부터는 장난감을 오른쪽에서 왼쪽으로 천천히 움직여주면 물체를 따라 시선을 움직입니다. 대표적인 시각놀이로는 '까꿍놀이'를 들 수 있습니다.

② 청각놀이

여러 감각 중 청각은 아주 느리게 발달합니다. 딸랑이를 흔들어주거나 음악을 들려주면 아기가 즐거워하며 청각 발달에도 도움이 됩니다.

③ 시각 + 청각놀이

단음절 모방하기 놀이를 해주면 아기의 청각은 물론 시각 발달에도 도움이 됩니다. '아, 에, 이, 오, 우'를 입모양을 크게 해 보여주면 아기가 천천히 따라합니다.

④ 미각 + 후각놀이

이유식을 할 때 아기가 이유식 냄새를 맡고 맛을 볼 수 있도록 합니다.

⑤ 촉각놀이

생후 6~9개월 때는 기어 다니기 시작하는데, 이때 온몸으로 촉각을 더 많이 경험할 수 있습니다. 아기에게 마사지 해주기, 아기 손으로 부드러운 물체 잡기, 발로 부드러운 쿠션 위를 차기 등의 놀이를 해줍니다.

⑥ 언어놀이

생후 3~6개월 정도부터 옹알이를 시작하는 시기이며, 아기 옹알이를 따라 하는 놀이를 할 수 있습니다. 5~6개월에는 '엄마' '바바' 정도를 따라 하기도 합니다.

⑦ 숨은 물건 찾기

생후 9~10개월 되면 아기는 눈에 보이지 않아도 물건을 찾을 수 있습니다. 장난감을 보여준 뒤에 수건으로 덮어두면 아기는 수건을 들고 그 아래 놓은 장난감을 발견하면서 매우 즐거워합니다.

⑧ 신체 찾기 놀이

생후 12개월에는 "우리 아기 코가 어디 있지?" "엄마 눈이 어디 있지?" "아빠 귀가 어디 있지?" 하면 아기가 손가락으로 가리키면서 매우 좋아합니다. 또 아기에게 거울 보여주기를 하면서 신체 찾기 놀이도 가능합니다.

⑨ 기타 놀이

아기에게 일상은 언제나 새로운 경험이자 놀이입니다. 목욕하기, 기저귀 갈아주기, 옷 입히기, 자장가 불러주기 등을 모두 놀이처럼 할 수 있습니다.

놀이할 때 기억하세요

• 아기와 놀아줄 때 아기 이름을 앞에 붙여줄 경우 인지와 기억을 더욱 잘합니다. 예를 들어 "코가 어디 있지?"라고 묻기보다, "우리 민지 코가 어디 있지?" 하고 물으면 놀이 효과가 더욱 큽니다.

• 많은 교육용 교재들이 영상을 틀어주면 아기가 언어 습득을 빨리 하고 학습에 좋다고 광고합니다. 하지만 영상으로 공부하는 아기들은 오히려 언어 발달이 더 늦습니다. 가장 좋은 교육 교재는 부모와 얼굴을 맞대고 즐겁게 말하면서 노는 것입니다. 아기에게 장난감보다 부모의 얼굴이 가장 흥미로운 주제입니다.

• 책을 읽어주면 두뇌 회로 형성에 도움이 된다고 하지만 이 또한 아기의 수준에 맞게 천천히, 재미있을 정도만 하는 게 좋습니다.

로 연상될 때 공포와 불안 반응이 일어납니다. 어렸을 때 부모와 한 달 동안 떨어져 있으면서 겪은 분리불안은 그를 여자친구와 헤어질 생각만 해도 몸이 긴장되고 가슴에 통증을 느낄 만큼 힘들게 만든 것입니다.

다행히 그는 자신의 불안과 우울의 원인을 알 수 있게 된 것만으로도 '혹시 이러다 정신 이상자가 되는 게 아닌가' 하는 불안감과 의구심을 떨쳐버릴 수 있었습니다. 영영 헤어질 것 같은 불안감이 몰려올 때마다 고르고 느린 심호흡을 다섯 번 정도 한 뒤, 걷거나 뛰는 등의 두 발을 규칙적으로 움직이는 운동을 했습니다.

그리고 자신의 고통스러운 감정을 여자친구에게 '나-전달법'으로 전했습니다. 그리하여 상대를 공격한("너 땜에 힘들어 죽겠다. 너는 잔인한 여자야!") 결과로 여자친구로부터 성격 이상자로 오해받았던 고통("너 같은 정신병자와 사귀었다는 게 끔찍해. 제발 나에게 집착하지 말고 지구를 떠나라!")에서 벗어날 수 있게 되었습니다. 아울러 자신의 불안감의 원천에 대한 이야기를 부드럽게 전달하자 여자친구는 진심이 담긴 위로와 함께 매일 전화로 안부를 물어봐주는 등 예전처럼 상냥하고 배려심 많은 '좋은 친구'가 되어 준다고 했습니다.

비록 떨어져 있어도 정서적 유대감과 친밀감을 느낄 수 있게 되자 남자의 우울과 불안감은 상당히 완화되었고, 여자친구와 관계도 호전되었습니다.

2

감정 표현에 서툰 유아,
알아주지 않으면 더 엇나간다

첫돌부터 만 4세까지를 걸음마 시기라고 부릅니다. 아이에 따라 조금씩 차이는 있지만, 대개 첫돌이 지나면 걷기 시작하면서 활동량이 많아지기 시작합니다. 부모의 손에서 벗어나 어느 정도 자율적으로 활동할 수도 있습니다. 혼자서 걷는 것은 물론 숟가락으로 혼자 밥을 먹기도 합니다. 그동안 부모의 도움 없이는 무엇 하나 제대로 할 수 없었던 아이는 혼자서 할 수 있다는 것에 스스로 신기해하며 독립심을 키워갑니다.

아기의 감정도 빠르게 분화되는데, 대개 만 15~18개월 정도 되면 아기가 자아감을 갖게 됩니다. 자아감을 가지면서 부끄러움과 자랑스러움도 나타납니다. 예를 들어 장난감을 망가뜨렸을 때 수치심을 느끼며, 어떤 일을 잘 해냈을 때는 자랑스러워합니다.

자아감이 생기면서 18~24개월 사이의 아이들은 훨씬 더 다양한 종류의 감정을 느끼고 표현할 수 있습니다. 또한 혼자서도 할 수 있다는 점을 확인하면서 점점 자기주장이 강해집니다. 슬슬 부모의 말을 듣지 않으려 하기 때문에 부모 입장에선 아이를 돌보기가 더욱 힘들어지는 시기이기도 합니다. 떼를 써서 달래도 잘 듣지 않고, 자기의 요구 사항을 들어주지 않으면 화를 내거나 짜증을 부립니다. 그래서 감정코칭이 더욱 중요합니다. 본격적으로 아이가 감정을 드러내고 자기주장을 펼치는 이 시기에 감정코칭을 잘해야 아이가 스스로 감정을 어떻게 인지하고 조절할 수 있는지를 배울 수 있습니다.

❖ "싫어" 하고 반항하는 아이의 속마음을 읽어라

만 2세 전후로 말을 하기 시작하는 아기들은 "싫어" "안돼"라는 말을 자주 합니다. 독립심이 형성되는 시기이기 때문이지요. 하지만 아이가 이런 말을 하면 부모는 애가 탑니다.

"우리 맘마 먹을까?"

"싫어."

"엄마랑 놀이터 가서 놀까?"

"싫어."

걸핏하면 "싫어"라고 이야기하며 말을 듣지 않습니다. 아무리 아이라도 계속 "싫어"라고 말하며 엇나가면, 부모도 어떻게 해야 할지 몰라 당혹스럽고 기분도 상하게 마련입니다.

걸음마 시기 아이들이 말하는 "싫어"에는 여러 가지 의미가 담겨 있습니다. 정말 어떤 상황이 싫어서 하고 싶지 않다는 강력한 의지를 표현하는 것일 수도 있고, 부모의 관심을 끌기 위해 일부러 "싫어, 싫어" 노래를 부르는 것일 수도 있습니다. "싫어"라고 말하는 아이의 속마음을 읽어주고, 아이가 원하는 것을 할 수 있도록 도와주어야 합니다.

종종 "싫어"는 혼자 해보겠다는 것을 의미하기도 합니다. 그래서 "싫어"와 함께 "내가 할 거야"라는 말을 자주 하는데, 이때는 아이가 스스로 상황을 해결할 수 있도록 기회를 주는 것이 좋습니다. 물론 아이가 혼자 했을 때 위험할 수 있는 상황이라면 안 되지만, 그 정도까지는 아니라고 판단이 들 경우 기꺼이 아이 혼자 할 수 있도록 해줍니다.

많은 부모가 이 시기의 아이들이 혼자서 무언가를 할 수 있다는 것을 전적으로 신뢰하지 않습니다. 부모의 눈에는 아이가 여전히 어른의 보살핌이 필요한 불완전한 존재로 보이기 때문입니다. 그래서 "내가 할 거야"를 외치면 하지 못하도록 말립니다. 또는 마지못해 아이가 혼자 하도록 하면서도 불안한 시선을 거두지 못하고 조바심을 내며 아이를 따라다닙니다.

이 시기에는 특히 아이의 기질에 따라 독립심을 키워주는 게 필요합니다. 기질적으로 순한 아이의 경우 싫다는 표현을 미미하게 하다가 어른이 강요하면 그냥 따라서 합니다. 밥도 혼자 먹으려 하다가 어른이 흘린다고 먹여주면 그냥 받아먹고, 신발도 혼자 신어보려다가 서툴러 어른이 신겨주면 그냥 발을 내맡깁니다. 그래서 말 잘 듣는 것 같고 키우기 쉬운 것 같지만, 사실 아이는 혼자 해보고 싶은 마음을 포기하거나 자신의 욕구가 거절당한다고 느끼고 있을 수도 있습니다. 순응하지만 독립심이 결여될 수 있다는 말입니다.

이와 반대로 기질적으로 체제거부형인 아이는 싫다는 표현을 더 강하게 나타내고 고집을 부리는데, 아직 서툴기 때문에 어지럽히고 넘어지고 다치고 말썽을 피우는 것으로 보입니다. 그래서 말 안 듣는다고 꾸지람을 더 듣게 됩니다. 하지만 아이는 자신의 기질대로 독립심을 표현할 따름입니다. 이때 무조건 스스로 하려는 것을 막으면 반항심, 적개심, 분노, 좌절 등의 부정적 감정을 스스로 해소하기 어려워집니다. 안전한 한계 안에서는 혼자 실험해 보고 시도하면서 시행착오를 통해 차츰 익히도록 기회를 허용하는 것이 좋습니다.

한 박자 느린 아이에게 '독립심의 시기'는 양육자의 인내심을 시험당하는 시기라고 할 만합니다. 다른 아기들도 아직 뇌신경 세포들의 회로(소위 도로망)가 잘 형성되지 않아 어른보다 정보 처리 시간 및 자극과 반응 시간이 더딥니다. 하지만 특히 한 박자 늦는 아이들의 경우 이 시간이 좀 답답해 보일 정도로 느립니다. 이때 느긋이 기다려주고 압박감을 주지 않으면 아이들은 독립심도 키우고 성취감도 맛볼 수 있습니다.

독립심의 발달 과업을 이루는 만 1~2세 때는 아이의 감정을 묻고 수용 및 공감해 주는 태도가 필요합니다. 그러려면 닫힌 질문보다 열린 질문을 더 많이 해야 합니다. "이거 할래?"는 닫힌 질문입니다. 답이 'Yes' 아니면 'No' 둘 중 하나밖에 나오지 않기 때문입니다.

"이거 어떻게 하면 좋을까?"

"지금 무엇을 하고 싶어?"

"지금 기분이 어때?"

"지금 하기 싫다면 언제 하고 싶어?"

"이 중에서 무엇을 하고 싶은지 골라보면 어떨까?"

이렇게 감정을 물으면서 아이의 의사 표현을 들을 수 있고 선택의 여지도 주는 것이 열린 질문입니다.

만 24개월 무렵 아이와의 놀이법

독립심을 키워주는
놀이가 최고!

아기의 신체적 욕구와 감정적 반응을 살펴서 놀기 적당한 때 놀이를 시작합니다. 예를 들어 눈을 비비거나 귀를 만지작거리면 졸리다는 표시이며, 고개를 돌리거나 등을 구부리면 과한 자극을 받고 있다는 표시입니다. 언어보다 표정이나 행동을 통한 감정 표현이 훨씬 다양합니다.

① 혼자 놀기

　혼자서 블록 쌓기나 퍼즐 맞추기 등을 좀더 오래 할 수 있습니다.

② 규칙놀이

　친구와 놀 때 간단한 규칙을 이해합니다. 예를 들어 "때리는 것은 안 돼요"라고 가르쳐줍니다.

③ 기억놀이

　뒤집어놓은 카드의 짝 맞추기 놀이 등 기억을 이용한 놀이를 할 수 있습니다.

④ 운동감각

　어른의 도움을 받아 세발자전거를 탈 수 있습니다. 혼자 옷 입고 벗는 것을 놀이처럼 할 수 있습니다. 인형에게 옷 입혀주는 것도 좋아합니다.

⑤ 자기 보살피기 놀이

　스스로 머리를 빗거나 옷을 입고 벗을 수 있습니다.

⑥ 상상놀이

인형에게 말을 걸거나 전화로 상상 속의 인물과 대화합니다.

⑦ 기타 놀이

종이, 색연필, 스티커 등으로 칠하고 문지르고 붙이고 만드는 것을 좋아합니다.

놀이할 때 기억하세요

• 아이는 혼자 독립적으로 놀 수 있는 작은 공간을 만들어주면 좋아합니다. 큰 박스로 집을 만들어주고 혼자 자동차나 인형을 갖고 놀도록 합니다.

• 시간 감각이 생기기 때문에 "조금만 기다려" 또는 "저녁 때 아빠 오시면 놀자" 등을 이해할 수 있습니다. 또한 "우리 수빈이는 오늘 강아지와 어디 갈 거니?" 하고 묻는 것도 좋아합니다.

• 친구와 함께 놀기를 좋아하면서도 아직 관계를 맺는 사회적 기술이 부족하기 때문에 다투는 경우도 있습니다. 하지만 이때 아기의 감정을 수용하고 공감해 주면서 바람직한 행동을 가르쳐주면 친구와의 관계를 잘 형성하고 유지할 수 있습니다. 이 시기에 단 한 명이라도 친한 친구가 있을 경우 동생이 태어났을 때 훨씬 잘 대해주며, 이런 형제애는 청소년 시기까지도 지속됩니다.

• 아기의 감정은 훨씬 다양해지며, 때로 우울하거나 불안하거나 짜증나거나 화나는 감정들도 나타납니다. 아기가 가장 좋아하는 '위로 장난감(예를 들어 곰인형이나 담요 등)'을 아기 가까이에 두어 아기가 혼자 진정할 수 있도록 도와줍니다.

❖ 원초적인 독점욕 이해하기

유아기의 아이는 독점욕이 강합니다. 또래에게 관심을 보이지만 이 독점욕 때문에 친구와 잘 놀기가 정말 쉽지 않습니다. 이 시기 아이들의 법칙은 대개 다음 3가지입니다.

① 내가 본 것은 내 것이다!
② 네 것이라도 내가 원하면 내 것이다!
③ 한 번 내 것은 영원히 내 것이다!

어른들의 세계에서는 말도 안 되는 이야기지만 아직 자기중심적인 유아기 아이에겐 이런 생각이 너무도 당연한 것입니다. 아이의 원초적인 독점욕을 이해하면 또래 아이들과 놀 때 일어날 수 있는 충돌을 지혜롭게 조율할 수 있습니다.

또래 친구는 차치하고 이 시기의 아이들은 독점욕 때문에 동생과도 문제를 종종 일으킵니다. 어린 동생이 장난감을 만지려 들거나 잠깐 가지고 놀 때 걸음마 시기 아이는 참지 못합니다. "안돼, 내 장난감이야"를 외치며 장난감을 사수하려고 기를 씁니다.

이때 "넌 장난감 많잖아. 동생 하나만 줘라" 또는 "동생이랑 같이 가지고 놀아"라고 말하면 안 됩니다. '내 것'이라는 의식이 생기는 유아기 아이에게 동생이 자기 장난감을 가지고 노는 것은 당연히 기분을 상하게 할 수 있는 상황입니다.

이런 경우 감정코칭에 들어가야 합니다. 우선 아이의 빼앗기기 싫고, 자기 혼자 갖고 싶은 마음을 읽어줍니다.

"동생이 승윤이가 좋아하는 장난감을 가져가서 화가 났구나."

그렇게 먼저 아이의 감정을 읽어준 뒤 다음 단계에 들어갑니다.

"하지만 동생도 그 장난감이 마음에 드나 봐. 아주 잠깐만 갖고 놀게 해 주면 어떨까? 그런 다음 승윤이가 다시 갖고 놀면 좋을 것 같은데…"

아이가 다른 사람과 함께 더불어 살며 성장하기를 바라는 부모들은 '나눔'과 '양보'에 대해 설명하기도 하지만 아이들은 아직은 이해하기 어려운 개념입니다. 이 시기 아이들은 '나눔'과 '양보'라는 개념이 형성되지 않았기 때문에 설명을 해도 무슨 말인지 이해하지 못합니다. 그렇지만 순서를 번갈아가며 장난감을 가지고 노는 방법을 가르쳐줄 수는 있습니다.

❀ 부모가 감정을 표현하고 조절하는 모범을 보인다

부모라면 누구나 어느 날 아이가 부모의 말과 행동을 그대로 따라 해서 깜짝 놀란 경험이 있을 것입니다. 세진이 엄마도 얼마 전 세진이가 노는 모습을 보고 큰 충격을 받았습니다. 36개월이 조금 안 된 아이가 인형에게 하는 말과 행동이 예사롭지 않습니다.

"너, 엄마가 그러면 안 된다고 했지. 너 때문에 엄마가 정말 속상해 죽겠어."

"밥 빨리 먹지 못해? 엄마 바쁘단 말이야."

조그만 아이가 어쩜 목소리도 앙칼지게 인형을 혼내고 있습니다. 가끔 인형 엉덩이도 때려가면서 말입니다. 바로 세진이 엄마가 세진이에게 했던 행동을 그대로 재현하고 있는 것입니다.

사실 그리 놀랄 만한 일은 아닙니다. 아이들은 서너 살쯤 되면 부모의 일상생활을 모방하여 놀이를 합니다. 엄마가 요리를 하는 모습을 따라 한다든가, 아빠가 면도하는 모습을 흉내 내는 등 부모나 가족이 했던 행동과 말을 모방합니다.

아이의 모방놀이는 부모가 평소 어떻게 하느냐에 따라 독이 될 수도 있고, 거꾸로 약이 되기도 합니다. 아이는 부모가 하는 대로 따라 하고 배우기 때문에 좋은 모범을 보이면 아이가 자연스럽게 감정을 표현하고 조절하는 방법을 배울 수 있습니다.

세진이 엄마처럼 화가 날 때 큰소리로 아이를 혼내고 때린다면, 아이는 '아, 화가 날 때는 큰소리를 내고 때리는 거구나' 하고 이해합니다. 반면 화가 나도 감정을 가라앉히고 차분하게 대응을 한다면, 아이에겐 그런 모습이 화가 났을 때 감정을 조절하는 기준이 됩니다.

이처럼 부모는 아이의 살아 있는 교과서입니다. 감정코칭보다 먼저 부모가 자기감정을 이해하고 조절할 수 있어야 한다고 강조하는 것도 이 때문입니다. 꼭 아이에게 감정을 보이는 것이 아니라도 부모가 일상생활에서 다른 사람을 대하는 모습을 보면서 아이는 그대로 배웁니다.

할아버지와 할머니에게 함부로 대하는 부모를 보면서 자란 아이가 '부모를 잘 모셔야 하고, 화가 나도 부모를 때리거나 욕을 해서는 안 된다'는 것을 스스로 깨닫기는 어려운 일입니다.

만 36개월 무렵 아이와의 놀이법

상상력을 풍부하게 하는
놀이를 즐긴다

이 나이에는 매사가 놀랍고 흥미롭습니다. 아침에 일어나면 오늘은 또 무슨 재미있는 일이 벌어질까 잔뜩 기대하고 호기심을 갖는 것이 정상입니다. 상자를 열 때도 선물을 풀어볼 때도 아기의 표정에는 경이로움이 가득합니다. 아이에게 세상은 배움터이고 배우는 것은 즐거운 일입니다.

① **상상놀이** : 24개월 때의 상상놀이보다 한층 더 발전한 형태의 상상놀이를 즐길 수 있습니다. 소꿉놀이, 슈퍼맨 등 상상 속의 주인공이 되거나 함께 노는 것을 즐거워합니다.

② **탐험놀이** : 주변 환경에 대한 인식이 커지고 호기심이 늘어 밖으로 나가서 노는 것을 좋아합니다.

③ **나눔놀이** : 친구들과 장난감을 공유하며 놀 수 있습니다.

④ **질문놀이** : 질문이 부쩍 늡니다. "왜 고양이는 야옹 해?"처럼 '왜?'라는 질문을 많이 합니다. 아이에겐 질문을 하는 것도 훌륭한 놀이입니다.

⑤ **동화 만들기 놀이** : "옛날 옛날 어느 시골 마을에 두꺼비가 살았대요. 그 두꺼비는 여름에 너무 더워서 강가로 놀러 갔대요. 그 다음에 어떻게 되었을까?" 하고 이야기를 시작한 다음 나머지는 아이가 말하도록 이끌어주는 방법이 좋습니다. 이때 가능한 한 아이의 상상력에 대해 비판이나 교훈 등

을 하지 말고, 재미있게 열심히 들어주면서 호응해 주도록 합니다.

⑥ 운동감각 놀이 : 간단한 가위질을 할 수 있습니다. 머리 위로 공을 던질 수
도 있습니다. 아빠와의 운동놀이나 신체적 놀이는 아이의 운동감각, 자신
감, 지도력을 키우고 또래 관계를 좋게 합니다. 음악에 맞춰 춤도 출 수 있
습니다.

⑦ 개성 찾기 놀이 : 자기가 가장 좋아하는 색깔을 고르는 등 개성과 취향을
표현합니다.

⑧ 자연 돌보기 놀이 : 식물을 가꾸고 반려동물 돌보기를 시작할 수 있습니다.
"꽃이 목마르겠네" "강아지가 졸린 것 같아" 등 감정 이입과 공감 능력을
키워줄 수 있습니다.

놀이할 때 기억하세요

• 아이는 자기가 궁금해하는 건 부모도 당연히 궁금할 거라 생각하며, 부모는 답을 다 알고
있다고 믿습니다. 하지만 부모가 모든 걸 다 알 수는 없습니다. "왜, 그럴까?" 하고 아이에
게 물으며 같이 답을 찾아보도록 합니다.

• 이 무렵 아이들은 상상과 현실을 잘 구분하지 못합니다. 인형도 생명이 있다고 생각해서
던지거나 때리면 아플 거라고 믿습니다. 아이에게는 빗자루가 기타가 되거나 냄비 뚜껑이
드럼이 될 수도 있습니다. 장난치고 어질러놓는다고 혼내기보다는 아이가 어떤 행동을
했을 때 무슨 생각이나 기분이 드는지 묻는 데 중점을 두도록 합니다. 아이 자신과 타인
에게 해롭지 않은 놀이라면 허용해 주면서 상상놀이에 즐겁게 동참합니다.

• 친구와 노는 것을 좋아하고 양보와 타협의 기술도 조금씩 배울 수 있습니다. 하루에 약
12개의 단어를 새로 배울 수 있을 만큼 언어 감각이 발달하므로 말로서 자신의 감정을 표
현할 수 있도록 감정코칭을 해주면 매우 효과적입니다.

• 상상력은 좋은 방향으로도 크지만 두려움과 공포로도 커질 수 있습니다. 이 시기에는 특
히 밤에 어두운 것을 무서워해 벽장 속의 옷들이 사실은 귀신이라고 상상할 수도 있습니
다. 이때 아이의 두려움을 수용해 주고, 불을 켜서 안심할 수 있게 확인시켜주면 좋습니다.

• 이 시기의 아이들은 잠드는 것을 어려워하기도 합니다. 하지만 10~12시간의 수면이 필요
한 시기입니다. 취침 직전에 목욕을 해 체온이 1도만 상승해도 수면에 방해가 됩니다. 가
능한 한 취침 1시간 전에 목욕을 마쳐 체온이 정상일 때 아이가 잠들 수 있도록 합니다.

3

취학 전 아동,
친구들과의 관계가 중요하다

다섯 살은 또다른 변화를 예고하는 시기입니다. 그전까지는 주로 집에서 부모와 함께 많은 시간을 보냈던 아이가 집 밖으로 나와 새로운 경험을 시작하기 때문입니다. 아이는 유치원에 가서 여러 아이와 함께 어울리며 다양한 감정을 경험하고, 단체 생활을 하면서 지켜야 할 규칙이 있다는 점도 알게 됩니다.

새로운 상황은 기대감과 두려움을 동시에 줍니다. 아이들은 새로 친구를 사귀고 함께 노는 것을 즐거워하면서도 한편으로는 친구들과 있으면서 또다른 형태의 감정을 느끼며 당혹스러워하기도 합니다. 그뿐 아니라 지금껏 느꼈던 감정과는 강도가 다른 다양한 두려움을 인지하면서 불안해하기도 합니다.

하지만 다양한 상황과 감정을 경험한다는 것은 아이의 성장에 큰 도움이 됩니다. 아이가 다양한 감정을 만나 익숙해지고, 적절하게 감정을 조절할 수 있도록 돕는 것이 부모의 역할입니다.

🌿 아이의 감정을 묻고 표현하도록 격려한다

5~7세 아이들은 어른들이 보기에는 여전히 어린아이에 불과합니다. 하지만 이 시기의 아이들은 어른들이 상상하는 것 이상으로 다양한 감정을 느끼며, 경험을 통해 많은 것을 알고 있습니다. 어른들이, 부모들이 미처 알지 못할 뿐입니다.

아이가 다양한 감정을 건강하게 만나고 조절할 수 있게 하려면 때때로 아이의 감정을 묻고 그러한 감정이 어떤 것인지 표현하도록 도와주어야 합니다. 하지만 감정이 생기는 상황을 기다렸다 자연스럽게 묻는 것에는 한계가 있습니다. 따라서 놀이를 통해 감정을 만들어내고, 그 감정을 어떻게 처리할지를 자연스럽게 터득하도록 하는 것이 좋습니다.

스위스 아동발달학자인 피아제는 이 시기의 아이들은 인형이나 자연에도 사람처럼 감정과 생각이 있다고 상상하며 의인화할 수 있다고 생각합니다. 풍부한 상상력을 지닌다는 뜻입니다.

이 시기 아이의 감정과 생각을 읽기에 좋은 놀이가 바로 '상상놀이'입니다. 아이는 인형놀이나 소꿉장난 등을 하면서 상황을 상상하며 자신의 감정이나 생각을 훌륭하게 표현합니다. 다음의 대화를 통해 알아보겠습니다.

아이 : (인형을 쓰다듬으며) 콩이(인형)는 지금 아주 슬퍼.

엄마 : 그렇구나.

아이 : 엄마, 아빠가 싸웠거든. 둘 다 화가 나서 콩이한테는 관심도 없어.

엄마 : 응, 그렇구나. 정말 슬프겠다. 곧 엄마 아빠 화가 풀리겠지.

아이 : 아니야. 이번에는 심하게 싸웠어. 아빠가 막 소리 지르고 그랬거든.

엄마 : 콩이가 참 무서웠겠네.

아이 : 응. 무서워서 막 울었어. 이러다 엄마 아빠가 헤어지면 어쩌나 겁이 났대.

엄마 : 콩이가 운 거 엄마 아빠는 알아?

아이 : 모를 거야. 너무 무서워서 방에 가서 숨어 있었거든.

엄마 : 엄마 아빠도 화가 나면 싸울 수 있어. 하지만 너무 걱정하지 마. 곧 괜찮아질 거야.

아이 : 정말?

엄마 : 그럼.

아이 : (다른 인형을 가지고 와서 엄마 흉내를 내며 부드럽게) 민아, 배고프지? 엄마가 민이 좋아하는 빵 사왔어.

아이는 상상놀이를 통해 엄마 아빠가 싸울 때 얼마나 무서운지, 얼마나 겁이 나는지를 표현합니다. 이처럼 상상놀이는 아이의 감정을 자연스럽게 끌어냅니다. 부모는 아이의 감정을 읽고 아이가 무엇을 원하는지를 확인할 수 있습니다. 그러면서 미처 몰랐던 아이의 마음을 이해하고 좀더 가까워질 수 있는 기회를 갖게 됩니다.

❖ 친구를 통해 감정 조절법을 익히도록 돕는다

다섯 살이 되면 아이들은 부모와 노는 것보다 친구들과 노는 것을 좋아합니다. 이전에도 친구에게 관심을 보이기는 하지만, 그러면서도 함께 어울려 놀기보다 '너는 너대로, 나는 나대로' 식으로 각자 자기가 좋아하는 놀이를 합니다. 그러던 아이들이 다섯 살에 접어들면서부터는 친구와 함께 나누기도 하고, 장난감을 공유하기도 하면서 함께 노는 법을 익히기 시작합니다.

다섯 살 이후는 또래 문화가 형성되는 시기입니다. 이때 아이는 친구들과의 관계를 통해 감정을 느끼고 조절하는 방법을 배웁니다. 이는 부모가 하는 감정코칭과는 또 다릅니다. 아이들은 자기들끼리 놀면서 자연스럽게 감정을 조절해야 한다는 점을 깨닫습니다. 장난감을 혼자만 갖고 놀면 친구가 화가 나서 가버릴 수도 있다는 걸 경험하면서 양보, 공유, 나눔을 배웁니다. 화가 나도 친구를 때리면 안 된다는 생각도 어렴풋하게나마 하게 됩니다.

그렇지만 이 시기의 아이들은 주로 친구와 단둘이 노는 것을 좋아합니다. 둘 외에 다른 아이가 끼어드는 것을 싫어하고, 세 아이가 함께 놀면 한 아이가 소외되는 경향이 있습니다. 두 아이가 의도적으로 한 아이를 소외시킨다기보다는 셋이 노는 일에 익숙하지 않기 때문입니다.

친구와 놀 때 아이들이 즐기는 놀이 역시 '상상놀이'입니다. 특히 상상놀이는 아이가 경험하는 부정적이고 나쁜 상황, 예를 들어 동생이 태어나 엄마 아빠의 사랑을 빼앗겼다든가, 엄마 아빠가 싸워서 무서웠던 상황을 극복하는 데 큰 도움이 됩니다.

아이에게 의견을 묻기보다 선택권을 준다

감정코칭은 부모가 해결책을 알려주는 것이 아니라 아이가 스스로 해결책을 찾도록 도와줍니다. 아이가 해결책을 찾기 어려워할 때는 "이렇게 해 보는 건 어떨까?" 하고 제안을 할 수도 있습니다. 하지만 5~7세 어린아이에겐 이것도 어려울 수 있습니다. 아직 전두엽이 발달하지 않은 5~7세 어린아이가 스스로 생각을 정리해 해결책을 찾기란 현실적으로 어려운 일입니다.

쇼핑을 갔는데 비싼 장난감을 사 달라고 무작정 떼쓰는 아이에게 사줄 수 없는 상황을 아무리 설명해도 소용이 없습니다. 이럴 때는 '이렇게 할래, 저렇게 할래?' 선택권을 주는 것이 좋습니다.

예를 들면 다섯 살, 일곱 살 남자 형제가 방에서 막 물총놀이를 합니다. 한창 노는 데 정신이 팔린 아이들에게 "그래, 놀고 싶지? 맞아, 얼마나 재미있겠니. 하지만 방에서 물총놀이를 하면 안 돼"라고 감정코칭을 해도 잘 먹히지 않을 수 있습니다. 이럴 때는 확실하게 선을 그어주도록 합니다.

"물총놀이는 목욕탕에서 하든지 밖에 나가서 해라. 방 안에서 하는 거 아니다" 하고 분명하게 이야기합니다. 그러고 나서 "목욕탕에서 할래? 아니면 밖에 나가서 할래?" 하며 선택하도록 하는 것이 좋습니다. 이렇게 선택권을 주면 아이는 강요나 억압을 받는 느낌이 들지 않습니다. 부모에게 행동을 강요당했다기보다는 스스로 둘 중 하나를 선택했다는 데 자부심을 느낍니다.

아이가 둘 중 어느 것을 선택하더라도 부모 입장에선 다 바람직한 것입니다. 방 안에서 하는 건 안 된다고 행동의 한계를 확실히 정해주었고, 가능한 것을 예로 들어 선택권을 주었으니 아이가 무엇을 선택해도 더 이상 문제가 안 됩니다.

감정코칭도 아이 나이에 맞는 방법으로 진행해야 효과적입니다. 어릴 때 선택권을 주고, 아이가 좀더 커서 스스로 생각하고 해결책을 제시할 수 있을 때는 아이 의견을 묻도록 합니다.

✽ 아이들의 원초적인 두려움을 이해하라

이 시기 아이들은 다양한 감정을 경험합니다. 특히 두려움을 많이 느끼면서 무서워합니다. 부모가 보았을 때는 대수롭지 않은 일을 확장시키거나 전혀 얼토당토않은 일로 두려워합니다. 그래서 부모는 아이의 그런 감정을 충분히 공감해 주지 못할 수 있습니다.

이 시기 아이들이 느끼는 원초적인 두려움을 이해하지 못하고 "쓸데없는 걱정을 한다" 또는 "별것 아닌 걸로 무서워한다"라고 핀잔을 주면 안 됩니다. 아이의 감정을 잘 읽어주고, 그렇지 않다는 점도 잘 설명해 주어야 아이가 정서적인 안정감을 찾을 수 있습니다.

아이들이 많이 느끼는 원초적인 두려움은 다음과 같습니다.

버려질지도 모른다는 두려움

백설공주, 신데렐라, 콩쥐팥쥐… 아이들이 많이 접하는 동화 중에는 아빠가 죽고 계모에게 구박을 받거나, 부모에게 버림받고 어렵게 자란 아이들이 주인공으로 등장하는 이야기가 많습니다. 아직 현실과 가상의 이야기를 잘 구분하지 못하는 아이들은 종종 동화 속 주인공과 자신을 동일시

합니다. 계모 밑에서 구박받는 신데렐라가 불쌍해 눈물지으면서 자기도 엄마가 죽어 계모한테 구박받을까 봐 두려워합니다.

아이의 이와 같은 두려움을 읽고 안심시켜주는 것이 중요합니다. 흔히 많은 부모가 아이를 놀리거나 말을 듣게 하려고 "너 그러면 갖다 버릴 거야"라고 말하는데, 이는 참으로 위험천만한 발언입니다. 어떤 경우에서도 이런 말은 금물입니다. 아이에게 '부모인 우리는 언제나 네 곁에서 너를 돌봐줄 거야'라는 믿음을 확실하게 주도록 합니다.

잘하지 못할 것 같은 두려움

또래들과 어울리면서 아이는 다른 아이와 자신을 비교합니다. 축구는 누가 잘하고 누가 못하며, 영어는 누가 잘하고 누가 못하는지 등 똑같은 것을 하더라도 잘하는 아이와 그렇지 않은 아이가 있음을 알게 됩니다. 그러면서 학습이든 운동이든 잘하지 못하면 어쩌나 하는 두려움을 갖게 됩니다.

아이가 이런 두려움을 느끼는 데는 부모의 잘못도 큽니다. 다른 아이와 비교하며 잘하네, 못하네 하지 않더라도 부모들은 은연중 아이에게 "우리 ○○○가 최고로 잘한다"라는 말을 많이 합니다. 이런 말을 듣는다면 아이는 남보다 잘해야 한다는 부담을 갖게 됩니다. 칭찬할 때 결과를 놓고 칭찬하지 말라는 이유도 여기에 있습니다. 못해도 괜찮다고 아이를 안심시켜야 아이가 어떤 일을 할 때 망설이거나 두려워하지 않습니다.

어둠에 대한 두려움

이 시기 아이들은 유독 어두운 것을 싫어합니다. 밤에 잘 때 불을 끄면 싫어하는 것도 이 때문입니다. 아이들에게 있어 밤은 낮과 달리 유령들이 나타나고 귀신이 나타날 수 있는 무서운 세상입니다. 단지 보이지 않는 것 뿐, 달라진 것은 아무것도 없음을 이해시켜야 합니다. 담력을 키워주겠다고 일부러 더 어두운 곳에 아이를 두는 부모도 있는데, 아이에게 공포감만 더 크게 심어줄 뿐입니다.

부모가 싸우는 것에 대한 두려움

부모가 싸우는 모습은 그 자체로 아이에겐 공포입니다. 엄마와 아빠가 싸우면 아이들은 혹시 부모가 헤어질지도 모른다고 생각합니다. 특히 요즘엔 이혼이 많아 유치원생들도 부모가 이혼한 친구들을 흔히 봅니다. 그런 친구들을 보면서 아이는 엄마와 아빠가 얼마든지 이혼할 수 있고, 그랬을 때 자기는 버려질 수도 있다고 생각합니다.

또한 아이들은 부부싸움의 원인이 자신에게 있다고 생각하기도 합니다. 그러니 아이 앞에서 부부싸움을 하지 마십시오. 만약 아이가 보았다면 어른들도 화가 나면 싸울 수 있고, 엄마와 아빠는 서로 화해하려고 노력 중이며, 곧 그렇게 될 것이라고 말해 주도록 합니다.

악몽에 대한 두려움

이 시기 아이들은 무서운 꿈을 많이 꿉니다. 호랑이가 나타나 잡아먹으려고도 하고, 벼랑에서 뚝 떨어지거나 물에 빠져 허우적거리는 등 두려움을 자극하는 내용도 다양합니다.

아이가 무서운 꿈을 꾸면 꿈과 현실은 다르다는 점을 알려주고, 아이가 진정될 때까지 충분히 달래줍니다. 비록 꿈을 꾸고 무서워하는 것일지라도 악몽에 대한 두려움을 읽어주고, 옆에서 엄마와 아빠가 안전하게 지켜주고 있다고 안심시켜야 합니다. "그깟 꿈 좀 꿨다고 무서워하면 되나" 하는 식으로 다그치면 아이는 그런 꿈을 꿀까 봐 더 불안해질 수 있습니다.

죽음에 대한 두려움

이 시기의 아이들은 죽음에 대한 두려움도 큽니다. 죽음의 의미를 정확히는 모르지만 할아버지 할머니가 돌아가시거나 키우던 반려동물이 죽었을 때 슬퍼하면서 막연하게나마 죽음은 무서운 것, 슬픈 것이라는 인식을 하게 됩니다.

이럴 때 죽음에 대해 잘 설명하고 안심시키는 것이 중요합니다. 물론 죽음을 왜곡하는 것은 좋지 않습니다. "걱정 마, 안 죽어"라고 무조건 안심시키는 것보다는, "누구나 죽을 수 있단다. 그래도 할머니가 주신 사랑은 변함없이 우리 마음에 남아 있단다" 또는 "사람은 생명이 다하면 다 자연 또는 천국으로 돌아간다"는 식으로 담담하게 얘기해 주는 것이 바람직합니다.

만 48개월 무렵 아이와의 놀이법

'나도 할 수 있다'는
자신감을 북돋아주기

이 시기 아이들의 두드러진 특징은 '나도 할 수 있음을 자랑하는 것'입니다. 아이가 "나는 열까지 셀 줄 알아요" "나는 공을 던질 줄 알아요" "나는 자전거를 혼자 탈 줄 알아요" 하고 자화자찬을 하는 것은 당연합니다. 왜냐하면 아이는 이전에 비해 부쩍 집중력도 늘었고, 손과 눈의 연결도 원활해지고, 퍼즐 맞추기도 하며, 그림도 그릴 수 있어 스스로도 놀랍고 대견하기 때문입니다.

① 만족 지연 놀이

사탕이나 과자를 식사 전에 먹지 않고 식사 후에 먹을 경우 하나 더 준다고 약속하면 대개 기다릴 수 있습니다. 모래시계와 같이 눈으로 시간의 흐름을 알 수 있는 것을 두고 기다리게 하면 좀더 쉽게 기다릴 수 있습니다.

② 숫자놀이

대개 하나에서 열까지 숫자를 셀 줄 압니다. 숫자를 셀 수 있는 다양한 살림 도구로 세기놀이를 합니다. 예를 들어 숟가락, 컵, 접시, 연필 등을 세면서 정리하면 즐거워합니다.

③ 수수께끼 놀이

간단한 농담을 알아듣고 수수께끼 푸는 것을 즐깁니다. 예를 들어 "고양이와 강아지가 함께 학교에 가고 있었는데, 왜 갑자기 고양이가 뛰어갔을까?" 하고 물어보면, 아이는 "오줌 마려워서!"라고 대답하며 재미있어 합니다.

④ 퍼즐 맞추기 놀이

이 시기의 아이들은 과제를 끝마치는 것을 좋아합니다. 끝까지 퍼즐을 맞출 수 있도록 도와줍니다.

⑤ 계량하기 놀이

키를 줄자로 재거나 몸무게를 달아보면서 이전보다 얼마나 키가 크고 체중이 늘었는지를 표시해 주면 좋아합니다. 마찬가지로 생일이나 새해 첫날에 아이의 손을 종이에 펴놓고 손 모양을 따라 그림을 그려놓으면, 나중에 해마다 손이 얼마나 컸는지를 한눈에 볼 수 있어서 좋습니다.

⑥ '무엇이 가장~' 놀이

아이는 이 무렵 더 길다, 가장 길다, 더 크다, 가장 크다 등을 비교할 수 있습니다. 그림이나 사물을 놓고 '가장 ~한 것 찾기' 놀이를 하면 좋아합니다.

놀이할 때 기억하세요

• 아이는 이 무렵 공격성이나 분노 등 강한 감정을 격하게 표시할 때가 있습니다. 예를 들어 친구와 열중하여 노는데 다른 친구가 와서 같이 놀자고 하면, "싫어, 꺼져!"라고 말하기도 합니다. 이때 무조건 꾸짖지 말고, "지금 놀이에 집중하는데 친구가 놀자고 하니까 귀찮은가 보구나. 하지만 그렇게 심한 말로 하지 말고 조금만 기다릴래? 이 판 끝나고 같이 하면 어때?"라고 말을 좀 다르게 순화하여 가르쳐줍니다.

• 캘리포니아 주립대 데이비스 캠퍼스 연구팀이 아동들에게 채소 가꾸기를 해보게 했더니, 채소를 가꾼 아이들이 그렇지 않은 아이보다 영양에 대해 더 관심을 갖고 다양한 음식을 골고루 먹는다고 합니다. 마당이나 베란다에 작은 채소밭 상자를 만들어보세요.

• 이 시기 아이들은 자신의 운동감각을 과대평가하여 위험한 행동을 하다가 다치는 경우가 많습니다. 이 나이 때 다치는 것의 약 80퍼센트는 낙상이라고 합니다. 방바닥이나 놀이터 바닥에 폭신한 매트를 깔아주면, 뛰고 뒹굴고 하는 놀이를 좀더 다양하고 안전하게 할 수 있습니다.

⑦ 운동감각 놀이

한 발로 뛸 수 있고, 공을 머리 위로 던질 수 있으며, 공을 주고받는 것도 가능합니다. 평형감각과 운동감각을 자극하는 한 발 뛰기나 트램펄린 등을 좋아합니다.

⑧ 자랑놀이

"내가 잘하는 것은~" 하면서 순서를 바꿔가며 말합니다. 아이는 자기 자랑을 하면서 자존감을 키워갑니다. 이때 비웃거나 핀잔을 주기보다 "그것을 잘할 수 있어서 자랑스럽구나" "정말 잘하네" 하면서 공감하고 수용해주는 것이 필요합니다.

⑨ 음식 만들기 놀이

아이가 직접 달걀을 깨어서 저어보거나, 밀가루를 반죽하여 쿠키를 만들거나, 떡 반죽을 하여 송편을 만들어봅니다. 음식에 대한 관심과 흥미를 가질 수 있습니다.

만 60개월 무렵 아이와의 놀이법

또래 아이들과 어울리며
놀도록 격려하기

이제 아이는 사회적으로 유치원에 '진출'하는 시기입니다. 다행히 아이의 사회성과 감정적 발달이 빠르게 진행되므로 대개는 유치원에 잘 적응하며 또래 친구들과 노는 것을 아주 즐거워합니다. 이때는 규칙도 배울 수 있을 뿐 아니라 또래와 놀면서 규칙을 만들기도 합니다.

① 규칙 만들기 놀이

또래와 놀다가 "너는 이거 해. 나는 이거 할게" "우리 이렇게 하자" "술래잡기할 때는 열까지 세는 동안 보면 안 돼" 하면서 규칙을 충분히 이해하고 지키며, 필요에 따라 규칙을 바꾸거나 만들기도 합니다.

② 게으름 피우기 놀이

전문가들은 이 무렵 아이들에게 심심해할 시간을 주는 것이 창의력과 상상력을 키우는 데 절대적으로 필요하다고 합니다. 학원, 피아노, 태권도, 수영 등 꽉 찬 일정 속에서 숨 쉴 틈 없이 하루하루를 보내게 하는 것은 창의력의 싹을 짓밟는 것과 같습니다.

③ 긴장 이완 놀이

아이들과 함께 요가나 스트레칭, 눈 감고 상상하기 등의 시간을 함께하면 아주 좋아합니다. 특히 정해진 시간에 잠깐씩 하는 것이 더 좋습니다.

④ 친척 방문하기

대개 이 시기의 아이들은 조부모님이나 친척, 사촌을 방문하는 것을 아주 흥미로워합니다. 방문이 어려우면 전화 걸기나 메일 보내기 등도 유대감 형성과 친인척 관계 유지에 좋습니다.

⑤ 냉장고 문에 가족사진 붙이기

아이들은 자신이 누구인지, 어떻게 생겼는지, 가족에게 중요한 존재인지 등을 확인받고 싶어 합니다. 가족이 매일 여닫는 냉장고 문에 가족사진이나 개인사진, 특별한 장면이 담긴 사진을 붙여놓으면 아주 좋아합니다.

⑥ 책 읽기

아이는 혼자서도 간단한 책을 읽을 수 있지만 여전히 어른이 읽어주는 걸 더 좋아합니다. 긴 문장은 엄마가 읽고 짧은 문장은 아이가 읽거나, 엄마와 아빠 그리고 아이가 함께 책을 읽는 것도 좋습니다.

놀이할 때 기억하세요

• 아이는 이제 규칙을 설명하면 잘 이해하고, 무조건 싫다고 떼쓰는 일이 많이 줄어듭니다. 이때 아이의 감정을 좀더 묻고 경청하고 존중하면 아이도 다른 사람의 말을 경청하고 존중할 줄 알게 됩니다.

• 아이는 유치원에 가면서 더 이상 엄마와 하루 종일 보내지 않고, 친구와 보내는 시간이 훨씬 길어집니다. 부모의 말도 듣지만 친구들의 의견도 중요하게 여깁니다. 관심사도 가족뿐 아니라 할머니, 할아버지, 이모, 삼촌, 사촌 등 일가친척에게로 확장됩니다. 또한 자신이 언제 태어났는지 어디서 나왔는지 등을 궁금하게 여깁니다.

• 옳고 그름을 구분할 줄 압니다. 따라서 엄마가 동생만 편애한다고 생각하면 "불공평해"라고 말합니다. 상황의 옳고 그름을 떠나 우선 아이가 본 관점에서의 감정을 그대로 수용해주는 것이 중요합니다. 가령 아이가 "선생님이 나만 야단쳐요. 나만 미워해요" 하고 말한다면 "선생님이 너만 미워하는 것 같구나. 그럴 때 기분이 어땠어?" 하고 물으면서 아이의 감정을 그대로 수용해 줍니다.

• 이 시기가 되면 규칙을 이해하므로 간단하고 이해하기 쉬운 규칙이 있는 놀이를 많이 하여 규칙 준수를 배우게 하는 것이 좋습니다. 아이는 말로 가르쳐주는 규칙보다 행동으로 보는 규칙을 쉽게 이해하고 기억하며 따릅니다. 특히 어른의 언행일치는 매우 중요합니다.

4

초등학생, 아이에게
모멸감과 수치심은 금물!

 학교는 유치원과 또 다릅니다. 유치원에서도 기본적인 사회적 관계를 경험하지만 학교에서 경험하는 사회적 관계는 훨씬 더 넓고 복잡합니다. 그만큼 새로운 감정을 경험할 기회도 많아집니다. 전두엽이 발달하면서 이성적인 판단을 어느 정도 할 수 있고 감정을 조절하는 능력도 커지지만 아직 어려서 순간적으로 감정 조절을 잘 못하는 경우도 많습니다.

초등학생들은 다른 사람에게 어떻게 보여지는지를 중요하게 생각합니다. 특히 친구들 사이에서 놀림감이 되는 일을 싫어하면서도 한편으로는 친구들을 놀리는 이중적인 모습을 보이기도 합니다.

초등학생은 학년별로 나타나는 특성이 다르므로 그에 따라 감정코칭도 달리 해야 합니다. 초등학교 1~2학년과 5~6학년은 이성적·정서적인 면에서 큰 차이가 있습니다. 그러므로 시기에 따라 적절한 감정코칭을 해주면 질풍노도의 사춘기 때 일어날 수 있는 문제들을 예방할 수 있습니다.

❖ 초등 1~2학년, 칭찬과 격려를 아끼지 않는다

초등학교 1~2학년은 본격적으로 사회성이 발달하기 시작하는 시기입니다. 활동하는 것을 좋아하고 어떤 규칙이 있는 놀이를 좋아합니다. 하지만 경쟁심이 많아 게임을 할 때 속임수를 써서라도 이기고 싶어 하고, 자기주장이 강해 함께 놀면서도 서로 협동하는 모습은 약합니다. 또한 다른 사람의 감정에 관심을 보이기는 하지만 자신의 행동이 남에게 어떤 영향을 미치는지를 몰라 친구들 사이에 감정적 충돌이 많이 일어나기도 합니다. 잘 놀다가도 금방 삐치고 토라지거나 화를 냅니다.

다른 사람에게 인정받고 싶어 하는 마음도 큽니다. 그래서 이 시기에는 특히 누군가로부터 관심을 받고 칭찬을 받는 것을 좋아합니다. 이 시기의 아이들은 간혹 혼자서도 곧잘 하다가 누가 있으면 응석을 부리며 안 하려고 드는 퇴행의 행동을 보입니다. 이 또한 관심을 받고 싶기 때문에 나타나는 현상입니다. 따라서 충분한 관심을 쏟으면서 칭찬과 격려를 한다면, 이 시기 아이들의 마음을 비교적 쉽게 열 수 있습니다. 말하는 것도 좋아해 감정을 읽어주면 대화를 풀어가기도 어렵지 않습니다.

다음은 초등학교 1학년 아이의 감정코칭 사례입니다. 경쟁심이 강해졌을 때의 상황을 견디지 못해 감정을 표출한 경우입니다. 감정을 솔직하게 표현하고, 스스로 해결책을 내는 과정이 대견스럽습니다.

엄마 : 명빈아, 무슨 일 있었어?

명빈 : 원래는 내가 1등 하는 건데….

엄마 : 응?

명빈 : 갑자기 은승이가 뒤에서 밀어서 넘어졌어.

엄마 : 아, 그랬구나. 어디서 넘어졌어? 많이 아팠겠네.

명빈 : 운동장에서… 많이 아픈 건 아니고.

엄마 : 많이 안 아파? 넘어졌으면 다쳤겠는데?

명빈 : 사실, 살짝 넘어져서 아프지는 않은데 1등을 못해서….

엄마 : 아, 살짝 넘어져서 아픈 것보다 1등을 못해서 그런 거구나?

명빈 : 네.

엄마 : 그럼, 지금 기분이 어떤 것 같아?

명빈 : 그냥 기분 나쁘고 화나고 그래요.

엄마 : 아, 기분이 나쁘고 화도 나고 그렇구나.

명빈 : 네.

엄마 : 그런데 무엇 때문에 은승이가 명빈이를 뒤에서 밀었을까?

명빈 : 1등 하려고.

엄마 : 아, 은승이가 1등 하려고 그랬던 것 같아?

명빈 : 사실은 저도 처음에 밀긴 밀었는데, 아주 살짝….

엄마 : 아, 명빈이도 처음에 은승이를 아주 살짝 밀었구나….

명빈 : 네.

엄마 : 명빈아, 명빈이는 달리기를 할 때마다 1등을 했잖아.

명빈 : 헤헤… 네.

엄마 : 그런데 오늘 은승이가 밀어서 넘어지는 바람에 1등을 못해서 기분

나쁘고 화도 났다고 했지?

명빈 : 네.

엄마 : 그렇게 기분 나쁜 것을 억울함이라고 한단다. 1등을 할 수 있는데 다른 친구 때문에 넘어져서 못했을 때의 억울함. 억울하면 눈물을 흘리기도 한단다. 그럼 명빈아, 이 억울한 마음을 풀 수 있는 좋은 방법이 없을까?

명빈 : 헤헤….

엄마 : 갑자기 웃는 걸 보니 좋은 방법이 있나 보네?

명빈 : 헤헤, 제가 먼저 은승이 안 밀고 다시 한 번 달리기 시합 해볼래요.

엄마 : 응, 그럼 괜찮아질 것 같아?

명빈 : 네!

엄마 : 그래, 그럼 언제 할까?

명빈 : 지금 바로요. 제가 은승이한테 얘기할게요.

엄마 : 그래, 좋아.

❖ 초등 3~4학년, 옳고 그름을 스스로 생각해 보도록 돕기

초등학교 3~4학년은 왕성한 활동력을 자랑합니다. 늘 바쁘게 움직이고 부산하고 호기심이 많습니다. 사람에 대한 관심이 많아 사람마다 다르다는 점을 알게 되는 것도 이 무렵입니다. 하지만 남들과 다르다는 것으로 고민을 하기도 합니다.

이 시기 아이들은 대체적으로 골격이 아직 발달하지 않았는데, 간혹 다른 아이보다 신체적 발달이 빠른 아이가 있습니다. 이런 아이들은 친구보

만 6세 무렵 아이와의 놀이법

또래 아이들과
어울리며 놀도록 격려하기

    한국 나이로는 7~8세입니다. 이 시기의 아이들은 놀랍게도 새로운 환경에 잘 적응하고, 다양한 활동에 흥미를 보입니다. 단체로 하는 운동을 좋아하기도 하고, 개인적으로 선호하는 것을 수집하거나 집착하는 열정을 보이기도 합니다. 아이의 에너지가 넘쳐서 어른이 감당하기 어려울 정도인 게 정상입니다. 아이의 관심과 열정을 쏟을 수 있는 활동이나 대상을 찾아주는 것이 중요합니다.

    ① '내가 좋아하는 것' 놀이

    '내가 좋아하는 색깔은' '내가 좋아하는 과일은' '내가 좋아하는 동물은' '내가 좋아하는 친구는' 등 아이가 좋아하는 세계를 알아보는 놀이입니다. 집에서 가족과 즐겨 한다면 학교에서 친구들과도 할 수 있습니다.

    ② 외국어 배우기 놀이

    전문가들은 이 무렵의 아이들이 외국어를 배우면 좋다고 합니다. 모국어에 대한 감각이 어느 정도 생겼고, 새로운 언어에 대한 호기심을 가질 수 있는 여유가 있기 때문입니다.

    ③ 공감놀이

    이 시기 아이들은 다른 사람의 감정을 공감할 수 있습니다. 특히 독서가 공감력을 키우는 데 도움이 되며 공감력이 큰 아이들 또한 독서를 좋아한다고 합니다.

④ 가사 돕기 놀이

가사 돕기도 놀이처럼 할 수 있습니다. 엄마가 음식을 만들면 아이가 수저를 놓는다든가, 아빠가 설거지를 할 때 아이는 식탁을 닦는 등 가사 분담을 하면서 공동체 의식을 키웁니다.

⑤ 서랍 정리하기

이 시기의 아이들은 숟가락이나 젓가락, 양말과 셔츠 등을 분류하는 것을 좋아합니다. 또는 개어놓은 양말이나 수건 등을 제자리에 갖다놓게 하는 것도 좋습니다. 함께 분류하며 정리하는 것은 재미도 있고 부모도 덜 힘들 뿐 아니라 성취감과 자기효능감을 키울 수 있습니다.

⑥ 옷 바꿔 입기 놀이

아이는 엄마 아빠의 옷, 신발 등을 입거나 신고 싶어 합니다. 크게 훼손될 염려가 없다면 입어보게 하는 것이 좋습니다. 옷 대신 모자나 앞치마 등도 훌륭한 놀이 소재가 될 수 있습니다.

⑦ 가면놀이

아이들은 역할극을 좋아합니다. 동물 얼굴이나 동화 속 인물 등의 가면을 만들어 간단한 연극을 해보면 좋습니다. 다양한 성격을 자연스럽게 연출해볼 수 있으며, 아이의 성격에 변화도 가져올 수 있습니다.

⑧ 업어주기

아이들은 특히 다른 사람을 돌보는 것을 좋아합니다. 서로 순서를 바꿔가며 업어주기를 합니다.

⑨ 학교 놀이

아이들은 선생님 역할, 학생 역할을 바꿔가며 하는 것을 재미있어 합니다. 아이가 가진 내면의 개념 세계를 알 수도 있습니다. 예를 들어 선생님이 열심히 가르치거나 무섭게 혼내거나 하는 모습을 통해 아이가 갖고 있는 선생님, 공부, 학교, 친구, 학생, 자신 등에 대한 개념을 알 수 있습니다.

⑩ 구슬 꿰기 놀이

아주 작은 구슬은 꿰기 어렵지만 좀 큼직한 구슬은 쉽게 꿸 수 있습니다.
이는 미세근육 발달에 도움이 됩니다.

놀이할 때 기억하세요

• 한 연구에 따르면, 이 시기의 아이들 중 92퍼센트는 독서를 재미있어 하고 40퍼센트는 매일 책을 읽는다고 합니다. 텍사스대학과 하버드대학 연구소는 하루에 텔레비전 시청 시간을 2시간 이하로 줄이면 독서량이 늘어난다고 밝혔습니다. 아이가 독서하는 분위기를 만들기 위해서는 부모도 책을 즐겨 읽고, 집 거실에 텔레비전이나 컴퓨터 대신 책장을 놓는 것도 좋습니다.

• 아이들은 자기 옷 고르는 것을 좋아합니다. 옷을 사러 가거나 다음 날 입을 옷을 고를 때, 엄마가 골라주기보다 자신이 스스로 선택하도록 합니다. 아이의 선택을 가능한 한 지지해 주는 것이 좋습니다. 예를 들어 추운 날 얇은 옷을 입겠다고 고집을 부리더라도, 그 옷을 입고 싶은 이유를 물어 타당하다면 하고 싶은 대로 두는 것이 좋습니다. 아이의 취향과 선택이 부모와 다를 수 있으나 연습하는 중이라 여기고, 시행착오를 통해 안목을 키우게 하는 것이 중요합니다.

• 이 나이에 미세근육이 미성숙하기 때문에 글씨 쓰는 것을 어려워하는 아이도 많습니다. 글씨 쓰는 것을 놀이처럼 할 수 있는 환경을 만들어주고, 다양한 펜으로 써보도록 하면서 점차 연필로 바꿀 수 있도록 합니다.

만 7세 무렵 아이와의 놀이법

사회성, 경제 감각을 키워주는
놀이가 필요하다

이 시기는 역설과 모순으로 가득 찬 시기입니다. 인형을 갖고 노는 귀엽고 천진난만한 어린아이 같다가, 한순간 어른의 말에 끼어들면서 다 아는 척도 합니다. 친구에게 마음을 다 주다가도 배반하는 모순을 보이거나, 동요를 부르다가 성인가요도 따라 부릅니다. 한마디로 종잡을 수 없는 시기입니다.

하지만 글씨를 좀더 예쁘게 쓸 수 있고, 시간을 볼 줄 알며, 시간 개념이 생깁니다. 모르는 것은 인터넷을 검색해 찾을 줄도 압니다. 감정적으로 주변 상황과 자신에 대해 좀더 많이 알아차리고 표현력도 늘어납니다. 예를 들어 "선생님이 숙제를 많이 내줘서 힘들어요" 하고 표현할 수 있습니다.

① 블루마블 놀이

이 나이 아이들은 돈을 셀 줄 알아서 블루마블 같은 보드 게임을 매우 좋아합니다.

② 블록놀이

아이들은 복잡한 블록이나 완성할 수 있는 만들기 등을 좋아합니다. 도전하고 성취감을 느낄 수 있는 놀이를 일부러 찾기도 합니다. 어른이 찾아주기보다 자신에게 적합한 수준을 스스로 찾게 하는 게 좋습니다.

③ 악기 배우기

전문가들은 이 시기에 피아노나 바이올린 등 악기를 배우면 효과적이라고 합니다. 리듬, 템포, 멜로디 등에 관심을 보이고 음악 자체를 좋아하면서 음악 속의 내적 규칙을 어느 정도 이해합니다. 진도가 나가면서 아이들이 기술을 향상시키는 재미도 붙이기 때문입니다.

④ 그림으로 표현하기

그림을 잘 그리고 못 그리고를 가리기보다 자신의 생각과 느낌을 여러 가지 방법으로 자유롭게 표현하는 것이 중요합니다.

⑤ 단체 운동놀이

야구나 축구 등 또래와 함께하는 단체 스포츠에 관심을 갖고 즐기는 시기입니다. 아이가 흥미를 보이는 운동부터 시작하는 것이 좋습니다. 그룹 스포츠는 협동심과 또래 관계, 책임감 등에 긍정적인 효과를 줍니다.

⑥ 돈을 셈하는 놀이

보드 게임 중에서도 월급을 타거나 저축하거나 재료를 사는 등 경제 활동을 하는 게임을 좋아합니다. 아이들은 한두 시간도 지루한 줄 모르고 재미있게 몰두합니다. 이때쯤 돼지 저금통이나 통장을 마련해 주면 경제 관념이 생깁니다.

⑦ 용돈 벌기

친구 생일에 선물을 사기 위해 자기 용돈을 저축하거나 쿠키 등을 만들어 기금 만들기 활동에 참여해 보게 합니다.

⑧ 봉사활동

부모와 함께 거리의 쓰레기 줍기, 독거노인에게 도시락 배달하기 등을 경험하는 것은 아이의 인성 발달에 매우 도움이 됩니다. 특히 자신이 남에게 유익한 일을 할 수 있다는 체험은 자긍심, 감사심, 배려심, 자신감 향상에 매우 큰 도움이 됩니다.

⑨ 티파티 놀이

이 시기에는 아이들에게 예의범절을 가르쳐주기 좋습니다. 여자아이들은 티파티를 하면서 초대하고 초대받는 예의를 배웁니다. 한편 남자아이들도 일주일에 1회 혹은 생일, 명절 등에 특별한 식탁 예절 등을 배우게 합니다.

⑩ 개인 운동

자전거, 롤러스케이트, 수영, 댄스 등 이 시기에는 여러 운동을 할 수 있고 좋아합니다. 아이가 좋아하고 잘하는 것을 눈여겨보았다가 좋아하는 것부터 시작하도록 합니다.

놀이할 때 기억하세요

• 이 시기의 아이들은 오늘의 친구가 내일의 적이 되는 등 관계의 변화가 심한 편입니다. 토라지기도 잘하고 상처도 잘 받습니다. 또한 자아 개념이 또래 관계를 통해 형성되기도 하기 때문에 친구들과 어울려 노는 것이 매우 중요합니다. 어른들이 모르는 사소한 일로도 경쟁하거나 질투하기 쉬운데, 감정코칭을 통해 아이가 자신과 타인의 감정을 이해하고 대처 능력을 키워나가도록 지도합니다.

• 이 시기에는 다른 아이와 달라 보이는 것을 두려워합니다. 아이들에게 왕따를 당할까 봐 두려워하고, 놀림받는 것에 매우 민감합니다. 하지만 감정코칭으로 이 시기를 잘 넘기면 각자의 개성을 존중하면서 좀더 안정적이고 다양한 또래 관계를 형성할 수 있습니다.

• 성교육을 유치원 때 이미 했을 수도 있지만, 이때쯤 다시 좀더 구체적으로 몸과 연결해 설명해 주면 쉽게 이해합니다. 아이들이 성에 대해 묻지 않는 것은 궁금하지 않아서가 아니라 그런 것을 물으면 안 된다는 불문율을 암암리에 주입받았기 때문입니다. 하지만 성에 대한 관심과 호기심은 나쁜 것이 아니며 부모에게 물어도 괜찮다고 말해 주어 아이가 궁금한 것을 물어볼 수 있게 하고, 모르면 함께 책이나 인터넷을 찾아보기도 합니다.
연구에 따르면, 스웨덴 아동은 만 7세에 아기가 어디에서 나오는지 알고, 영국 아이들은 평균 만 9세, 미국 아동은 평균 만 11세에 정확히 압니다. 이처럼 성에 대한 지식은 신체 발달보다는 문화의 영향을 더 받습니다.

다 성숙한 자신을 매우 부끄러워합니다. 그런 고민을 하면 충분히 감정을 읽어주고, 신체 발달에 개인차가 있음을 설명해 주어야 합니다.

친구들과의 관계에서도 어느 정도 선 긋기가 시작됩니다. 여럿이 함께 노는 것을 좋아하면서도 친구를 골라서 사귀며, 친한 친구하고만 놀려는 모습을 보입니다. 친구들과의 관계를 중요하게 생각하는 시기인 만큼 따돌림을 당하면 아주 깊은 상처를 받습니다. 따돌림이 아니더라도 친구들로부터 놀림당하는 것을 못견뎌합니다. 선생님이나 부모에게 꾸지람을 듣거나 비난을 당하는 것도 굉장히 싫어하지요. 그래서 어른들의 규칙을 따르려고 하지만 그것이 아이들 사이의 규칙과 충돌할 경우 갈등하기도 합니다.

또한 이 시기 아이들은 전두엽이 발달해 어느 정도 판단력이 있습니다. 스스로 계획을 세울 수 있고, 자기 의지로 결정하고 싶어 합니다. 실수나 실패에 대해 스스로 평가할 수 있으며, 옳고 그른 것에 강한 반응을 보입니다. 따라서 감정코칭을 할 때 더더욱 부모의 생각보다 아이의 의견을 존중해 주어야 합니다. 충분한 대화를 통해 스스로 옳고 그른 것을 판단하고 결정할 수 있도록 돕는 것이 최선입니다.

다음은 친구로부터 놀림을 당해 속이 상해 울면서 복도로 뛰어나온 아이를 감정코칭한 사례입니다. 이 시기의 아이들은 서로가 서로를 놀리면서 재미있어 하기도 하고, 속상해하기도 합니다. 이때 친구들끼리 놀리면 안 된다고 훈계하는 것보다 감정을 읽어주고 어떻게 하면 놀림을 당하지 않을지 스스로 생각해 보고 해결책을 찾도록 도와주는 것이 효과적입니다.

선생님 : 민호가 화가 많이 났구나.

민호 : 엉엉엉….

선생님 : 민호가 속이 많이 상했나 보구나. 무슨 일로 이렇게 화가 많이 났
　　　　을까?

민호 : (아직도 분이 안 풀린 듯 훌쩍거리며) 내가 아무 짓도 하지 않았는데
　　　　성우가 나보고 자꾸 바보라고 놀려서 속이 상해요.

선생님 : 그렇구나, 민호는 아무 짓도 하지 않았는데 성우가 자꾸 바보라
　　　　고 놀려서 속이 상하구나.

민호 : (점점 울음을 그치며) 네.

선생님 : 그렇구나, 자꾸 놀리는구나. 그때마다 민호 기분은 어떠니?

민호 : 속상하고 화도 나요.

선생님 : 속상하고 화도 나는구나.

민호 : 네.

선생님 : 무엇 때문에 성우는 민호를 바보라고 놀리는 것 같아?

민호 : 제가 아마도 공부를 못해서 그런 것 같아요.

선생님 : 그렇구나, 민호가 공부를 못해서 그런 것 같구나. 민호는 공부가
　　　　어때?

민호 : 공부가 싫은 것은 아닌데, 잘 이해가 되지 않아서 어려워요.

선생님 : 그렇구나. 잘 이해가 되지 않아서 어렵구나. 민호는 어떤 과목을
　　　　제일 좋아하니?

민호 : 국어요.

선생님 : 그렇구나, 국어 과목을 좋아하는구나. 선생님도 국어를 아주 좋
　　　　아했는데… 그럼 다른 과목은?

민호 : 수학은 어려워요.

선생님 : 수학이 어렵구나. 이해가 잘 되지 않을 때 민호는 어떻게 하니?

민호 : 그냥 가만히 있어요.

선생님 : 그냥 가만히 있구나. 그냥 가만히 있으면 어떻게 돼?

민호 : 계속 모르고, 아무런 도움이 되지 않아요.

선생님 : 그러면 이해되지 않는 부분에 대해서는 어떻게 하면 좋을까?

민호 : 선생님께 질문을 해서 알아야 해요.

선생님 : 그래, 그러면 되겠구나. "선생님, 이 부분이 잘 이해가 안 돼요. 다시 설명해 주세요" 하고 질문하면 되겠구나.

민호 : 네.

선생님 : 민호가 수학도 잘하고 공부를 더 열심히 하면, 성우도 민호를 놀리지 않을 것 같은데…. 민호 생각은 어때?

민호 : 네. 맞아요.

선생님 : 그런데 민호야, 만약 다음에 또 이런 일이 일어난다면, 민호는 화난 마음을 성우한테 어떻게 전달해서 성우가 민호를 놀리는 말을 하지 않도록 할 수 있을까?

민호 : 제가 먼저 공부를 열심히 하고요. 성우가 또 놀리면 제가 성우에게 말을 할래요. 나한테 바보라고 하지 말라고요.

선생님 : 그러면 되겠구나. 성우한테 민호의 마음을 전달하면 되겠구나. 정직하고 씩씩하게 너의 마음을 전달하면, 성우도 다시는 너를 바보라고 놀리지 않을 거야.

민호 : 네.

선생님 : 잘할 수 있을 거야. 민호야, 지금 기분은 어때?

민호 : 좋아요.

❖ 초등 5~6학년, 불안정한 감정 따뜻하게 끌어안기

슬슬 반항이 시작되는 시기입니다. 어른들의 말을 따르기보다 자기 방식대로 하고 싶어 하고 독립을 꿈꾸지만, 동시에 어른들의 관심과 지지를 기대하는 이중성을 보입니다.

여전히 칭찬과 관심에 민감하면서도 부모와 교사의 한계가 어디까지인지 시험해 보려고 일부러 말썽을 피우거나 삐딱하게 나가기도 합니다. 어떤 얘기를 하든 '다 알아요'로 일관해 어른들을 당혹스럽게 만들 때도 있습니다. 세상을 객관적으로 바라보는 시선이 생겨 어른들에게 비판적인 태도를 취하기도 합니다.

예전에는 몰랐던 어른들의 세계를 하나둘 알아가면서 어른이 된 듯한 느낌을 받으면서도, 한편으로는 여전히 아이의 세계에 속해 있는 데서 오는 정서적 불안감도 큽니다. 어른과 아이 사이에 끼여 있는 듯한 느낌을 받으면서 감정적으로도 불안해합니다. 호르몬과 신경전달물질의 변화로 감정 기복도 크고, 감정 조절을 잘 하지 못합니다.

무엇보다 또래 문화는 좀더 집단적인 형태를 띱니다. 끼리끼리 모여 다니기를 좋아하고, 팀으로 하는 놀이를 좋아하며, 친구들 사이의 유행을 무조건 따르려 합니다. 이성에 대한 관심이 많아지면서 짝사랑을 경험하기도 합니다. 완벽주의적인 성향을 보이며, 잘못했을 때 좌절하고 죄책감을 많이 느낍니다.

이런 자신을 들키지 않기 위해 자신감이 없을 때 오히려 더 크게 떠들고 까붑니다. 이렇게 감정을 위장하기도 하기 때문에 감정을 읽을 때 주의 깊게 살펴봐야 합니다.

초등학교 5~6학년의 경우 사춘기가 시작될 수 있습니다. 사춘기 때의 특성이 이때부터 나타나기도 하므로 더욱더 감정을 읽어주는 과정이 중요합니다. 워낙 감정 기복이 심하고 불안정한 시기여서 감정을 읽어주기도 쉽지 않고, 섣불리 조언을 하려 들었다가는 십중팔구 낭패를 보기 쉽습니다.

만 8~11세 무렵 아이와의 놀이법

자연 체험이 곧
훌륭한 놀이

아이는 이제 혼자서 입고, 씻고, 머리 감고, 밥을 먹을 수 있습니다. 스스로 할 수 있는 일이 훨씬 많다는 뜻입니다. 하지만 아직도 부모의 사랑과 관심과 애정 어린 스킨십을 필요로 하는 시기입니다. 어른들과 유연하게 대화도 하고, 절충과 타협도 할 줄 압니다. 자연과의 교감도 많아지고, 형제자매 간에 경쟁심과 협동심이 극대화됩니다. 혼자만의 공간을 원하기도 하고 외모나 몸에 대해 부쩍 관심이 늘어나는 시기입니다.

① **세탁놀이** : 소꿉놀이 차원을 벗어나 실제로 세탁물을 구분하여 세탁기에 돌리는 방법을 가르쳐주면 잘할 수 있습니다.
② **자연관찰 놀이** : 아이들은 자연 체험을 좋아하고 관찰하면서 즐거움을 느낍니다. 주말이나 방학 때 망원경과 손전등 등을 준비하여 산이나 바다로 나가고, 캠핑, 낚시, 여행하는 것을 아주 즐거워합니다. 새, 물고기, 반려동물을 키우거나 화초 가꾸기 등도 책임감을 키우고 정서를 교감하는 데 매우 도움이 됩니다.
③ **일기 쓰기** : 이 시기에는 일기를 쓰거나 자신만의 노트를 갖는 것이 좋습니다. 자기의 생각과 감정을 쓰는 것만으로도 감정이 차분히 정리됩니다.
④ **혼자 있기** : 방 한쪽 코너에 큰 박스로 개인 공간을 만들어주어 혼자 상상하고 그림을 그리거나 노래를 부를 수 있도록 해주면 좋아합니다. 특히 감정적

으로 격할 때 잠시 호흡을 가다듬고 진정할 수 있는 공간이 필요합니다.

⑤ **심부름놀이** : 가까운 슈퍼마켓에서 사올 물건의 목록을 적어주고 심부름을 시키거나, 방 청소 등 간단한 집안일을 시키면 아이의 자신감을 향상시키는 데 도움이 됩니다.

⑥ **개성 키우기 놀이** : 자신의 취향이나 개성을 돋보이게 할 수 있는 액세서리 만들기, 새로운 머리 모양과 옷 스타일 연출 등을 시도할 수 있게 합니다.

놀이할 때 기억하세요

• 미국 국립생태재단에서는 아동들이 '녹색 시간'을 매일 하루에 1시간씩 가질 것을 권장합니다. 20년 전에 비해 요즘 아이들은 일주일에 7.5시간을 더 공부하는 데 쓰고, 자연에서 보내는 시간은 2시간이나 줄었다고 합니다. 하지만 대자연 체험을 많이 한 아이들이 더 건강하고 행복하며 영특합니다.

• 이 시기에는 낙천성과 비관성이 대조됩니다. 비관적 성향을 가진 아이들은 나쁜 일이 자기 탓이며 영구불변할 것이고 다른 것에도 영향을 미친다고 생각하는 경향이 짙습니다. 이런 아이들은 우울증이나 학습된 무기력감을 많이 느낍니다. 반면 낙천적인 성향을 가진 아이들은 상황이 달라지면 좋아질 것이라 생각하고, 자신을 탓하기보다 노력을 더 하고자 하며, 한 가지 일이 잘못된다고 다른 일도 모두 망치는 것은 아니라고 봅니다. 낙천성이나 긍정성도 학습될 수 있습니다. 감정을 수용, 경청, 공감해 주면 이해받고 존중받는 기분이 들면서 자연적으로 긍정성도 회복됩니다.

• 형제자매끼리 경쟁하거나 다투는 것은 흔한 일입니다. 이때 부모는 중재자 역할을 하기보다 각각 한 명씩 감정코칭을 해주는 것이 필요합니다. 감정적으로 더 격한 쪽부터 하되 다른 쪽에게 "너에게도 말할 기회를 줄 테니 조금만 기다려주겠니?" 하고 양해를 얻는 것이 필요합니다. 그리고 감정코칭은 단독으로 하는 것이 효과적입니다.

• 종교가 있는 가정에서는 대략 이 무렵에 교리 공부나 성경 읽기, 세례 받기 등을 통해 종교 활동에 규칙적으로 참여하게 하거나 영성성을 키워줍니다. 또한 명절이나 가족 생일 등을 어떻게 의미 있게 보낼지 가족이 함께 상의하여 '함께 만드는 우리 집 문화'를 공유하는 것도 좋습니다.

질풍노도의 사춘기,
공감 또 공감이 필요하다

사춘기는 아이와 부모 모두를 힘들게 만드는 시련의 시기입니다. 아이는 아이대로 심각하게 자아를 고민합니다. '나는 누구인가?' '나는 무엇을 하고 싶은가?' 등의 질문을 끊임없이 스스로에게 던지며 자아를 찾는 고행을 시작합니다. 사춘기에 접어들기 전에는 너무나도 당연하게 생각했던 것들을 부정하며 혼란에 빠지기도 합니다.

이런 사춘기 아이를 바라보는 부모도 당혹스럽기는 마찬가지입니다. 초등학교 때까지는 간혹 반항은 했지만 그래도 대부분은 부모가 하라는 대로 움직이던 아이가 본격적으로 반기를 들기 때문입니다. 변덕스럽기도 이루 말할 수 없습니다. 수시로 기분이 바뀌어 어느 장단에 춤을 춰야 할지 모를 지경입니다. 예민할 대로 예민해진 아이의 눈치를 살피느라 부모도 숨이 막힙니다.

부모로선 그 어느 때보다 아이의 기분을 살피고 올바른 방향으로 나갈 수 있도록 이끌어주는 것이 힘들겠지만 사춘기 때의 감정코칭은 더더욱 중요합니다. 이 시기를 어떻게 보내느냐에 따라 아이의 인생이 판이하게 달라질 수 있기 때문입니다.

❀ 청소년의 알 수 없는 행동, '뇌' 때문이다

"현재야, 슈퍼에 가서 참기름 사고, 오는 길에 문방구에 들러 편지봉투 하나만 사다줘."

심부름을 시키면 초등학교 때처럼 냉큼 일어나지도 않지만 기꺼이 심부름을 가도 제대로 하는 경우가 드뭅니다. 참기름만 달랑 사가지고 오든지, 문방구에서 편지봉투만 사고는 의기양양하게 돌아옵니다. 어이가 없어 "아니, 그새 까먹었냐?" 하고 한마디 하면, 아이는 되레 화를 내기도 합니다.

부모로서는 이해할 수가 없습니다. 어린아이도 아닌데 금방 이야기한 것을 잊어버리고 심부름 한 가지만 하고 오는지 납득이 가지 않습니다. 혹시 일부러 한 귀로 듣고 한 귀로 흘리는 것은 아닌지 의심스럽기까지 합니다.

하지만 이 시기의 아이들이 일부러 이러는 것은 아닙니다. 청소년의 뇌가 그렇게 만드는 것입니다. 청소년의 뇌는 아동의 뇌나 어른의 뇌와는 다릅니다. 1990년대 중반까지만 해도 생각과 판단을 담당하는 뇌의 전두엽 부위는 13~14세에 어느 정도 틀이 잡히고, 이후는 단지 경험이 누적될 뿐이라고 보았습니다. 그런데 최근 전두엽이 사춘기에 대대적인 리모델링에 들어간다는 사실이 밝혀졌습니다. 13~14세 때까지 어느 정도 발달했던 전두엽이 새롭게 재구축된다는 얘기입니다.

리모델링을 하는 건물을 들여다보면 사춘기의 뇌가 어떤 모양일지 짐작할 수 있습니다. 리모델링을 하는 동안 건물은 엉망진창입니다. 여기저기 건축 자재들이 널려져 있고, 리모델링을 하느라 군데군데 부서진 곳이 많습니다. 두뇌 전선은 당연히 이어져 있지 않아 리모델링을 마치기 전까지는 다면적인 생각을 하기 어렵습니다. 그래서 판단하거나 우선순위를 정하거나 미리 예측해 계획을 세우는 등의 일을 어려워합니다. 이런 상태가 바로 청소년의 뇌입니다. 그러니 한 번에 한 가지라도 처리하는 것이 다행이라 생각해야 합니다.

어른들이 이해할 수 없는 청소년들의 엉뚱한 행동은 대부분 전두엽이 한창 리모델링 중이기 때문에 나타납니다. 청소년들의 전두엽은 어떤 의미에선 초등학생의 전두엽만도 못합니다. 초등학생의 전두엽은 비록 간단한 생각과 판단을 할 수 있는 수준이지만 공사 중은 아니어서 안정감이 있습니다. 적어도 학교에 늦지 않게 가야 하고, 선생님 말씀을 잘 들어야 하며, 숙제를 해야 한다는 것쯤은 이성적으로 압니다.

하지만 청소년의 전두엽은 전선이 채 연결되지도 않은 어수선한 상태라 이성적 판단이 더 어렵습니다. 그런데도 어른들은 청소년의 체격이 이미 어른만큼이나 크고 성숙해 보인다고 판단력도 성숙할 것이라 착각합니다. 몸은 이미 어른만큼 컸으니 당연히 생각도 어른만큼 할 수 있다고 믿지만 두뇌는 아직 미완성이라는 뜻입니다. 청소년과의 갈등은 대부분 이런 오해에서 비롯됩니다. 따라서 청소년의 뇌를 이해하기만 해도 청소년의 행동을 한결 이해하기 쉬워집니다.

'감정의 뇌'가 전두엽 확대 리모델링을 주관한다

초등학교 4~5학년까지 형성된 전두엽은 아파트로 치면 약 20평 정도입니다. 학교와 집을 오가며 숙제하고, 약속을 지키고, 심부름을 할 수 있는 정도의 능력을 갖춘 것입니다. 하지만 이 정도로는 어른들의 복잡다단한 정치, 경제, 사회, 문화, 인간관계를 처리하기 어렵습니다. 그래서 청소년기에 대대적인 확장 공사를 하는 것입니다.

청소년기에 어떻게 리모델링을 하느냐에 따라 30평짜리 집도 될 수 있고, 50~60평짜리도 될 수 있으며, 100평짜리도 될 수 있습니다. 이왕 리모델링을 하는 것이라면 널찍하고 튼튼한 건물로 만드는 게 좋습니다.

이때는 두뇌의 회백질이 1년에 두 배로 늘 정도로 매일 새로운 뉴런이 생성되었다가 경험으로 강화된 것은 남고 사용하지 않은 뉴런은 소멸합니다. 그러니까 양질의 좋은 경험을 긍정적으로 강화하면 널찍하고 튼튼한 집을 지을 수 있는 것입니다. 평균 수명 100세 시대가 코앞에 다가왔습니다. 지금 청소년들은 최소 50년에서 길게는 80년을 더 살아야 하니, 앞으로의 인생을 즐겁고 쾌적하게 살려면 제대로 리모델링을 해야만 합니다.

그러기 위해서는 좋은 재료가 필요합니다. 좋은 재료는 양질의 다양한 경험을 통해 구할 수 있습니다. 학교 공부뿐 아니라 좋은 책을 읽고 영화를 보거나 여행을 하거나 새로운 문화를 체험하는 것 등은 모두 청소년기에 해보면 좋은 경험입니다. 여러 사람을 만나 다양한 생각을 나누고, 함께 어우러져 사는 모습을 경험하는 것도 중요합니다. 그런 의미에서 동아리 활동을 하거나 봉사활동을 하거나 각종 캠프에 참여하는 것도 좋습니다.

무엇보다 중요한 것은 이러한 다양한 경험을 할 때 긍정적인 감정으로 해야 한다는 점입니다. 억지로 공부하고, 무서운 기합과 꾸지람을 받아가며 운동을 해야 한다거나, 콩쿠르나 경시대회에서 낙선한 부끄러움과 패배감의 경험이 결부되어 기억된다면, 훗날 비슷한 상황이 오면 도피하고 싶고 꺼려지며 스트레스를 받게 됩니다. 특히 청소년기에는 전두엽이 미숙한 반면 감정의 뇌는 매우 활성화되어 있습니다. 그래서 더욱 공포, 불안, 수치심, 죄책감 등의 심리적 상처에 노출되기 쉽고 취약합니다.

갓 태어난 아기의 뇌에는 약 1천억 개의 뉴런(신경세포)이 있습니다. 이 뉴런은 감각적인 경험을 해야 비로소 기지개를 켜고 활동을 시작합니다. 다양한 경험을 통해 자극을 받으면 뉴런은 신경세포가 다른 신경세포와 접촉하는 '시냅스'라는 곳에 연결되면서 활동이 시작됩니다.

1천억 개의 뉴런을 활성화시키려면 충분한 자극이 필요합니다. 자극이 충분하지 않으면 뉴런은 다 사용되지 못하고 퇴화해 소멸됩니다. 다양한 경험을 통해 많은 것을 느끼면서 감정의 뇌를 발달시켜야 하는 이유가 여기에 있습니다.

그런데 불행하게도 우리나라 청소년들은 한창 감정의 뇌를 발달시켜야 할 중요한 시기에 대부분의 시간을 공부에 쏟습니다. 공부가 최대 목표이자 과제입니다. 그렇다 보니 여행을 간다든지, 친구들과 논다든지, 하다못해 마음 편히 읽고 싶은 책을 읽을 시간조차 없습니다. 감정의 뇌를 자극할 만한 경험이 절대적으로 부족한 것입니다. 대인관계를 어떻게 풀어야 하는지, 감정이 격할 때 어떻게 다스려야 하는지 배울 기회가 없으니 그 부분의 뉴런은 사라질 수밖에 없습니다. 결국 공부만 열심히 한 아이들은 공부 외의 다른 경험이 없으니 리모델링을 하는 데도 한계가 있을 수밖에 없습니다.

❖ 변덕이 죽 끓는 듯해도 다 받아줘라

청소년들의 감정은 기복이 아주 심합니다. 조금만 기분이 좋으면 들떠 어쩔 줄 모르다가도 조금만 기분이 나쁘면 죽고 싶다고 울고불고 합니다. 10분 만에 천국과 지옥을 오갈 수 있는 게 청소년의 마음입니다. 좋아하는 여자친구한테 전화가 오면 기분이 좋아 어쩔 줄 모르다가 조금 뒤 다른 애가 전화해서 "그 애, 지훈이를 더 좋아한다던데?" 하고 한마디 하면 바로 지옥에라도 떨어진 듯 괴로워합니다.

어떤 감정이든 다 받아주어야 한다는 점을 잘 아는 부모도 변덕이 죽 끓듯 하는 사춘기 아이들의 감정은 감당하기 어려워합니다. 10분도 채 안 돼 감정이 극과 극을 오가는데, 어느 장단에 춤을 춰야 할지 난감하고 짜증도 나지요.

청소년들이 감정 기복이 심한 데는 그럴 만한 충분한 이유가 있습니다. 감정의 뇌가 한창 활발하게 발달하고 있는 중이어서 그렇기도 하고, 사춘기 때는 감정 조절 역할을 하는 '세로토닌'이라는 신경전달물질이 덜 나와서 그렇기도 합니다. 감정을 안정적으로 조절하는 데 작용합니다.

청소년들은 아동과 성인에 비해 세로토닌이 약 40퍼센트 정도 덜 나온다고 합니다. 일반 성인의 경우 세로토닌이 평소보다 40퍼센트 정도 덜 나오면 우울증, 불안증 환자로 봅니다. 그러니 청소년들의 감정이 쉽게 불안정하고 기복이 심한 것입니다.

이처럼 청소년과 호르몬의 상관관계를 이해하면 감정 공감을 하기도 쉽습니다. 부모는 아이가 세로토닌이 절대적으로 부족해 자주 짜증을 내고 화를 내거나 우울해한다는 점을 이해하고, 감정적으로 편안해질 수 있도록 도와주어야 합니다. 그러려면 아이의 변덕스러운 감정을 적극적으로 받아들이고 공감해 주어야 합니다. 어른들이 봤을 때 별것 아닌 일로 심하게 짜증을 부려도 "넌 왜 별것도 아닌 일로 신경질이야" 하고 나무라면 안 됩니다. 사춘기 청소년 입장에선 변덕스럽고 감정이 격한 것이 정상입니다. 이를 인정해 주면 감정적으로도 편안해지고, 감정의 뇌가 안정적이면 전두엽이 활성화됩니다.

❊⅞ 사춘기의 잠을 이해하라

청소년에게 있어 잠은 아주 중요합니다. 하지만 부모와 사춘기 아이들이 가장 많이 부딪치는 문제 중의 하나가 '잠'입니다. 학교 다니랴 학원 다니랴 절대적으로 잠잘 시간이 부족하지만, 공부해야 할 시간에 비몽사몽 졸고 있는 아이를 보는 부모의 마음은 편치 않습니다. 학교에서는 문제가 더 심각합니다. 수업 시간에 조는 아이가 너무 많습니다. 아예 대놓고 엎드려 자는 아이도 적지 않습니다. 선생님들은 자는 아이가 너무 많아 그 아이들을 일일이 깨우다 보면 수업 진행조차 어렵다고 하소연합니다.

연구 결과에 따르면, 사춘기 청소년들은 하루 평균 9시간 15분은 자야 정상적인 뇌 활동이 가능합니다. 영유아기 때 잠이 많이 필요했던 것처럼 사춘기에도 아동이나 성인에 비해 수면이 더 필요한 것입니다. 두뇌에 도로망이 제대로 건설되려면 충분한 수면이 필요한데, 잠을 제대로 못 자는 것은 부실 공사를 자초하는 일입니다.

그런데 요즘 청소년들은 만성 수면 부족에 시달립니다. 고등학생은 말할 것도 없고, 중학생들도 하루 6시간 이상 자기가 어렵습니다. 청소년들에게 필요한 9시간 15분의 수면 시간보다 3시간 이상 못 자니, 잠이 부족해 몸도 마음도 지쳐 있는 상태입니다. 잠이 부족하면 우울해지고 짜증이 나며 만사가 귀찮아집니다. 또한 스트레스도 잘 받고 감정 조절도 더 안 됩니다. 가뜩이나 청소년은 세로토닌이 부족해 감정의 기복이 심한데, 잠까지 부족하니 별것 아닌 일에도 쉽게 짜증을 내거나 화를 낼 수밖에 없습니다.

또한 청소년들은 아침잠이 특히 많습니다. 밤에는 그런대로 말똥말똥하던 아이들도 이른 아침에는 맥을 못 춥니다. 전 세계의 청소년들을 대상으로 '청소년들의 수면 생체 리듬'을 연구했습니다. 외부의 햇빛을 완전히 차단하고 시간의 변화를 느끼지 못하도록 한 뒤 자고 싶을 때 자고 일어나고 싶을 때 일어나도록 했습니다. 그 결과 대부분의 청소년이 '새벽 3시'에 잠자리에 들었고 '낮 12시'에 일어났습니다. 청소년들이 가장 쾌적하게 느끼는 수면 주기가 새벽 3시부터 낮 12시라는 얘기입니다.

성인이 되면 수면 주기는 정상으로 돌아옵니다. 청소년들이 아침잠이 많은 것 역시 그들만의 정상적인 신체 리듬으로 봐야 합니다. 청소년들이 구조적 생리적으로 잠을 많이 자야 하고, 특히 아침잠이 많다는 점을 이해하면 그들을 이해하는 데 도움이 됩니다.

아침에 깨우지 않아도 스스로 일어나는 아이는 드뭅니다. 몇 번씩 깨워도 정신을 차리지 못하고, 깨우다 화가 나서 부모가 소리라도 지르면 온갖 짜증을 내며 겨우 일어납니다. 청소년의 잠을 이해하지 못했다면 "공부도 안 하는 애가 웬 잠이 이렇게 많아" "너 어젯밤에 또 늦게까지 게임 했지? 대체 넌 언제 철들래?" "에그, 잠이 원수다. 원수"라고 말할 것입니다.

하지만 잠이 부족해 늘 피곤하고 짜증이 나는 자녀의 마음을 읽어줘야 합니다. "많이 피곤하지?" "더 자고 싶지? 엄마도 네 나이 때는 잠이 너무 많아 늘 고민이었어" 하고 말해 준다면, 질풍노도와도 같은 아이의 마음이 한결 누그러지고 편안해질 것입니다.

❖ 몸으로 배울 수 있는 기회를 많이 제공한다

청소년들은 전두엽이 공사 중인 상태라 이성적으로 접근하면 잘 받아들이지를 못합니다. 어떤 것이든 일단 감정의 뇌를 통해 전두엽에 기억되도록 도와주어야 합니다. 그러려면 몸으로 직접 부딪치면서 깨닫게 해주는 것이 가장 효과적입니다.

삶의 경험이 많은 어른들의 눈에는 무엇이 옳고 그른지, 어떤 문제가 생겼을 때 어떻게 해결할 수 있는지, 선택의 기로에 놓여 있을 때 어느 방향으로 가는 것이 좋을지 보입니다. 그러니 아이가 잘못된 길로 접어들 때 어떻게 해서든 말리고 싶어 합니다. 하지만 아무리 진심을 다해 이야기를 해주어도 아이들은 듣지 않습니다. 아니, 듣지 않는다기보다는 청소년 뇌의 특성상 듣지 못한다고 보는 편이 맞습니다.

미국에서는 청소년이 임신해서 미혼모가 되는 경우도 이루 말할 수 없을 만큼 많습니다. 상황이 이렇다 보니 미국 정부로선 청소년의 아기를 보살피는 일이 점점 힘에 부치고, 그래서 청소년 출산을 막기 위한 여러 가지 방법을 실시했습니다. 피임법을 알려주기도 하고, 보상 정책을 폈지만 별 효과가 없었습니다. 그런데 청소년들에게 직접 아기를 키워보는 체험을 하게 했더니 효과가 나타났습니다.

일주일 동안 진짜 아기와 같이 프로그래밍된 아기를 주고 키워보게 했습니다. 청소년들은 아기 때문에 잠도 못 자고, 수업 시간에 아기가 울어

수업도 못 듣는 등 고생을 해보고 나서야 아기 키우는 일이 보통 힘든 게 아님을 실감했습니다. 어른들이 아무리 결혼 전에 너무 이른 나이에 육아하는 것이 얼마나 힘든지 말해줘도 듣지 않던 아이들이 한 번 체험을 한 뒤 달라진 것입니다.

청소년기의 뇌는 시냅스가 너무 많아 다면적 사고를 하지 못합니다. 한 번에 하나씩밖에 생각을 못하고, 그나마도 서로 연결을 시키지 못합니다. 그래서 체험해 보는 것이 필요합니다. 직접 눈으로 보고 몸으로 겪어봐야 비로소 여러 가지를 서로 연결시킬 수 있기 때문입니다.

❖ 즐거운 경험을 많이 할 수 있도록 돕는다

아이들은 모든 경험을 감정 차원으로 기억합니다. 다양한 경험을 하다 보면 좋은 느낌으로 기억되는 것들도 있고, 다시는 생각하고 싶지도 않을 만큼 좋지 않은 느낌으로 기억되는 것들도 있습니다. 어른이 된 후에도 하고 싶은 것들은 대부분 좋은 느낌으로 기억되는 경험입니다.

좋은 느낌으로 기억된 경험은 평생을 갑니다. 청소년기의 즐겁고 좋았던 체험은 평생 훌륭한 자양분 역할을 합니다. 따라서 아이들이 즐거운 경험을 많이 할 수 있도록 도와주는 것이 중요합니다. 오랜 기간 피아노 연주 연습을 하는 전공자들 중에는 피아노와 많은 시간을 보냈음에도 피아노라면 좋지 않은 기억을 떠올리는 경우가 많습니다. 어린 시절 피아노를 쳤던 경험이 좋지 않은 기억으로 남아 있기 때문입니다. 어쩌다 건반 하나 잘못 치면 "그렇게 밖에 못 치느냐"는 소리를 들어야 했고, 연습을 게을리 하면 또 혼이 났습니다.

부모가 주는 부담도 만만치 않습니다. 피아노를 치려면 돈이 많이 들기에 웬만큼 경제적인 여유가 있어도 피아노를 전공하는 아이를 뒷바라지하기가 어렵습니다. 그렇다 보니 부모는 아이가 피아노를 열심히 치지 않으면 불쾌한 소리를 할 수밖에 없습니다.

"내가 너 피아노 가르치느라 돈을 얼마나 쏟아 붓고 있는데, 연습을 게을리하면 되니?"

"너 때문에 지금껏 좋은 차도 못 사고, 먹고 싶은 것도 못 먹고 고생하는데, 더 열심히 피아노를 쳐야 하지 않니?"

아이가 이런 소리를 들으며 피아노를 쳤다면, 당연히 부담감, 죄책감이 들고 안 좋은 기억이 남을 수 있습니다. 행여 꾸역꾸역 피아노를 쳐서 대학을 들어가도 진정으로 피아노를 즐기지 못할 수도 있습니다. 어떤 경우는 "피아노 연습이 잘 안 될 때는 마치 피아노가 자신을 비웃는 것 같아 피아노를 망치로 부수고 싶다"고 격한 감정을 보이기도 합니다.

아이가 다양한 경험을 하는 것은 중요하지만 부모의 욕심에 의해 일방적으로 아이가 원하지도 않는 경험을 하도록 만드는 것은 바람직하지 않습니다. 피아노만 보면 구역질이 난다는 어느 피아노 전공자의 말에서도 알 수 있듯이 즐겁지 않은 기억은 거부감만 키울 뿐입니다.

✤ 매니저가 아닌 컨설턴트로 다가간다

요즘 부모들은 아이의 종합 매니저(관리자)를 자청하고 나섭니다. 아이가 혼자서 판단하고 움직이는 것을 불안해하며, 학업은 물론 건강과 친구 관계까지 도맡아 관리합니다.

사춘기 이전에는 매니저 역할이 어느 정도 가능합니다. 하지만 사춘기에 접어들면 더 이상 매니저 역할은 불가능합니다. 아이가 부모의 관리를 받는 것을 거부하며, 독립적으로 행동하고 싶어 하기 때문이지요. 아이들의 이러한 변화를 인정하고 받아들여야 감정코칭이 가능합니다.

사춘기 때는 매니저가 아닌 컨설턴트로 아이에게 다가가시기 바랍니다. 아이를 존중하고, 아이가 힘들어하는 것을 충분히 들어주고, 때에 따라서는 아이에게 도움이 되는 조언도 해주는 등 믿을 만한 컨설턴트로 거듭날 필요가 있습니다. 그러려면 다음과 같은 원칙을 지켜야 합니다.

아이의 사생활을 존중한다

집을 리모델링하는 어수선한 상태에 누군가 찾아온다면 반가울 수만은 없습니다. 사춘기 아이들이 자꾸 자기만의 공간에 숨고 싶어 하는 것도 이런 맥락으로 이해할 수 있습니다. 한창 전두엽을 리모델링하는 어수선한 상황이라 아이들은 집에 오면 자기 방에 들어가 부모 형제가 들어오는 것도 꺼리는 것입니다. 매니저로서 아이의 일거수일투족을 다 꿰뚫고 있던 부모가 아이의 이런 변화를 인정하기란 쉽지 않지요. 아이가 무엇을 하는지, 혹시 뭔가 나쁜 짓을 하다가 감추려는 것인지, 잘못된 방향으로 가고 있는지 끊임없이 확인하고 싶어 합니다.

하지만 그럴수록 아이와의 관계는 멀어집니다. 아이의 휴대전화 문자를 몰래 훔쳐보거나 통화할 때 엿듣는 행위는 아이의 분노를 만들기에 충분합니다. 그런 일이 한두 번 되풀이되다 보면 부모와 아이의 사이는 멀어집니다. 따라서 아이의 사생활을 존중해 주고, 아이가 원할 때만 컨설턴트로 나서도록 합니다.

아이의 인격을 존중한다

꼭 사춘기가 아니더라도 아이의 인격을 존중하는 것은 매우 중요합니다. 다만 사춘기 청소년들은 자아가 특히 강하기 때문에 인격적인 공격을 받으면 참지 못하고 폭발한다는 점에서 더욱 존중해야 한다는 의미일 뿐입니다.

그렇다고 아이의 잘못까지 그냥 넘어가라는 얘기는 아닙니다. 잘못을 지적할 때도 감정코칭의 기본을 철저하게 지켜야 합니다. 감정은 받아주면서 행동에 초점을 맞추어 무엇이 잘못되었는지를 짚어주면 아이가 상처를 받지 않습니다. 인격이나 성격에 대한 비판은 피하고, 상황에 대해 말하면서 원하는 바를 구체적으로 요청하면 됩니다.

예를 들어 방이 지저분할 때 "네 방은 돼지우리 같구나. 정신 상태가 이 모양이니 공부를 잘할 수 있겠어? 어휴, 저 사과 꼭지는 지난주에 먹고 버린 것 아니니? 도대체 넌 어떻게 된 애가 옷을 그냥 벗어놓기만 하고 치우질 않는 거니?" 하고 말한다면 아이는 "정말 방이 지저분하네요. 빨리 치울게요"라고 답하지 않을 것입니다. 대신 "제발 잔소리 좀 그만해요! 내가 그렇게 보기 싫으면 집 나가면 되잖아요!" 하고 맞받아치거나 문을 쾅 닫아버릴 것입니다.

아이의 인격을 존중하려면 어떻게 해야 좋을까요? 먼저 아이의 내면세계를 아는 것이 필요합니다. 아이가 가장 좋아하는 친구가 누구인지, 가장 좋아하는 노래는 무엇이며 가수는 누구인지, 가장 싫어하는 과목은 무엇이며 선생님은 누구인지, 요즘 가장 스트레스를 받고 있는 일은 무엇인지 등 자녀의 내면세계를 아는 것입니다. 이때 느닷없이 "너 가장 좋아하는 친구가 누구냐?" 하고 묻기보다 추측 게임식으로 물어보면 관계의 기초를 즐겁게 다져갈 수 있습니다.

"엄마 생각에 우리 민주가 가장 좋아하는 친구는 지희와 수경이 같은
데, 맞아?"

엄마의 질문에 아이는 맞으면 "맞아요" 하고 대답하고, 아니라면 "수경이
는 맞는데 지희는 아니에요"라고 대답할 것입니다.

내면의 세계를 알 수 있는 대화법을 배워볼까요.

• 사례 1

엄마 : 엄마 생각에 네가 가장 좋아하는 색깔은 주황색인 것 같은데, 맞아?

딸 : 아니에요.

엄마 : 그럼 무슨 색이지?

딸 : 내가 가장 좋아하는 색깔은 보라색이에요.

엄마 : 그렇구나.

딸 : (이번에는 순서를 바꾸어) 제 생각에 엄마가 가장 좋아하는 색깔은 분
　　홍색인 것 같은데, 맞아요?

엄마 : 맞아.

• 사례 2

엄마 : 네가 가장 좋아하는 과목은 수학인 것 같은데, 맞아?

딸 : 아니에요.

엄마 : 그럼 무슨 과목이지?

딸 : 내가 가장 좋아하는 과목은 과학이에요.

엄마 : 그렇구나. 과학을 좋아하는구나.

딸 : (이번에는 순서를 바꾸어) 제 생각에 엄마가 학창 시절 가장 좋아한 과목은 국어였던 것 같은데, 맞아요?

엄마 : 아니.

딸 : 그럼 무슨 과목을 좋아하셨어요?

엄마 : 엄마는 음악 시간이 제일 좋았단다.

딸 : 그랬어요? 어쩐지 엄마가 노래 부르기를 좋아하시더라.

• 사례 3

아빠 : 네가 가장 좋아하는 음식은 삼겹살인 것 같은데, 맞아?

아들 : 네, 맞아요.

아들 : 제 생각에 아빠가 가장 좋아하는 음식은 바지락 칼국수인 것 같은데, 맞아요?

아빠 : 아닌데.

아들 : 그럼 무슨 음식을 가장 좋아하세요?

아빠 : 나는 된장찌개를 가장 좋아해.

• 사례 4

딸 : 제 생각에 아빠가 가장 여행해 보고 싶은 나라는 미국인 것 같은데, 맞아요?

아빠 : 아닌데.

딸 : 그럼 어느 나라예요?

아빠 : 호주야. 아빠 생각에 네가 가장 가보고 싶어 하는 나라는 스위스 같은데, 맞아?

딸 : 네, 맞아요. 저는 알프스 산을 보고 싶어요!

서로의 내면세계를 알게 되면 자녀는 부모가 자신에게 관심을 갖고 있다는 것을 신뢰할 수 있습니다. 또한 부모는 자녀가 원하는 게 무엇인지, 두려워하는 게 무엇인지, 누굴 좋아하고 싫어하는지 알 수 있기 때문에 오해와 불신을 줄일 수 있습니다. 부모가 좀더 배려하고 이해해 주는 마음을 보이기에 아이는 부모에게 존중받는 기분이 듭니다.

아이의 결정을 존중한다

감정코칭은 컨설턴트로서 아이가 어떻게 하면 좋을지 제안은 해줄 수 있지만 결정까지 내려주고 실행할 것을 강요하지 않습니다. 행동의 한계를 분명히 해준 다음, 그 한계 안에서의 선택과 결정은 아이의 몫으로 남겨두는 것이 좋습니다. 자신과 남에게 해가 되지 않는 선에서 아이가 스스로 결정할 수 있도록 믿어주고, 아이가 내린 결정을 존중해 주어야 합니다.

이때 중요한 것은 어른들이 판단하고 결정할 일까지 아이에게 맡겨서는 안 된다는 점입니다. 예를 들어 이혼하면서 여섯 살짜리 아이에게 "엄마나 아빠 둘 중에 누구와 살래?" 하고 물으면서 "너의 선택과 결정을 존중하겠다"고 말하는 것은 너무도 무책임합니다. 아이는 어느 쪽을 선택하든 죄책감과 상실의 고통을 평생 안고 살아야 합니다. 부부싸움이나 경제적 문제와 같은 어른들의 문제는 어른들이 책임지고 해결해야 할 일입니다.

아이의 선택과 결정을 존중하되, 아이의 권한 안에 있는 일에 국한되어야 합니다. 예를 들어 친구 생일잔치에 갈 것인지, 아니면 어느 이모와 수영장에 갈 것인지를 결정하는 일 등입니다. 또한 옷 사러 가서 치마를 고를지 바지를 고를지, 학용품을 정할 때 자신의 선호도에 맞는 것을 고르는 등 아이가 감당할 수 있으며 인지 발달 정도에 맞는 상황에서 아이 스스로 내린 결정을 존중한다는 뜻입니다.

물론 아이는 아직 경험이 부족하고 전두엽이 완성되지 않아 잘못된 결정을 할 수도 있습니다. 잘못된 결정으로 아이가 시행착오를 겪거나 실패를 해도 그것 또한 아이가 성장하는 데 훌륭한 자양분 역할을 합니다. 친구의 생일 선물로 고른 헤어밴드를 친구가 별로 마음에 들어 하지 않는 경우를 경험한다거나, 친구 따라 선택했던 축구부가 힘에 부쳐 자신이 좋아하는 미술반에 들지 않은 것을 후회하는 일 정도는 약이 되는 경험입니다.

부록

상황별 감정코칭 실제 사례

다음의 사례들은 감정코칭 교육을 받으신 부모님이나 교사들이 집이나 유치원, 학교, 상담실 등에서 실제로 해보셨던 감정코칭 상황을 정리한 것입니다. 부분적으로 제가 보완해 드린 것은 '팁'으로 표시했습니다. 사례를 적어주신 한 분 한 분께 깊이 감사드립니다.

아이가 떼를 쓰고 화를 낼 때

• 유치원에서 혼자만 심부름을 하려고 심통을 부리는 상황(4세, 여)

리아는 30개월이 지나면서부터 다른 아이들과 다르게 심부름하는 것을 즐기고, 이에 욕심을 부리기 시작했습니다. 심부름하는 것을 자신의 특권인 양 혼자 하려고 하는 욕구가 강해서 다른 아이가 어른의 심부름을 하면 못 견뎌 했으며, 꼭 때리거나 밀쳐서 싸움의 원인이 되었습니다. 어느 날 리아가 유치원에서 친구들과 놀고 있는데 선생님이 물컵 좀 가져다 달라고 했습니다. 이 말에 친구 선경이가 한발 빨리 뛰어갔습니다. 조금 늦었던 리아가 "나한테 시킨 거야~"하고 선경이를 밀치며 컵을 뺏기 위해 싸움을 걸었습니다. 결국 리아가 컵을 뺏기자 방바닥에 주저앉아 대성통곡하며 울었습니다.

선생님 : 리아야, 왜 우니?

리아 : (대답하지 않고 큰소리로 운다.)

선생님 : 리아가 무엇 때문에 속상한지 선생님에게 말해 줄 수 있니? 리아가 우니깐 선생님도 마음이 아파.

리아 : (울음소리를 그치며) 내가 선생님에게 물컵 가져다 드리려 했는데, 친구들이 뺏어갔어요.

선생님 : 그랬구나! 리아가 토끼반 선생님 심부름을 할 건데 친구들이 뺏어갔구나.

리아 : 네.

선생님 : 그런데 조금 전에 선생님이 보니깐 토끼반 선생님이 리아한테 심부름을 시킨 게 아니던데? 토끼반 선생님 말을 듣고 누구나 먼저 심부름을 할 수 있는 거야.

리아 : 모든 심부름은 나만 하고 싶어요. 심부름하는 것이 좋아요.

선생님 : 리아는 심부름을 좋아하는구나! (최성애 박사의 코칭팁) 이때 리아가 심부름하기 좋아하는 데 대한 감정을 좀더 충분히 수용하고 공감해 주는 것이 필요합니다. 예를 들어 "선생님 심부름을 할 때 리아는 기분이 어때?" 하고 묻는다면, "선생님이 나를 더 좋아할 것 같아요"라든지 "다른 애들에게 선생님을 뺏기고 싶지 않아요" 또는 "칭찬받고 싶어요" 등 아이의 입장에서 자기표현을 할 수 있을 것입니다. 아이의 이런 기분에 대한 공감이 충분히 이루어진 뒤 충고를 하는 것이 좋습니다. 그래야 아이는 진정으로 선생님으로부터 자신의 감정을 이해받았다는 느낌이 들고, 자신은 나쁜 아이가 아니며 존중받고 사랑받는다는 것을 느낄 수 있기 때문입니다.)

리아 : 네. 정말 좋아해요.

선생님 : 심부름을 좋아한다고 해서 모든 심부름을 리아가 할 수는 없을 것 같은데…. 친구가 심부름을 했다고 해서 친구를 때리거나 밀쳐서 리아가 심부름하는 것이 좋은 방법일까? (최성애 박사의 코칭팁) 이런 식의 대화는 너무 답을 유도하는 방식입니다. "때리거나 밀치는 것 말고 다른 방법은 없을까? 때리거나 밀치면 친구가 다칠 수 있어. 우리 유치원에서는 누구를 다치게 하는 것을 원치 않거든" 하는 식으로 행동의 한계를 지어주도록 합니다.)

리아 : 아니오.

선생님 : 그럼 어떻게 하는 것이 좋을까?

리아 : (한참을 생각하더니) 선경이에게 조금 전 내가 했던 행동에 대해 미안하다고 말해야 돼요. 내가 심부름 세 번 하면 한 번은 친구들에게 양보할래요.

선생님 : 정말? 한 번은 양보할 거야? 우와 멋진데!

감정코칭 후 리아는 조금 전 넘어져서 엎드려 있는 선경이에게 다가가 "미안해"하며 사과하고 다시 사이좋게 놀았습니다.

• 비가 오는데 산책을 나가자고 떼를 쓰는 상황(5세, 여)

정아는 활발하고 고집도 센 다섯 살 여자아이입니다. 밖에 나가 노는 것을 무척 좋아하는데, 비가 와서 나가지를 못하자 떼를 씁니다. 비가 와서 밖에 나갈 수 없는 상황이라는 것을 설명해도 고집을 꺾지 않고 계속 밖에 나가자고 엄마를 조릅니다.

정아 : 엄마, 밖에 나가서 놀고 싶어요.

엄마 : 그렇구나. 정아가 밖에 나가서 놀고 싶구나.

정아 : 네.

엄마 : 그런데 어떡하지? 지금 밖에 비가 오고 있네.

정아 : 네. 공도 차고, 달리기도 하고….

엄마 : 아, 그렇구나. 밖에 나가서 놀고 싶은가 보구나. (최성애 박사의 코칭팁 "밖에 나가서 공도 차고 달리기도 하고 싶다는 말이지?" 하고 아이가 한 말을 거울식 반영법으로 되묻는 것도 좋습니다.)

정아 : 그렇다니까요.

엄마 : 정아야, 엄마도 지금 정아랑 밖에 나가서 놀고 싶은데…. 지금 밖에 비가 많이 와서 못 나간단다. 밖에 나가면 옷도 젖고 머리도 젖고, 그럼 감기에 걸릴 텐데…. 정아가 감기에 걸리면 엄마는 정말 많이 속상할 것 같은데.

정아 : 감기에 걸리면 병원에 가면 되잖아요. 가서 약도 타오고… 주사도 맞고.

엄마 : 아, 그렇구나. 병원에 가서 약 타고 주사 맞으면 되겠구나.

정아 : 네, 간단하네요.

엄마 : 그런데 정아야, 감기에 걸려서 정말 병원에 가서 주사 맞고 싶을까? 엄마 생각하고는 조금 다른데. (최성애 박사의 코칭팁 아이의 말을 먼저 경청한 뒤 엄마의 의견을 말했다는 점이 아주 좋습니다.)

정아 : 엄마 생각은 어떤데요?

엄마 : 정아가 주사 맞고 엉엉 우는 것보다 오늘은 비가 오니까 밖에 안 나가고 집에서 엄마랑 노는 게 더 좋을 것 같아. 정아 생각은 어때?

정아 : 내가 감기 걸려서 병원에 가면 엄마 너무 속상하죠? 그냥 집에서 놀까요?

엄마 : 그래, 우리 정아 엄마하고 신나는 놀이를 하면 어떨까?

정아 : 뭐가 있을까요? 엄마 우리 생각해 봐요.

엄마 : 엄마 생각에는 숫자 공부를 좀 하는 게 어떨까? 아니면 한글 공부라도…. 이건 엄마 생각이니까 정아 생각도 좀 들어볼까?

정아 : 아니에요. 엄마. 엄마 말씀대로 할게요.

엄마 : 그래 정아야. 오늘은 그렇게 하기로 하고, 내일 비가 안 오면 그때 나가서 노는 걸로 하자. 알았지?

정아 : 네. 엄마.

엄마 : 지금 기분이 어떠니?

정아 : 기분 좋아요.

엄마 : 정아 기분이 좋다니 엄마도 기분이 좋은 걸. 우리 공부 다 하고 시원한 주스 한 잔씩 마셔볼까?

정아 : 네. 엄마. 고맙습니다.

• 형이 친구하고만 놀아서 화를 내는 상황(7세, 남)

여덟 살 진혁이는 학교에서 돌아오면 집 근처에 있는 센터에서 시간을 보냅니다. 그곳에서 친구들과 놀기도 하고 대학생 형과 공부를 하기도 합니다. 그런데 진혁이가 대학생 형을 발로 차며 화를 내고 있습니다. 형이 자기랑은 놀아주지 않고 친구하고만 놀았다고 속이 상해 형에게 화풀이를 하고 있는 것입니다.

엄마 : 진혁아! 엄마랑 잠시 얘기 좀 할까?

진혁 : (눈물을 글썽이며 따라온다.)

엄마 : 진혁아! 화가 많이 났구나.

진혁 : (대답도 하지 않고 고개를 떨어뜨린 채 눈물을 흘린다.)

엄마 : 진혁이가 많이 슬퍼 보이네!

진혁 : (훌쩍거리며) 네! 많이 슬퍼요.

엄마 : 그렇구나. 진혁이가 많이 슬프구나. 진혁이가 이렇게 슬픈 이유를 엄마한
테 얘기해줄 수 있겠니?

진혁 : 형이 준영이하고만 놀아주고, 나하고는 안 놀아줬어요.

엄마 : 형이 준영이하고만 놀아주고, 진혁이하고는 안 놀아줬다는 말이구나.

진혁 : 네.

엄마 : 그랬구나. 정말 속상하겠다. 형이 준영이하고만 놀아주고 진혁이랑은 놀
아주지 않아서 정말 속상할 것 같아. 엄마도 어떤 사람이 엄마는 신경 쓰
지 않고 다른 사람만 신경 쓰면 속이 상한데. (최성애 박사의 코칭팁) 여기서 감정
에 대한 공감을 좀더 충분히 해주는 것이 좋습니다. "형이 진혁이와 놀아주지
않을 때 기분이 어땠어?"라고 감정을 좀더 물어봐 주거나, 또는 "지금 많이 속
상하고 슬프구나" 하고 그냥 가만히 아이의 손을 잡고 있어도 됩니다. 그러면
다음 질문을 하지 않아도 아이가 이해받은 기분이 들고, 자신의 기분을 좀더
명료하게 인지합니다. 그런 상황에서 속상하고 슬픈 것은 자연스러운 일이며,
자신이 못나거나 나쁜 아이가 아니라는 데 안심하게 됩니다.) 그런데 진혁아,
형이 진혁이랑 놀아주지 않고 준영이랑만 놀아준 이유가 뭘까?

준영 : 잘 모르겠어요.

엄마 : 잘 모르겠구나.

준영 : 네.

엄마 : 그때 진혁이는 어떻게 했니?

진혁 : 형을 발로 차고 화를 냈어요.

엄마 : 준영이하고만 노는 것 같아서 형을 발로 차고 화를 냈다는 거구나.

진혁 : 네.

엄마 : 형을 발로 차고 화를 냈을 때 진혁이 기분은 어땠어?

진혁 : 슬퍼지고 화도 나고, 친구들 앞에서 부끄러웠어요.

엄마 : 그랬구나. 슬퍼지고 화도 나고, 친구들 앞에서 부끄럽기도 했구나. 오늘 진혁이가 형이랑 같이 놀고 싶었는데, 형은 준영이하고만 놀아주고 진혁이하고는 안 놀아줘서 화가 나서 형을 발로 차고 화도 내고 했다는 것이지.

진혁 : 네.

엄마 : 가끔씩 이런 일이 있었다고 했잖아. 그럴 때마다 형을 발로 차고 화를 냈을 때 친구들 앞에서 부끄러웠다는 것이지?

진혁 : 네.

엄마 : 화도 내지 않고 기분도 나쁘지 않고, 친구들 앞에서 부끄럽지 않을 좋은 방법이 없을까?

진혁 : (한참을 생각하다가) 모르겠어요.

엄마 : 모르겠다고?

진혁 : 네.

엄마 : 다시 한 번 생각해 볼까? 진혁이가 잘 생각하면 좋은 생각이 있을 거야.

진혁 : 형한테 말하고 싶어요.

엄마 : 형한테 어떻게 말하고 싶은데?

진혁 : "형, 나하고도 놀아줘" 하고 말하고 싶어요.

엄마 : 정말 그렇게 할 수 있겠어?

진혁 : 네. 할 수 있어요.

엄마 : 우리 진혁이가 좋은 생각을 했네. 다음에 형이 오면 화를 내는 대신 형에게 "형, 나하고도 놀아줘"라고 말하면 형이 분명히 진혁이하고도 놀아줄 거야.

진혁 : 네.

엄마 : 지금 진혁이 기분이 어때?

진혁 : 좋아요.

아이가 속상해하며 울 때

• 애써 만든 로봇을 형이 망가뜨려 울고 있는 상황(6세, 남)

여섯 살 남자아이 정환이가 열심히 로봇을 조립하고 있습니다. 거의 다 만들었을 즈음 형이 지나가다가 밟아서 애써 만든 로봇이 다 망가졌습니다. 화가 난 정환이는 발을 구르며 큰소리로 울었고, 그런 정환이를 형은 시끄럽다며 때렸습니다. 정환이는 억울하고 속상해 더욱 큰소리로 울고 있는 상황입니다.

엄마 : 정환이가 화가 많이 났구나? 엄마랑 이야기 좀 할까?

정환 : (계속 울고 있음.)

엄마 : 정환이가 무엇 때문에 이렇게 화가 났는지 엄마에게 이야기해 줄 수 있겠어?

정환 : 내가 만든 걸 형이 망가뜨리고 때렸어요.

엄마 : 그렇구나. 정환이가 정성들여 열심히 만들었는데 형이 망가뜨려서 속상한 거구나. 정말 속상했겠네. 무엇을 만들었는데?

정환 : 로봇을 거의 다 만들었는데 망가뜨렸어요.

엄마 : 로봇을 만들고 있었어? 정말 화가 나겠네. 거기다가 때리기까지 했으니 정말 속상했겠다. 어디 보자. 많이 아팠겠네.

정환 : 장난치며 지나가다가 망가뜨렸는데, 내가 우니까 시끄럽다고 때렸어요.

엄마 : 그렇구나. 형이 지나가다가 조심하지 않아서 망가뜨렸는데, 크게 우니까 시끄럽다고 때렸구나.

정환 : 네.

엄마 : 그런 일이 자주 있었어?

정환 : 가끔 있었어요.

엄마 : 가끔 있었구나. 그럴 때마다 정환이는 어떻게 했는데?

정환 : 발을 구르며 큰소리로 울었어요.

엄마 : 그렇구나. 속상하고 화가 나서 발을 구르며 큰소리로 울었구나. 그때 기분이 어땠어?

정환 : 기분이 나빴어요.

엄마 : 그렇구나. 울고 나니까 속상하고 기분이 나빴구나. 그러니까 정환이 말은 장난감으로 만들기를 했는데. 형이 조심성 없이 지나가다가 망가뜨렸다는 말이지? 그래서 속상해서 큰소리로 울자 형이 시끄럽다고 때렸다는 거네.

정환 : 네.

엄마 : 그렇구나. 지금 같은 상황을 '억울하다'라고 하는 거야. 누구나 그렇게 억울한 일을 당할 수 있단다. 다음에 또 이런 일이 생기면 정환이는 어떻게 하고 싶니? 정환이도 속상하지 않고, 형도 너를 때리지 않게 할 수 있는 좋은 방법은 없을까?

정환 : "내 거 망가뜨리지 마" 하면 돼요.

엄마 : 그렇게 말하고 싶어? 형인데 그렇게 말할 수 있겠어?

정환 : 네.

엄마 : 그런데 그렇게 말하면 형이 더 화나지 않을까 걱정이 되네. 더 좋은 방법은 없을까?

정환 : 음…. 잘 모르겠어요.

엄마 : 형에게 좀더 예쁘게 말해 보면 어떨까?

정환 : 그럼, "형, 내가 만들기를 할 때 조심했으면 좋겠어" 하고 말해 볼게요.

엄마 : 참 좋은 생각이네. 그러면 되겠네. 그러면 형이 조심을 할 거야. 그럼 언제 하면 좋을까?

정환 : 장난감놀이를 할 때 할게요.

엄마 : 그럼 그렇게 해보자.

정환 : 네.

엄마 : 지금 기분은 어때?

정환 : 좋아졌어요.

• 유치원에서 혼난 뒤 주눅이 들어 집에 온 상황(7세, 남)

일곱 살 승재가 유치원에서 선생님에게 혼이 났습니다. 8칸 공책을 가져오라고 했는데 10칸 공책을 갖고 갔기 때문입니다. 선생님이 친구들 앞에서 반성하라고 한 것이 꽤나 속이 상했는지, 풀이 죽은 모습으로 집에 돌아왔습니다.

엄마 : 승재가 속상해 보이네. 엄마하고 이야기 좀 할까?

엄마 : 승재가 무엇 때문에 이렇게 속상한지 이야기해 줄 수 있어?

승재 : 선생님한테 혼났어요.

엄마 : 선생님한테 혼나서 속상한 거구나. 그런데 무엇 때문에 선생님에게 혼이
　　　　났는지 말해 줄 수 있겠어?

승재 : 8칸 공책을 가져와야 하는데 10칸 공책을 가져와서 혼날까 봐 공책을 숨
　　　　겼어요. 그런데 선생님이 아시고 화내면서 친구들 앞에서 반성하라고 했
　　　　어요.

엄마 : 8칸 공책을 가져와야 하는데 실수로 10칸 공책을 가져와 혼날까봐 두려
　　　　운 마음이 들어 숨겼는데 선생님이 아시고 친구들 앞에서 반성하라고 하
　　　　셔서 속상했구나?

승재 : 네.

엄마 : 그래서 승재는 어떻게 했는데?

승재 : 말하지 않고 가만히 있었어요.

엄마 : 말하지 않고 가만히 있을 때 승재 기분은 어땠어?

승재 : 답답했어요.

엄마 : 답답했구나. 그러니까 네 말은 유치원에서 공부 시간에 선생님이 8칸 공책을 가져오라고 하셨는데 10칸 공책을 가져와 야단을 맞을까 봐 두려워 숨겼는데 선생님이 아시고 화를 내며 아이들 앞에서 반성하라고 해 속상했다는 거네. 또 아무 말도 못해서 답답했다는 거지?

승재 : 네.

엄마 : 그런데 누구나 실수를 하면 속상하고 두려운 마음이 생기는데, 실수를 말할 수 있는 것을 용기라고 해. 그런데 승재야, 다음에 그런 일이 또 있을 수 있잖아. 그럴 때 승재도 속상하고 답답해하지 않고, 선생님에게 네 의사를 전달할 수 있는 어떤 좋은 방법이 있을까?

승재 : 솔직하게 말하면 돼요.

엄마 : 그러면 되겠네. 그런데 어떻게 말하면 좋을까?

승재 : "선생님! 제가 공책을 잘못 가져왔어요. 다시 바꿔 가져올게요" 하면 돼요.

엄마 : 참 좋은 생각이네. 그런 좋은 방법이 있었구나. 그렇게 말할 수 있겠어?

승재 : 조금 자신이 없어요.

엄마 : 그래? 그럼 우리 연습해 보면 어떨까?

승재 : 엄마가 먼저 하면 따라서 할게요.

엄마 : 그럼 따라서 해봐. "선생님 제가 공책을 잘못 가져왔어요. 다시 바꿔 가져올게요."

승재 : 선생님 제가 공책을 잘못 가져왔어요. 다시 바꿔 가져올게요.

엄마 : 잘하네. 그럼 언제부터 할 거야?

승재 : 다음에 그런 일이 있을 때 할 거예요.

엄마 : 그럼 그렇게 해보자. 지금 기분이 어때?

승재 : 좋아졌어요.

• 동생이 인형 옷을 찢어 울고 있는 상황(7세, 여)

일곱 살 하빈이가 유치원에서 인형 옷을 만들어왔습니다. 그런데 네 살짜리 동생이 하빈이가 열심히 만든 인형 옷을 그만 찢어버리고 말았습니다. 속상하고 화가 난 하빈이가 울고 있습니다.

엄마 : 하빈이가 슬퍼 보이네. 무슨 일이 있었니?

하빈 : (찢어진 인형 옷을 가리키며 울먹이면서) 담비가 찢었어요.

엄마 : 그렇구나. 담비가 하빈이의 인형 옷을 찢었구나.

하빈 : 네.

엄마 : 그래, 많이 속상하겠다.

하빈 : 슬퍼요.

엄마 : 담비가 인형 옷을 찢어서 하빈이가 매우 슬프구나.

하빈 : 네. 유치원에서 만들었는데….

엄마 : 유치원에서 만든 인형 옷을 담비가 찢어서 하빈이가 많이 슬프구나. 그래, 엄마라도 속상하겠다. 하빈이가 유치원에서 열심히 만들었을 텐데. 그렇지?

하빈 : 네.

엄마 : 그럼 하빈이는 담비가 인형 옷을 찢었을 때 어떻게 했어?

하빈 : 그냥 울었어요.

엄마 : 그렇구나. 하빈이가 유치원에서 정성껏 만든 인형 옷을 담비가 찢어서 슬퍼서 울었구나. 그래, 엄마 같아도 엄마가 정성껏 만든 것을 누군가 망가 뜨렸다면 참 슬펐을 거야. 그런데 하빈아, 담비는 아직 어려서 물건에 대한 소중함을 잘 모를 거야. 아마도 담비는 언니가 유치원에서 인형 옷을 얼마나 열심히 만들었는지 잘 모르고 그런 행동을 한 것 같아. 이런 것을 '실수'라고 한단다. 실수는 그 행동이 옳은지 잘못된 것인지 잘 모르고 저지르는 행동을 말하거든. 그러니깐 담비는 자기 행동이 잘못되었다는 것을 잘

모르고 있을 거야. 그럴 때 하빈이는 언니로서 담비한테 어떻게 해주면 좋을까?

하빈 : 하지 말라고 얘기해요.

엄마 : 그래, 그렇게 말해 주면 되겠구나. 그런데 그렇게 말해 주었지만 담비가 또 너의 물건을 망가뜨릴 수 있거든. 그럴 때 어떻게 하면 좋을까?

하빈 : 담비가 어리니깐 그냥 놀라고 할래요.

엄마 : 담비한테 그냥 놀라고 할 수 있겠어? 하빈이 것을 망가뜨릴 수 있을 텐데 괜찮을까?

하빈 : 네.

엄마 : 그런데 지금 하빈이 기분이 슬프다고 했잖아. 어떻게 하면 기분이 풀릴까?

하빈 : 그냥 풀려요.

엄마 : 그래, 그냥 풀리겠어? 정말?

하빈 : (웃으면서) 네. 그런데 엄마가 찢어진 인형 옷을 테이프로 붙여주세요.

엄마 : 그래, 엄마가 찢어진 인형 옷을 테이프로 붙여주면 되겠구나. 그런 좋은 방법이 있었구나. 알았어. 엄마가 테이프로 붙여줄게. 지금 하빈이 기분은 어때?

하빈 : 좋아요.

아이가 혼란스러운 감정을 느낄 때

• 친구가 읽고 있는 책을 달라는 상황(5세, 여)

다섯 살 란주가 책장에 다른 책들도 많은데 굳이 친구가 읽고 있는 책을 읽고 싶다며 달라고 떼쓰고 있습니다. 친구 희원이도 한창 재미있게 책을 읽고 있는 중이라 란주에게 양보를 하지 않습니다.

엄마 : 란주야, 화가 많이 났네. 무슨 일인지 이야기해 줄 수 있겠니?

란주 : 희원이한테 내가 신데렐라 책 보고 싶다고 했는데, 안 줘요.

엄마 : 란주가 신데렐라 책이 보고 싶은가 보구나.

란주 : 네. (희원이를 돌아보며) 심희원, 책 빨리 줘!

엄마 : 그렇구나. 란주가 신데렐라 책이 보고 싶은데 희원이가 주지 않아서 너무 속상하겠다.

란주 : 네.

엄마 : 란주야, 란주가 신데렐라 책을 좋아한다고 했잖아. 어떤 점이 좋은지 엄마가 궁금한데 이야기해 줄 수 있겠니?

란주 : 신데렐라가 착하고, 예쁘고, 공주 같아서요.

엄마 : 그렇구나. 착하고 예쁜 공주님 같아서 좋아하는구나.

란주 : 네. 신데렐라 책 빨리 보고 싶어요.

엄마 : 그래, 란주가 정말 빨리 보고 싶은데 희원이가 책을 주지 않아 속상하겠구나.

란주 : 네. 준다고 했는데 안 줘요.

엄마 : 준다고 해놓고 주지 않아서 더 속상하겠다. 그렇지?

란주 : 네.

엄마 : 그러니까 란주야, 란주는 신데렐라가 착하고, 예쁘고, 공주님 같아서 좋아한다고 했잖아. 그래서 신데렐라 책을 보고 싶은데 희원이가 준다고 해놓고 주지 않아서 속상하다고 했지?

란주 : 네.

엄마 : 그런 마음을 '섭섭한 마음'이라고 하는 거야.

란주 : 네.

엄마 : 그런데 란주야, 희원이는 무엇 때문에 신데렐라 책을 가지고 왔을까? 생각해 봤니?

란주 : 희원이도 보고 싶었나 봐요.

엄마 : 그렇구나. 희원이도 보고 싶었다고 생각하는구나.

란주 : 네.

엄마 : 그러면 어떻게 하면 좋을까? 희원이도 재미있게 읽고, 란주도 속상하지 않고 재미있게 책을 읽을 수 있는 방법이 있을 텐데… 어떤 방법이 있을까?

란주 : 그러면… 내가 다른 책 읽고 있을게요.

엄마 : 그래, 희원이가 신데렐라 책을 읽을 동안 란주가 다른 책을 보고 있으면 덜 심심하겠네. 그러면 희원이도 란주도 모두 신데렐라 책을 재미있게 볼 수 있겠다. 그렇지?

란주 : 네.

엄마 : 조금 지루할지도 모르는데 할 수 있겠니?

란주 : 네.

엄마 : 그래, 란주가 좋은 방법을 생각해냈구나. 란주야, 아까는 화가 많이 났었는데 지금은 어때? (최성애 박사의 코칭팁) 감정코칭이 잘 되었다면 아이의 기분이 편하고 좋을 것입니다. 아직 뭔가 아이 기분이 안 좋은 것 같다면 수용의 단계로 가서 해결해야 할 다른 감정이 있는지 살펴봅니다.)

란주 : 좋아졌어요.

엄마 : 좋아졌다니 엄마도 기분이 좋구나. 그래, 지금은 무얼 하고 싶니?

란주 : 희원이가 신데렐라 다 읽을 때까지 다른 책 보고 있을게요.

엄마 : 그래, 그것 참 좋은 생각이네. 그렇게 하자.

• 친구가 약속을 지키지 않아 분노에 휩싸인 상황(8세, 남)

초등학교 1학년 창수가 격한 감정을 가라앉히지 못하고 몹시 흥분한 상태입니
다. 얼마나 화가 났는지 검은 눈동자가 눈꺼풀 뒤로 넘어가 흰자위만 보입니다.
화장실에 숨은 친구를 쫓아가 문을 발로 세게 걷어차고 소리를 지릅니다.

선생님 : (일단 걷어차는 발을 앉아서 막으면서) 차는 것은 안 돼요!
　　　(최성애 박사의 코칭팁) 아무리 흥분한 아이라도 일단 한계를 지어주는 것이 필요
　　　합니다.) (창수를 친구들과 조금 떨어진 곳으로 데리고 가서) 창수야, 잠깐
　　　우리 옆에 가서 얘기해 볼까?

창수 : 이거 놔요! (손목을 잡은 손을 뿌리치고 분노의 감정을 보인다.)

선생님 : 선생님이 창수 손을 잡는 게 좋지 않았나 보구나.

창수 : (공격 자세를 풀지 않고, 호흡도 굉장히 거칠고, 눈동자가 올라가 있다.)

선생님 : 창수가 굉장히 화가 나 보이는데, 선생님이 지나가다가 창수가 걱정이
　　　돼서 왔어.

창수 : (묵묵부답. 분노의 감정)

선생님 : 창수가 굉장히 화가 나 있고 힘들어 보이니까 선생님도 마음이 아프네.
　　　(앉아서 창수와 눈을 마주보며) 어휴, 창수 눈을 보니까 선생님이 생각했던
　　　것보다 훨씬 화가 많이 났구나. 선생님이 창수 눈을 보지 못해서 이렇게까
　　　지 화가 많이 나 있고 속상한 줄 몰랐어. 선생님이 몰라줘서 미안하네.

창수 : (눈동자가 갑자기 돌아오더니 슬픔의 눈빛, 의심의 눈빛으로 바뀐다.)

선생님 : 창수야, 정말 속상했구나. 그렇지?

창수 : (고개를 끄덕인다.)

선생님 : 그래, 정말 속상해보여. 아까 선생님이 봤는데 친구한테 굉장히 화가 난 거 같더라. 무슨 일이 있었는지 얘기해 줄 수 있겠니?

창수 : 수미가 내 딱지 가져갔단 말이에요. (울기 시작해서 눈물을 닦아준다.)

선생님 : 저런, 수미가 창수 딱지를 가져간 모양이구나? 정말 속상했겠네. 어떻게 된 일인지 선생님이 잘 몰라서 그러는데, 조금 더 자세하게 얘기해 줄 수 있어?

창수 : 내가 앞빵, 뒤빵 두 번 하면 가져가기로 했거든요. 내가 두 번 땄는데, 수미가 내 거 안 주고 자꾸 도망가잖아요!

선생님 : 어머, 그런 일이 있었구나. 창수가 수미 딱지를 땄는데, 수미가 약속을 지키지 않고 도망을 다녔단 말이지? 정말 속상했겠네. 그때 창수 기분이 어땠어?

창수 : 짜증났어요.

선생님 : 그래, 정말 짜증나고 화나고 억울했을 것 같아. 그랬니?

창수 : (고개 끄덕)

선생님 : 선생님이 창수라도 친구가 약속을 어기고 도망 다니면 정말로 화가 났을 것 같아. 그런데 그 약속은 둘이 한 거였어?

창수 : (고개 끄덕)

선생님 : 그랬구나. 그럼 정말 화가 많이 났을 텐데, 창수는 그때 어떻게 했어?

창수 : 발로 찼어요.

선생님 : 그랬구나. 그럼 창수 말은 수미랑 창수랑 같이 딱지치기를 했는데, 수미가 약속을 해놓고 지키지 않고 도망 다녀서 화나고 약이 오르고 짜증이 났구나. 그래서 수미가 숨은 화장실 문을 발로 차게 된 거란 말이지? 그렇게 참을 수 없이 화가 나는 마음을 '분노'라고 하는 거야. 분노는 어른들도 느끼는 감정이지만, 그렇다고 문이나 친구를 발로 차는 행동은 안

되는 거야. 그러면 창수는 이제 어떻게 했으면 좋겠어?

창수 : 수미가 내 딱지 줘야죠.

선생님 : 그래, 수미가 줬으면 좋겠는데… 어떻게 하면 수미가 약속대로 딱지를 돌려줄까? 좋은 방법이 없을까?

창수 : 내 거랑 바꾸자면 되잖아요.

선생님 : 아, 그런 방법이 있었네? 좋은 방법인데? 또 다른 방법은 뭐가 있을까?

창수 : 내가 그냥 양보하고, 다시 딱지치기를 하자고 하면 되잖아요.

선생님 : 그것도 정말 좋은 방법인데? 창수가 양보를 한다니까 선생님도 마음이 너무 기쁘네. 정말 양보하고 다시 해보자고 얘기할 수 있겠어?

창수 : (힘차게) 네.

선생님 : 창수의 그런 모습이 굉장히 용기 있어 보이는데? 그런데 선생님은 수미가 또 약속을 지키지 않아서 창수가 다시 속상해질까 봐 걱정이야. 그럴 때는 어떻게 하면 좋지?

창수 : 그럼 약속하지 않고 그냥 딱지치기를 하면 되잖아요.

선생님 : 그렇구나. 그런 방법도 있었네? 그럼 창수도 약속을 하지 않고 딱지치기를 할 수 있겠어?

창수 : (빙그레 웃으며) 네.

선생님 : 창수가 마음을 넓게 썼구나. 선생님도 그런 창수한테 정말 고마운 마음이 드네. 창수야, 아까 화가 정말 많이 났었잖아? 지금은 기분이 어때?

창수 : 좋아요.

선생님 : 그래, 창수가 기분이 좋아진 걸 보니까 선생님도 기분이 너무 좋아. 그럼 이제 수업 시간이니까 수업하러 들어가도 될까?

선생님 : (퇴근길에 운동장에서 축구를 하고 있는 창수를 보고) 창수야, 수미랑 어떻게 됐어?

창수 : 수미가 계속해서 져서 딱지를 줘가지고 지금 내 주머니 안에 있어요. (주머니를 '탁탁' 치면서 굉장히 행복해한다.)

342

• 좋아하는 물건을 친구가 몰래 사용해서 화가 많이 난 상황(8세, 남)

친구 상준이가 명인이 집에 놀러 와서는 명인이가 좋아하는 마술 망토를 몰래 꺼내 입고 장난을 쳤습니다. 친구들이 명인이에게 그 사실을 알려주었습니다. 명인이는 상준이가 허락도 받지 않고 몰래 마술 망토를 꺼내 입고 돌아다녀 구겨졌다며 엉엉 울고 있습니다.

아빠 : 명인아, 화가 많이 났구나. 무슨 속상한 일이 있는지 말해 줄 수 있겠니?

명인 : (엉엉 울면서) 내 망토가 구겨졌어요.

아빠 : 망토 때문에 화가 났구나. (최성애 박사의 코칭팁) "망토가 구겨져서 우는구나" 하고 거울식 반영을 해줘도 좋습니다.)

명인 : 네. 상준이가 입고 장난쳤다고 친구들이 말해 주었어요.

아빠 : 상준이가 입고 다녀서 화가 났구나.

명인 : 내가 주지 않았는데 가져갔어요.

아빠 : 그래서 속이 많이 상했겠구나.

명인 : 마술 망토는 내가 놀이공원에서 산 거란 말이에요. 그래서 서랍 속에 깊숙이 넣어두었는데, 상준이가 허락도 받지 않고 꺼내 갔어요.

아빠 : 명인이가 망토를 놀이공원에서 샀는데, 상준이가 허락도 받지 않고 꺼내 가서 마음이 몹시 상한 거구나. 망토가 많이 망가졌니?

명인 : 망가지지는 않았는데, 나 몰래 꺼냈어요.

아빠 : 몰래 꺼내서 더 화가 난 것이구나. 그래서 지금 망토는 어디에 있니?

명인 : 내 서랍에 있는데, 다 구겨졌어요.

아빠 : 평소에 상준이가 네 물건을 잘 가지고 가니?

명인 : 아니에요. 이번이 처음이에요.

아빠 : 그렇구나, 처음이구나. 상준이가 그렇게 허락을 받지 않고 가져간 이유가 뭘까?

명인 : 상준이도 망토를 좋아해요. 망토를 입고 마술을 부렸을 거예요.

아빠 : 그렇구나. 상준이도 망토를 좋아하는구나. 명인이도 망토를 입고 마술을 부릴 수 있니?

명인 : 네, 몇 개 할 수 있어요. 그런데 망토가 있어야 할 수 있는 거예요.

아빠 : 그래? 아빠도 명인이가 마술하는 것을 보고 싶은데, 보여줄 수 있을까?

명인 : 네. (망토를 가지고 와서 마술을 보여준다.)

아빠 : 정말 잘하는구나. 명인이가 놀이공원에서 산 소중한 망토를 친구가 허락도 받지 않고 가져가서 명인이가 화가 많이 난 것이구나.

명인 : 네.

아빠 : 그럼 어떻게 하면 명인이의 화난 마음을 상준이에게 전달할 수 있을까?

명인 : 내가 상준이를 만나서 이야기할게요.

아빠 : 그래, 좋은 생각이야. 그런데 어떻게 말하면 좋을까?

명인 : "내 물건 함부로 만지지마" 하고 말할 거예요.

아빠 : 그러면 되겠구나. 상준이에게 "내가 아끼는 물건을 함부로 만지지 않았으면 좋겠어"라고 말하면 되겠구나.

명인 : 네.

아빠 : 그래, 언제 상준이에게 말을 할 거니?

명인 : 지금요.

아빠 : 그래, 지금 말하면 좋을 것 같구나. 그런데 명인아, 아빠가 하나 물어보아도 될까?

명인 : 네.

아빠 : 상준이도 네 망토를 아주 좋아하잖아, 네가 망토를 입을 때 상준이의 마음은 어떨까?

명인 : 많이 부러워할 것 같아요.

아빠 : 그렇구나. 많이 부러워할 것 같구나. 너를 부럽게 쳐다보는 상준이를 보면 네 마음은 어떨 것 같아?

명인 : 별로 좋지 않을 것 같아요.

아빠 : 기분이 별로 좋지 않을 것 같구나. 그러면 상준이가 너의 망토를 몰래 꺼내 입지 않아도 되고, 명인이가 속상해하지 않아도 되는 좋은 방법이 없을까?

명인 : 상준이한테 제가 말할래요. 망토가 입고 싶으면 저한테 허락받고 입으라고요.

아빠 : 그래, 그렇게 하면 되겠구나. 그런 좋은 방법이 있었네. 우리 명인이가 좋은 생각을 해서 아빠는 기분이 아주 좋아. 그래서 명인이 망토를 마술을 부려서 새것으로 만들어주고 싶은데… 명인이 생각은 어때?

명인 : 정말 새것으로 만들어줄 수 있어요?

아빠 : 그럼, 아빠한테 망토를 주면 새것으로 다시 만들어줄 수 있어. 잠깐만 기다려. (망토를 다림질해서 아이에게 갖다 주자 아이는 매우 행복해한다.)

마음에 들지 않는 일도 이해해야 할 때

• 공부를 하지 않아 잔소리를 하자 화를 내는 상황(11세, 여)

초등학교 4학년 지수가 공부할 시간에 공부는 하지 않고 여기저기 돌아다닙니다. 이를 본 엄마가 잔소리를 하자, 되레 화를 내며 짜증을 냅니다.

엄마 : 지수가 화가 많이 나 보이는데, 무슨 일이 있었는지 엄마한테 말해 줄 수 있겠니?

지수 : 엄마가 공부를 하지 않는다고 잔소리해서 화가 났어요.

엄마 : 공부 시간에 공부를 하지 않는다고 엄마가 잔소리해서 화가 났구나.

지수 : 네. 엄마가 공부 시간에 뭐라고 하면 짜증이 나고 화가 나요.

엄마 : 공부 시간에 잔소리를 하면 화가 나고 짜증이 나는구나.

지수 : 네. 저한테만 뭐라고 그러잖아요.

엄마 : 너한테만 뭐라고 하는 것 같아서 화가 나는구나.

지수 : 네. 그리고 친구들 앞에서 자존심도 상해요.

엄마 : 그렇구나. 엄마가 친구들 앞에서 지수를 지적해서 자존심이 상하는구나.

지수 : 네.

엄마 : 지수는 공부가 하기 싫으니?

지수 : 네. 공부하는 것이 싫어요.

엄마 : 언제부터 공부하기가 싫었니?

지수 : 처음부터 그랬어요. 공부를 하려고 하면 머리가 아프고 자꾸 집중이 되지 않아요.

엄마 : 아주 오래되었구나. 공부를 하려면 머리가 자주 아프구나. 그래서 집중하

지 못하고.

지수 : 네.

엄마 : 지수는 어떤 과목이 제일 공부하기 힘드니?

지수 : 수학이요.

엄마 : 그렇구나. 수학 공부가 제일 힘이 드는구나. 엄마도 수학 과목을 별로 좋아하지 않았는데. (최성애 박사의 코칭팁 공감은 아주 강력한 자석 같은 힘을 발휘합니다. 매우 좋은 대화 방식입니다.)

지수 : 엄마도 그랬어요?

엄마 : 그래, 엄마도 학교 다닐 때 수학 공부하기가 힘들었어. 그럼 지수는 이 문제를 어떻게 하면 좋을 것 같니?

지수 : 제가 힘이 들지만 공부를 좀더 열심히 하도록 노력해 볼게요.

엄마 : 그래, 함께 노력해 보도록 하자. 엄마가 옆에서 지켜볼게. (최성애 박사의 코칭팁 아이는 수학이 어려웠다는 엄마의 공감을 받았을 뿐인데도 위로와 이해받는 기분에 좀더 잘 해볼 마음이 생긴 것 같습니다.)

• 사이즈가 맞지 않아 옷을 못 사는데, 아이가 계속 칭얼거리는 상황 (8세, 여)

인지네 가족은 고모 집에 들렀다가 저녁을 먹고 강화도로 드라이브를 나섰습니다. 마침 옷 할인점이 늘어서 있는 곳을 지나게 되어 구경도 하고 아이들 필요한 여름 바지를 하나씩 사려고 멈췄습니다. 잠시 뒤 인지 언니 손에는 쇼핑백이 들려 있었고, 인지는 발을 질질 끌며 걸어와 차에 올라탑니다. 차 안에서 인지는 계속 칭얼거립니다. (최성애 박사의 코칭팁 고모는 인지의 감정을 감지하고 감정코칭을 할 기회로 여겼으나 인지의 엄마, 아빠, 언니는 인지의 감정을 간과하고 있었습니다.)

엄마 : 내일 사준다고 했잖아. 알았지? 없는 걸 어떻게 해.

인지 : 이이잉….

아빠 : 일부러 안 산 거 아니잖아. 언니는 맞는 게 있고, 작은 사이즈는 없어서 못 샀잖니. 내일 네 것 사준다니까.

언니 : 인지야, 엄마가 내일 사준다잖아, 왜 자꾸 그래.

인지 : 그래도, 언니만 사구….

엄마 : 인지야, 엄마가 내일 일찍 꼭 사줄 거야. 내일 더 좋은 게 있을지 몰라.

언니 : (인지는 언니에게 치대며 찡얼거린다.) 아… 인지야, 너 왜 그래. 가만히 있어.

아빠 : (화가 난 목소리로) 너 계속 그럴 거야? (아이는 앞 의자 등받이에 머리를 비빈다.)

고모 : 인지야, 네 바지도 사고 언니 바지도 사려다 언니 것만 사고 네 건 못 샀는데, 기분이 어때?

인지 : (앞 의자 등받이에 이마를 파묻은 채로 뭐라 중얼거린다.)

고모 : 차 소리 때문에 고모가 잘 듣지 못했는데, 들을 수 있게 좀 크게 다시 얘기해줄 수 있어?

인지 : (작은 소리로) 짜증나….

고모 : (일부러 다른 사람들 들으라고 크게 중계를 하듯) 응, 그렇구나. 언니 것만 사고 네 바지는 못 사서 인지가 짜증이 나는구나. 그걸 몰랐네. 얼마큼이나?

인지 : 많이 짜증나.

고모 : 저런, 많이 짜증났구나.

언니 : (최성애 박사의 코칭팁) 방관자로 있던 언니가 자연스레 아주 적절한 공감을 해주었습니다.) 인지야, 정말 짜증나지? 나도 내 거 못 사면 정말 짜증날 것 같아.

인지 : (갑자기 목소리가 확 펴지며 큰소리로) 언니도 그래? (최성애 박사의 코칭팁) 이미 감정이 정리된 상태이지만 한 번 더 물어보는 것이 좋습니다.)

고모 : 짜증이 나는데 어쩌면 좋지?

인지 : 내일 살 거예요. (아이는 언제 그랬냐는 듯 언니에게 수다를 떨며 밝은 목소

리와 즐거운 표정을 되찾았다.)

• 윷놀이 중 친구들이 억지를 부려 싸움이 난 상황(10세, 남)

찬우가 친구들과 윷놀이를 하고 있습니다. 찬우가 윷을 던져 분명 '걸'이 나왔는데, 친구 도일이가 '개'라며 우깁니다. 어찌 된 일인지 다른 친구 두 명도 도일이 편을 들면서 '개'라고 억지를 부립니다. 찬우가 분을 참지 못하고 도일이 얼굴에 주먹을 날려 한판 싸움이 벌어졌습니다.

엄마 : 찬우야 무슨 언짢은 일이 있나 보구나. 무슨 일이 있었는지 엄마한테 말해 줄 수 있겠니?

찬우 : 윷놀이를 했는데요. 분명히 제 말이 걸인데 도일이가 개라고 했어요.

엄마 : 윷놀이를 하고 있었구나. 그런데 찬우 말이 걸이 나왔는데, 도일이가 개라고 했구나.

찬우 : 네. 친구들이 같이 합세하여 도일이 편을 들어 속상해요.

엄마 : 찬우가 던진 말이 걸인데 친구들까지 도일이 편을 들어서 속상하겠구나.

찬우 : 맞아요. 내 말이 맞아요. 그런데 친구들까지 같이 도일이 편을 들었어요.

엄마 : 그렇구나. 친구들까지 도일이 편을 들어서 속상했겠다.

찬우 : 재승이하고 성우도 같이 우겨서 내가 지게 되었어요. 정말 억울하고 분하고 속상해요.

엄마 : 그렇겠구나. 엄마도 그런 상황이라면 정말 억울하고 분하고 속상하겠다.

찬우 : 네.

엄마 : 엄마도 윷놀이를 좋아해. 그런데 찬우는 이런 일이 자주 있었니?

찬우 : 자주는 아니지만 오늘은 정말 약이 올라요.

엄마 : 그렇구나. 이런 일이 자주 있는 것은 아닌데 오늘은 친구가 우겨서 지게

되어 정말 약도 오르고 속상하겠다.

찬우 : 네.

엄마 : 그래서 찬우는 어떻게 했는데?

찬우 : 너무 화가 나서 공부도 잘하고 힘이 센 도일이 얼굴을 주먹으로 때렸어요.

엄마 : 화가 나서 공부도 잘하고 힘이 센 도일이 얼굴을 주먹으로 때렸어?

찬우 : 네.

엄마 : 찬우야, 도일이의 얼굴을 때렸을 때 기분이 어땠니?

찬우 : 시원하기도 하고 무섭기도 했어요. 그리고 도일이도 화가 나서 나를 막 때렸는데, 많이 겁났어요.

엄마 : 시원하기도 하고 한편으로는 도일이가 힘이 세서 무섭고 겁도 나기도 했구나.

찬우 : 네.

엄마 : 찬우야, 엄마가 찬우한테 들은 말을 한번 정리해 볼게. 오늘 도일이 하고 윷놀이를 하고 있었잖아. 찬우가 걸만 나오면 이기게 된 상황인데, 도일이가 개라고 우긴 거지.

찬우 : 네.

엄마 : 거기에다 친구들까지 도일이 편을 들어 우기는 바람에 이번 게임에서 찬우가 지게 된 것이고, 그래서 찬우가 화가 나서 도일이의 얼굴을 주먹으로 때렸고, 도일이도 찬우를 때려서 싸움을 하게 된 것이네.

찬우 : 네.

엄마 : 찬우야, 친구들과 게임을 하다 보면 서로 이기려는 마음이 들지. 이것을 경쟁심이라고 하는 거야. 사람들에게는 누구나 경쟁심이 있고, 모두들 이기고 싶어 하는 마음이 있단다.

찬우 : 네.

엄마 : 찬우가 오늘 게임에서 이기고 싶어 하는 마음은 엄마도 충분히 이해해. 그런데 찬우야, 경쟁해서 지고 나면 화가 나는 것은 당연한 거야. 누구나

화가 난단다. 그런데 그 화난 마음을 친구에게 폭력을 쓰지 않고도 잘 전달할 수 있는 방법은 없을까?

찬우 : 엄마에게 화나는 마음을 말하면 되는데. 엄마한테 말해도 엄마가 내 말을 안 믿어주잖아요?

엄마 : 찬우가 엄마에게 말을 해도 엄마가 믿어주지 않을 것 같아 걱정이 되는구나.

찬우 : 제가 장난을 많이 치고 말썽도 많이 부려서 저를 안 믿어줄 거라는 생각이 들었어요.

엄마 : 그랬구나. 찬우가 장난을 많이 치고 말썽을 부려서 너를 믿지 않을 거라고 생각했구나. 엄마가 찬우에게 신뢰를 주지 못했구나. 그 점에 대해서는 엄마가 미안하게 생각해. 엄마가 찬우를 더 많이 이해하도록 노력할게. 찬우야, 다음에 또 이런 일이 일어날 수 있잖아. 그때는 오늘처럼 싸우는 방법 말고 다른 방법은 없을까?

찬우 : 엄마, 다음부터는 친구에게 말로 이야기할게요.

엄마 : 그럴 수 있겠어?

찬우 : 그렇게 해볼게요, 엄마.

엄마 : 그래, 우리 노력해 보자. 너희가 싸우고 그러면 엄마도 아주 속상해. 우리 모두 싸우지 말고 화목하게 지냈으면 좋겠어. 찬우야, 지금 기분이 어떠니?

찬우 : 엄마와 이야기하니 기분이 나아졌어요. 친구들에게 사과할게요.

엄마 : 그래, 좋은 생각을 했구나.

아이가 자신의 뜻대로 되지 않아 고집을 부릴 때

• 방 안에서 뛰어놀다 넘어져 입술을 다쳐 울고 있는 상황(7세, 남)

개구쟁이 욱이가 방 안에서 이리 뛰고 저리 뛰며 놀다가 넘어져 입술을 다쳤습니다. 가뜩이나 입술이 아파 울고 싶은데, 엄마가 욱이 감정을 읽어주지 못하고 조심성 없이 뛰어다녀 다친 거라며 야단을 쳤습니다. 욱이는 더욱 서럽게 울기 시작했고, 좀처럼 울음을 그치지 못하는 상황입니다.

엄마 : 욱아, 엄마랑 이야기 좀 할까?

욱이 : (머뭇거리며 다가온다.)

엄마 : 욱아, 아까 넘어졌을 때 다친 것 같았는데 엄마가 좀 봐도 될까?

욱이 : (상처를 보여준다.)

엄마 : 입술이 이에 부딪혀 다쳤구나. 많이 아팠겠다.

욱이 : 네. 많이 아팠어요.

엄마 : 그래, 엄마도 욱이처럼 다쳤으면 많이 아팠을 것 같아. 지금은 어때?

욱이 : 지금은 좀 괜찮아요.

엄마 : 욱아, 아까 넘어졌을 때 어떤 기분이 들었어?

욱이 : 아프고 피가 나서 무서웠어요.

엄마 : 아프고 피가 나서 무서웠구나. 엄마가 네가 아픈 것은 모른 채하고 뛰어다녀서 다쳤다고 야단쳤을 때는 기분이 어땠는지 물어봐도 될까?

욱이 : 싫었어요. 그리고 속상했어요.

엄마 : 그래, 싫고 속상했구나.

욱이 : 네.

엄마 : 욱이가 속상하고 싫었다고 하니까 엄마가 미안한 마음이 드네. 욱이가 넘어져서 다친 것을 보고 엄마가 걱정스러웠는데, 그 마음을 좋게 표현하지 못한 것 같아. 엄마가 미안해. (**최성애 박사의 코칭팁** 엄마와 아빠도 실수할 때가 있고, 잘못 판단할 때가 있습니다. 이럴 때 아이에게 사과를 하는 것은 매우 중요합니다. 아이가 어른도 실수할 수 있다는 사실을 안다면, 실수할까봐 불안한 마음이 안심이 됩니다. 또한 실수를 했을 때 남 탓을 하거나 얼버무리거나 거짓말하지 않고, 용기 있고 솔직하게 잘못을 인정하고 사과하는 좋은 행동을 보고 배울 수 있습니다.)

욱이 : 괜찮아요.

엄마 : 그러니까 아까 욱이가 방에서 뛰어가다가 넘어져서 다쳤잖아. 피가 나서 아프고 무서웠는데, 엄마가 야단까지 쳐서 마음이 싫고 속상했다는 거였지? 엄마가 한 이야기가 맞니?

욱이 : 네, 맞아요.

엄마 : 그래, 아까 다친 곳이 지금은 피도 멈추고 아프지도 않다고 했지?

욱이 : 네.

엄마 : 그런데 다음에도 이렇게 다치지는 않을까 엄마가 걱정스러워. 욱이가 재미있는 활동도 하고, 활동을 하면서 다치지 않을 수 있는 좋은 방법이 무엇이 있을까? 한번 생각해 볼래?

욱이 : 돌아다닐 때 뛰지 않고 걸어 다녀요.

엄마 : 뛰지 않고 걸어 다니면 될 것 같아?

욱이 : 네.

엄마 : 그렇구나. 그런 좋은 방법을 욱이가 스스로 찾아내서 엄마도 참 기뻐. 그렇게 하면 넘어지는 일도 줄어들고, 다치는 일도 줄어들 것 같네.

욱이 : 네.

엄마 : 그럼, 언제부터 그렇게 할 수 있을까?

욱이 : 지금부터요.

엄마 : 정말 그렇게 할 수 있겠니?

욱이 : 네.

엄마 : 욱아, 지금 기분은 어때?

욱이 : 좋아졌어요. 밖에 나가 놀고 싶어요.

엄마 : 그래, 그럼 나가서 재미있게 놀자.

• 유치원에 갈 시간이 다 됐는데 옷을 입지 않고 미적거리는 상황 (5세, 여)

8시 10분 등원 시간에 맞추려면 아침 시간은 늘 바쁘게 마련입니다. 그런데 느긋한 성격의 애란이가 옷을 입지 않고 그냥 앉아 있습니다. 매일 그런 것은 아니지만 원복이나 체육복 혹은 자율복을 입고 가야 할 날이 있습니다. 오늘은 체육수업이 있어 체육복을 입고 가야 하는 날인데, 예쁜 치마를 좋아하는 애란이는 치마를 입고 가고 싶은 모양입니다. 그래서 옷을 입지 않고 미적거리고 있는 상황입니다.

엄마 : 애란아, 유치원 가야 하는데 옷을 빨리 입어야지.

애란 : (옷을 만지작거리며 말없이 앉아 있다.)

엄마 : 애란아, 지금 뭔가 마음이 안 편한 것 같은데, 엄마한테 무슨 일인지 이야기 좀 해줄 수 있겠니?

애란 : (바지를 밀쳐내며) 나, 치마 입고 싶어요. 치마 주세요.

엄마 : 애란이가 치마를 입고 싶었구나. 치마를 입고 싶은데 엄마가 바지를 줘서 속상했나 보구나.

애란 : 네 치마 입고 싶어요.

엄마 : 그랬구나.

애란 : 엄마, 나 치마 입고 가도 돼요?

엄마 : 애란이가 치마를 입고 싶어 하는 이유가 궁금하네. 무엇 때문에 치마를 입고 가고 싶은지 엄마한테 이야기해 줄 수 있겠니?

애란 : 치마를 입으면 예쁘고, 기분이 좋아요.

엄마 : 그렇구나, 치마를 입으면 기분이 좋구나. 엄마도 치마 입는 것을 좋아하는데, 애란이도 그렇구나. (최성애 박사의 코칭팁) 이렇게 애란이의 감정을 공감해 주고 나서 오늘 상황을 말해 주면 아이도 엄마의 말을 들을 준비가 됩니다. 매우 적절한 방법입니다.)

애란 : 네.

엄마 : 그런데 애란아, 오늘은 유치원에서 체육을 하는 날이라고 선생님께서 엄마한테 말씀하셨는데, 애란이도 혹시 알고 있니?

애란 : 네.

엄마 : 그래, 오늘 체육시간에는 달리기도 하고 게임도 한다고 하셨거든. 치마를 입고 가면 달리기를 할 때나 게임을 할 때 불편하지 않을까 엄마가 걱정이 돼. 애란이 생각은 어때?

애란 : (머뭇거리다가) 그럼 다음에 유치원 갈 때는 치마 입고 가도 돼요?

엄마 : 체육이 없는 날에는 입고 가도 되지.

애란 : 그럼 오늘은 바지 입고 갈게요.

엄마 : 지금 애란이 기분이 어때? (최성애 박사의 코칭팁) 여기에 추가로 지금 기분이 어떤지 묻는다면, 혹시 아이가 정말 기분이 좋지 않은데 억지로 따라 한다거나 아직 감정적으로 불편한 상황인지를 확인해 보는 것입니다. 대개 감정코칭이 잘되면 아이도 엄마도 기분이 '가볍고' '시원하고' '편안하고' '기쁘고' 등의 긍정적 정서가 됩니다.)

애란 : 좋아요. 엄마, 사랑해요.

최성애·존 가트맨 박사의 내 아이를 위한 감정코칭

초판 1쇄 2020년 2월 15일
초판 20쇄 2024년 12월 20일

지은이 | 최성애 · 조벽 · 존 가트맨
펴낸이 | 송영석

주간 | 이혜진
편집장 | 박신애 **기획편집** | 최예은 · 조아혜
디자인 | 박윤정 · 유보람
마케팅 | 김유종 · 한승민
관리 | 송우석 · 전지연 · 채경민

펴낸곳 | (株)해냄출판사
등록번호 | 제10-229호
등록일자 | 1988년 5월 11일(설립일자 | 1983년 6월 24일)

04042 서울시 마포구 잔다리로 30 해냄빌딩 5 · 6층
대표전화 | 326-1600 **팩스** | 326-1624
홈페이지 | www.hainaim.com

ISBN 978-89-6574-986-8

파본은 본사나 구입하신 서점에서 교환하여 드립니다.